Anja Förster / Peter Kreuz

Marketing-Trends

Errata zum Titel:

Anja Förster / Peter Kreuz

Marketing-Trends

Innovative Konzepte
für Ihren Markterfolg

ISBN 3-8349-0044-3
2., überarbeitete Auflage Februar 2006

Verfasser des Abschnitts
„Fallstudie: Six Feet Under – Gestorben wird immer"
auf Seite 44 bis 45
ist **Kolja Wehleit**.

GABLER

Anja Förster / Peter Kreuz

Marketing-Trends

Innovative Konzepte für Ihren Markterfolg

2., überarbeitete Auflage

GABLER

Bibliografische Information Der Deutschen Bibliothek
Die Deutsche Bibliothek verzeichnet diese Publikation in der Deutschen Nationalbibliografie; detaillierte bibliografische Daten sind im Internet über <http://dnb.ddb.de> abrufbar.

1. Auflage 2003
2., überarbeitete Auflage 2006

Lektorat: Manuela Eckstein

Der Gabler Verlag ist ein Unternehmen von Springer Science+Business Media.
www.gabler.de

Umschlaggestaltung: Nina Faber de.sign, Wiesbaden/Catwork Design, Andros Link, Hirschberg
Satz: Fotosatzservice Köhler GmbH, Würzburg
Druck und buchbinderische Verarbeitung: Wilhelm & Adam, Heusenstamm
Gedruckt auf säurefreiem und chlorfrei gebleichtem Papier
Printed in Germany

ISBN 3-8349-0044-3

Stimmen zum Buch

„Ein Buch, das zu einem ‚Neuen Marketing‘ anregt und aufruft. Ein Buch für Marketing-Experten und interessierte Kunden.“
Matthias Kraus, Product Manager Service, Lexmark

„Vielfältige und erfrischend wertvolle Gedankenanstöße für Führungskräfte und Mitarbeiter. Ich habe dieses Buch gerade auch im Hinblick auf meinen Job mit großem Gewinn gelesen.“
Jens Thiemer, DaimlerChrysler AG, Leiter Strategie, Controlling, Prozessmanagement

„Eine Pflichtlektüre für alle, die ihre Kunden nicht länger mit Werbung belästigen wollen.“
Christian Lütgenau, Geschäftsleitung, DVS Deutsche Verkaufsleiter Schule

„So macht Weiterbildung Spaß. Ein Muss für alle Vertriebler und Marketingexperten, die am Puls der Zeit sein wollen!“
Annette C. Müller, Marketing Managerin, DeTeWe Telephonwerke AG & Co. KG

„Wenn Sie wissen wollen, was im Marketing heute gut funktioniert, dann schauen Sie in dieses Buch. Es steht alles drin.“
Anja Gieselmann, Leiterin Standortmarketing, Stadt Oldenburg

„Kurz, praxisnah und verständlich werden die neuesten Trends im Marketing dargestellt. Das ideale Buch für erfahrene Marketingexperten, die bereit sind, alte Strategien zu überdenken und Neues kennen zu lernen.“
Werner Pehland, Vorstand, UB Media AG

„Schwimmen Sie gerne mit oder gegen den Trend-Strom? Nach der unterhaltenden Lektüre von ‚Marketing Trends‘ entscheiden Sie selbst!“
Hubert Wagner, Berater, Abegglen Management Partners AG

„Dieses Buch verdient unsere Aufmerksamkeit. Die Autoren nehmen uns mit auf eine spannende Reise zu aktuellen Marketing-Trends. Besonders erfreulich: Sie gehen nicht mit dem Mainstream, sondern blicken hinter die Kulissen. So ist das Buch ein praktischer Ratgeber.“
Dr. Jürgen Fleig, Gesellschafter und Geschäftsführer der b-wise GmbH, www.business-wissen.de

„Die vielen Praxisbeispiele inspirieren zu neuen Ideen für die Umsetzung in der unternehmerischen Marketing-Praxis. Marketing Trends zeigt, wie Unternehmer und Führungskräfte von den Besten lernen können.“
Roger Koplenig, Unternehmensberater & Unternehmer, Systemische Marketing-Beratung

„Aktuelle Marketing-Konzepte hervorragend beschrieben, mit originellen Fallstudien garniert und – was es besonders wertvoll macht – durch kritische Chancen-Risiken-Analysen auch entsprechend hinterfragt. Ein Muss für jeden in Marketing, Vertrieb und Service."
Marco Müller, Berater, Accenture Unternehmensberatung

„Eine kurzweilige Lektüre, die den Dschungel neuer Marketingstrends lichtet und die eigene Ideenfindung kollosal anregt. Sehr zu empfehlen!"
Barbara Gronauer, geschäftsführende Gesellschafterin der Kommunikationsberatung Schnee.Gronauer & Partner

„Endlich ist Schluss mit dem Mythos Marketing. ‚Marketing Trends' lichtet den Begriffsnebel und übersetzt die aktuell diskutierten Konzepte in praxisgerechte, leicht verständliche Entscheidungshilfen. Ein Muss für alle Verantwortlichen."
Monika Birkner, Inhaberin Monika Birkner Beratung&Coaching und Autorin

„Ein Buch für Rosinenpicker. Die Autoren servieren dem Leser aktuelle Marketingtrends – in leicht verdaulichen Häppchen. Wunderbar appetitanregend! Bei aller Liebe zum Detail behält der Leser zu jeder Zeit den Überblick und bekommt Lust, die besten Rezepte selbst auszuprobieren."
Fiona Amann, Inhaberin Amann Communications

„Anja Förster und Peter Kreuz nehmen Marketingtrends von heute und morgen unter die Lupe. Komprimiertes Wissen für alle Marketing-Interessierten, die am Puls der Zeit bleiben wollen."
Mag. Barbara Werwendt, Communications Manager, Unisys Österreich GmbH

„Das Buch zeigt, sehr gut aufbereitet und strukturiert, dass es ohne Dialog mit seinen Kunden keinen Markterfolg gibt. Heute nicht (mehr) und in Zukunft erst recht."
Joseph Hamberger, Geschäftsführer des Direct Marketing Verband Österreich

„Interessant und locker geschrieben, gespickt mit anschaulichen Fallstudien und Praxisbeispielen. In Summe ein übersichtlicher Leitfaden mit vielen neuen Ideen und Anregungen für alle, die alternative Wege für die Kundenansprache suchen."
Gerlinde Schager, Werbung, Raiffeisen Kapitalanlage-Gesellschaft m.b.H.

„Eine pfiffige Zusammenfassung zukunftsträchtiger Marketingtrends mit originellen Praxisbeispielen. Da fällt es leicht, für jedes Unternehmen das Passende für den persönlichen Markterfolg zu finden!"
Claudia Luksith, Siemens AG

Inhaltsverzeichnis

Prolog

Menschen werden immun gegenüber Botschaften, die von außen auf sie zielen. Um heute Menschen zu erreichen, müssen Erlebnisse in ihnen geschaffen werden. (James Gilmore und Joseph Pine, Marketingexperten)

Es ist höchste Zeit, dass aus passivem Marketing, das mit teurer Medienwerbung aufwartet, endlich aktives und emotionales Marketing entsteht. (Bernd M. Michael, Chairman and CEO der Agenturgruppe Grey Europe)

Der gesellschaftliche Wandel liegt vor allem in der Individualisierung. Kunden wollen als Individuen wahrgenommen und entsprechend bedient werden. (Natalie Ehrsam, Universität Zürich)

Denn nur vom Nutzen wird die Welt regiert. (Friedrich von Schiller)

Ein gutes Unternehmen bietet exzellente Produkte und Dienstleistungen – ein großartiges Unternehmen bietet exzellente Produkte und Dienstleistungen und ist gleichzeitig bestrebt, eine bessere Welt zu schaffen. (William Clay Ford jr., Präsident und CEO der Ford Motor Company)

Erlebnisse. Emotionen. Individualität. Nutzen. Sinn. – Aber bitteschön zu fairen Preisen und möglichst sofort! Der Kunde wird heute immer anspruchsvoller. Die Beziehung zwischen den Unternehmen und ihren Kunden wird immer komplexer. War es früher noch ausreichend, einfach nur ein gutes Produkt zu einem fairen Preis anzubieten, so reicht das heute schon lange nicht mehr. Die „Komplexitätsspirale des Konsums", wie es der Trendforscher Matthias Horx ausdrückt, schraubt sich immer höher.

Eine Studie der Gesellschaft für Konsumforschung (GfK) bringt es auf den Punkt:

> *Konsumenten möchten am liebsten von Menschen bedient werden, die aber möglichst so schnell wie ein Computer sein sollten. Gleichzeitig möchte man sich persönlich behandelt fühlen, der Verkäufer sollte aber am besten nichts über einen wissen.*

Die Erwartungen sind hoch, die Geschmäcker sind verschieden, die Verhaltensweisen sind unberechenbar, die Werte wechseln, die Präferenzen werden eigensinniger, unvergleichbarer, flüchtiger und auch widersprüchlicher. Und wäre das nicht schon Herausforderung genug, so wird es für die Unternehmen immer schwieriger, mit ihren Werbebotschaften zum Kunden durchzudringen. Denn die Kunden sind mit Werbung übersättigt – viele haben es einfach satt, fühlen sich belästigt, schalten ab, blättern weiter oder zappen zum nächsten Programm. Was nicht sofort ins Auge springt, wird ignoriert.

Doch selbst diejenigen Werbebotschaften, die die Hürde der Aufmerksamkeit des Kunden genommen haben, bringen ihre Absender nicht unbedingt ans Ziel: Die untreuen Kunden sind auf dem Vormarsch! Unternehmen müssen sich heute schon einiges einfallen lassen, um den modernen Konsumenten dazu zu bewegen, dem Anbieter langfristig die Treue zu halten. Sonst heißt es: Wie gewonnen, so zerronnen, außer Spesen nichts gewesen, Undank ist der Welten Lohn.

Sie haben ein tolles Produkt, Sie haben tolle Kunden, trotzdem kommt kein tolles Geschäft zustande? Ist das nicht ungerecht? – Nur Mut! Unternehmen und Dienstleister suchen nach neuen Wegen, um das Marketing wieder kostengünstig und effektiv zu machen. Und sie finden neue Wege. Aber nicht alle Wege führen nach Rom. Nicht jedes neue Marketingkonzept bietet jedem Unternehmen einen Nutzen. Die eine Methode ist nur eine vorübergehende Mode, die andere ist nur alter Wein in neuen Schläuchen, die nächste wird von ihren „Erfindern" enthusiastisch propagiert als Lösung aller Probleme – was sie natürlich nicht sein kann.

Permission Marketing, Virus-Marketing, One-to-One-Marketing, Multi-Channel Marketing, Attention Economy, Erlebnisökonomie usw. Alles schon gehört oder gelesen! Aber haben Sie sich mit den Konzepten, die sich hinter den Schlagwörtern verbergen, bereits hinreichend auseinandergesetzt? Es ist nicht alles Gold, was glänzt, keine Frage. Sie müssen nicht vorbehaltlos jedes Konzept akzeptieren, aber wir finden: Sie sollten herausfiltern, was für Sie nützlich ist! Und dazu müssen Sie den Kern der Konzepte erfassen. Nehmen Sie die Marketing-Trends unter die Lupe! Dabei möchten wir Ihnen mit diesem Buch helfen.

Nochmals: Hier geht es nicht um Patentrezepte. Das Konzept, das für die besondere Situation in Ihrem Unternehmen passt, kann nur in Ihrem Kopf entstehen, nicht im Kopf von Marketing-Gurus. Wir sind aber sicher, dass Ihnen beim Lesen dieses Buches die eine oder andere gute Idee in den Sinn kommen wird, wie Sie Ihrem Marketing den entscheidenden Schwung geben können.

Überblick

Dieses Buch ist in fünf Teile gegliedert, jeder Teil wiederum in ein bis vier Unterkapitel. Insgesamt finden Sie 16 Kapitel – 16 Strategien für eine moderne Kundenbeziehung.

Die Aufmerksamkeit Ihrer Kunden zu gewinnen ist keine geringe Herausforderung.

Teil 1 bietet Ihnen hierzu vier Konzepte: Permission Marketing, Virus-Marketing, Ambient Media, Guerilla-Marketing.

Was will der Kunde heute eigentlich? Wie können Sie der Forderung der Kunden nach Emotion, Erlebnis, Individualität, Nutzen und dem Sinn des Lebens nachkommen? Das lässt sich nicht in nur einen Teil packen, wir haben vier daraus gemacht: Teile 2 bis 5:

Teil 2 widmet sich den Emotionen Ihrer Kunden in vier Kapiteln: Lovemarks, Hightech & Hightouch, Event Marketing, Erlebnismarketing.

Teil 3 bietet vier Kapitel, die den Kunden so nehmen, wie er ist – nämlich ganz individuell: Customer Relationship Management, One-to-One-Marketing, Mass Customization, Szenenmarketing.

Teil 4 ist hilfreich, wenn Sie sich fragen, welchen Nutzen Sie Ihren Kunden bieten können und wollen. Wir wollen Ihnen jedenfalls drei hoffentlich nützliche Kapitel bieten: Co-Branding, Multi-Channel Management, E-Mail-Marketing.

Teil 5 zeigt in einem Kapitel, wie sinnvoll es sein kann, Gutes zu tun und darüber zu reden: Corporate Citizenship.

Aber ... da ist das große Aber ...

Einige von Ihnen werden sich beim Lesen dieses Buchs dabei erwischen, wie Sie Sätze vor sich hinmurmeln wie: „Aber das trifft nicht auf mein Unternehmen zu“, „das würde aber bei uns niemals funktionieren“, „meine Branche tickt aber anders“. Oft glauben Manager, dass sie und ihr Unternehmen etwas völlig Einzigartiges seien, das sich mit nichts und niemandem und keinem anderen Unternehmen auf dieser Welt vergleichen lässt. Bei allem nötigen Respekt: Das ist Unsinn! Diese Haltung ist eine Abwehrhaltung. Und wenn Sie eine solche Abwehrhaltung einnehmen – vielleicht auch nur ganz unbewusst und unterschwellig – und dieses Buch mit allzu viel Distanz lesen, dann könnte es sein, dass Sie eine große Chance verpassen, von anderen zu lernen und aus deren Erfahrungen wichtige Impulse für die eigene Situation abzuleiten. Bewahren Sie sich Ihre Offenheit!

Ein Hersteller von Halbleitern hat mit einer Spedition genauso viel zu tun wie die eine Unternehmensberatung mit der anderen, nämlich sehr viel. Es geht immer um Ressourcen, Transaktionen und Menschen. Wenn Sie sich mit den neuen Konzepten auseinandergesetzt haben, können Sie immer noch entscheiden, was davon auf welche Weise zu Ihrem Unternehmen passen könnte – oder auch gerade nicht.

Sie möchten also Ihre Kundenbeziehungen neu gestalten – sonst hätten Sie sich dieses Buch nicht gekauft. Wenn Sie Innovationen umsetzen wollen, müssen Sie zuerst den Ballast abwerfen, der Sie bremst. Dabei können wir Ihnen nicht helfen, sehr wohl aber bei der Frage, wie Sie Kundenbeziehungen innovativ und effizient gestalten können. Dafür haben wir in diesem Buch zahlreiche Beispiele von Unternehmen zusammengestellt, die allesamt Best Practices auf ihrem Gebiet vorweisen können. Nehmen Sie sich ein Beispiel! Versuchen Sie, das für Sie Beste aus den dahinter stehenden Konzepten abzuleiten und es in Ihrem Unternehmen umzusetzen. Glauben Sie bloß nicht, dass Ihr Unternehmen „aber anders ist".

Wenn Sie also wirklich innovatives Marketing realisieren wollen und bereit sind, von den Besten zu lernen, dann sind Sie hier genau richtig. Sind Sie bereit?

Teil 1: Aufmerksamkeit ist ein wertvolles Gut

Bei Fernsehsendungen entscheidet sich der Zuschauer nach spätestens 30 Sekunden, ob er dranbleibt oder auf einen anderen Kanal wechselt. Nicht umsonst folgen in den Soap-Operas, die täglich über die Fernsehbildschirme flimmern, die Spannungshöhepunkte in genau diesen Intervallen aufeinander. Ein Werbespot bekommt gerade mal fünf Sekunden lang eine Chance, den Zuschauer davon abzuhalten, sich ein Bier zu holen oder umzuschalten. Ein Werbemailing muss den Leser in der gleichen Zeit zum Lesen animieren, sonst landet es im Papierkorb. Heute entscheiden die Kunden selbst, zu welchen Themen sie informiert werden möchten. Kommt Langeweile auf, wird sofort weggezappt, überblättert oder weitergeklickt.

Wer sein Angebot aus der Werbeflut herausheben möchte, muss sich schon gehörig anstrengen: Eine große deutsche Elektronik-Handelskette zeigte auf Plakaten eine Frau mit drei Brüsten, ein Musical-Veranstalter sprengte in seinem TV-Spot einen Schauspieler mit einer Tellermine in die Luft. Die dritte Brust hat mit Elektronikartikeln genauso viel zu tun wie Kriegsopfer mit Abendunterhaltung: nämlich nichts. Diese Art der Werbung ist so blöd wie aggressiv. Wir fragen uns: Ist Aggressivität die Lösung, um trotz stetig sinkender Aufnahmebereitschaft der Konsumenten die nötige Aufmerksamkeit zu erheischen?

Das scheinen zumindest einige Unternehmen zu denken, und entsprechend ist die Anzahl der beanstandeten Werbekampagnen gestiegen. Der Werberat in Deutschland, der von Verbänden der Werbeagenturen, Unternehmen und Medienfirmen getragen wird, ist in der jüngsten Zeit mit einer ständig steigenden Zahl von beanstandeten Werbemaßnahmen konfrontiert, über die er zu entscheiden hat – Schockwerbung als letzter Rettungsanker in Zeiten des Abschaltens und Wegzappens?

Das Beispiel der Firma Benetton, die jahrelang mit Schockwerbung um die Aufmerksamkeit der Öffentlichkeit kämpfte, hat gezeigt, dass dieses Vorgehen sehr kontraproduktiv sein kann. Seit Anfang der 90er Jahre hatte das Unternehmen seine Werbekampagnen mit Fotografien unterlegt, die gesellschaftlich brisante Themen und das Leiden in der Welt auf provokative Weise darstellten. So zeigte beispielsweise eine Anzeige eine auf einem Ölteppich schwimmende ölverschmutzte Ente, auf einer anderen waren schwer arbeitende Kinder verschiedener Altersstufen in der Dritten Welt abgebildet und auf einer dritten war das Foto eines nackten menschlichen Hinterns zu sehen, auf den „H.I.V. POSITIVE“ aufgestempelt war. Diese „Benetton-Schockwerbung“ stieß in weiten Teilen der Öffentlichkeit auf Kritik und Ablehnung. Es kam zu teilweise gewalttätigen Aktionen gegen Benetton-Läden und zu Boykott-Aufrufen gegen die Produkte der Firma. Teile dieser Werbung sind vom deutschen Werberat und von deutschen Gerichten als wettbewerbswidrig beanstandet und untersagt worden.

Es scheint also, als ob immer lautere, aggressivere und penetrantere Kampagnen nicht die Lösung des Problems sind, denn negative Aufmerksamkeit ist nicht unbedingt gut für das Geschäft.

Welche anderen Methoden gibt es, um den Kunden zu erreichen? Wir wollen Ihnen vier ausgewählte Ansätze vorstellen, die in diesem Zusammenhang sinnvoll erscheinen: Permission Marketing, zu deutsch Marketing mit Erlaubnis (des Kunden), Virus-Marketing, ein Konzept, das darauf aufbaut, die Kunden zu animieren, angebotene Produkte und Dienstleistungen weiterzuempfehlen, und Ambient Media, ein flinkes, radikales Kind der großen Mutter Plakatwerbung. Zu guter Letzt zeigt Ihnen das Kapitel „Guerilla-Marketing“, warum pfiffige Ideen wertvoller als ein dickes Budget sind.

Quellen

Bücher und Zeitschriften

Fischer, Oliver: „In der Werbewirtschaft sinkt das Niveau“, in: *Financial Times Deutschland* vom 20.03.2002

Internet

Räber Information Management GmbH, „Wirkungsregeln für die Online-Werbung“, [WWW Dokument], URL: http://www.sunpage.ch/download/online_werbung.pdf

1. Permission Marketing

Darf es etwas Werbung sein?

Seth Godin, Autor des Bestsellers »Permission Marketing«, ist der geistige Vater dieses gleichnamigen Marketing-Konzepts. Wenn er seine Idee erklärt, dann vergleicht er üblicherweise die verschiedenen Marketing-Ansätze mit den unterschiedlichen Varianten menschlichen Balzverhaltens.

Zwei Methoden hat er ausgemacht, um den Hafen der Ehe anzusteuern: Bei der ersten kleidet sich der beziehungswillige Single neu ein, entwirft ein möglichst konkretes Bild von seiner Idealpartnerin und wählt dann die demographisch günstigste Single-Bar aus. Hier macht er der Reihe nach potenziellen Kandidatinnen einen Heiratsantrag. Entweder es funktioniert, oder aber er versucht es bei der nächsten. Die zweite Methode dürfte den meisten Menschen vertrauter sein: Zunächst werden einige Termine für ein Rendezvous arrangiert, bis beide sich besser kennen gelernt und Vertrauen zueinander gefasst haben. Man kommt sich Stück für Stück näher, und die Beziehung ist irgendwann „etwas Festes". Bei diesem traditionellen Vorgehen ist die Wahrscheinlichkeit, einmal vor den Traualtar zu treten, vermutlich höher einzuschätzen als bei der ersten Methode.

Bei der ersten Methode handelt es sich um das so genannte Interruption Marketing, bei Methode Nummer Zwei um Permission Marketing.

Die Idee des Interruption Marketings ist es, durch Unterbrechungen (interruptions) die Aufmerksamkeit potenzieller Kunden zu erlangen. Sie alle kennen das: Radiowerbung unterbricht die Musik, Werbespots im Fernsehen unterbrechen Spielfilme, Printanzeigen unterbrechen Sachbeiträge in Zeitschriften und Pop-ups und blinkende Werbebanner unterbrechen das Surfen im Internet. Die Anzahl und Dauer der Unterbrechungen bestimmen, wie genervt das arme Opfer ist.

Die Spezies Mensch ist vor allem aufgrund ihrer beinahe unglaublichen Anpassungsfähigkeit so erfolgreich (zumindest aus biologischer Sicht). Menschen passen sich beispielsweise ihrer Umgebung durch Abstumpfung an, um sich so vor Überreizung zu schützen. Sie legen sich ein dickes Fell zu, wenn sie immer häufiger und lauter mit Werbung bombardiert werden. Die Menschen in unserer Gesellschaft werden zunehmend resistenter gegen Werbung. Wie reagieren die meisten Unternehmen darauf? Na klar, sie erhöhen einfach die Frequenz und Lautstärke ihrer Unterbrechungswerbung! Alles wird lauter, bunter, schriller, verrückter, aber leider auch nervender – am Ende siegt der Überlebenstrieb, und die Kunden ignorieren die Werbung. Dafür sollten wir eigentlich Verständnis haben ...

Dabei war diese Art des Marketings ehemals sehr erfolgreich. Wer vor 30 Jahren einen Spielfilm mit einer kleinen Dosis Werbung unterbrach, konnte sich der Aufmerksamkeit seiner Kunden sicher sein. Heute wird ein Durchschnittsbürger jeden Tag mit bis zu 3 000 Werbebotschaften konfrontiert, auf das Jahr verteilt sind das rund eine Million Werbebotschaften! Wen wundert es da noch, dass die klassischen Formen des Marketings, die auf Unterbrechung basieren, nicht mehr die gleichen Erfolge erzielen wie früher?

Anders als beim Interruption Marketing, das seinen Kunden zwingen will, sollen sich die Kunden beim Permission Marketing freiwillig mit dem Anbieter in Verbindung setzen. Um nochmals das Beispiel von oben zu bemühen: Der balzende Single fragt die potenzielle Heiratskandidatin, ob er auf ein weiteres Rendezvous, sprich einen Marketing-Kontakt, hoffen darf. Für den Marketing-Manager liegt die Herausforderung also darin, von den potenziellen Kunden eine Einwilligung für die weitere Interaktion zu erhalten. Zeit ist eine knappe Ressource: Je länger potenzielle Kunden einem Unternehmen Zeit geben, sie zu überzeugen, desto aufnahmefähiger sind sie für die Argumente des Unternehmens – das ist die gute Nachricht. Aber, und das ist die Einschränkung, desto höher muss der anschließende Umsatz sein, damit sich der Balztanz für das Unternehmen lohnt. Ein möglicher Kunde, der den Argumenten einer Firma seine Aufmerksamkeit schenkt, ist jedenfalls mit großer Wahrscheinlichkeit auch ein kaufbereiter Kunde.

Konzept

Entscheidend beim Permission Marketing ist, dass das Unternehmen eine langfristige Kundenbeziehung mit dem Kunden anstrebt. Es will die Ehe, nicht den One-Night-Stand – im Gegensatz zu einigen anderen Marketingkonzepten. Die klassische Massenwerbung versucht, aus Fremden Kunden zu machen. Permission Marketing dagegen ist darauf aus, zuerst aus Fremden Freunde zu machen, bevor sie dann zu Kunden werden. Einen Wermutstropfen können wir an dieser Stelle nicht verschweigen: Wie wird der Fremde zum Freund? Den ersten Schritt wird auch beim Permission Marketing das Unternehmen machen müssen. Nur besteht die Unterbrechung beim Erstkontakt nicht in einer brutalen Aufforderung zum Kauf, sondern in einem höflichen Angebot zur Kontaktaufnahme: Ein Blick, der mit einem Lächeln beantwortet wird, so würde das vielleicht der berühmte Pantomime Samy Molcho bezeichnen. Noch besser ist es, wenn der Balztänzer von einer Freundin der Angebeteten vorgestellt und eingeführt wird. Wie Sie das geschickt arrangieren können, lesen Sie im zweiten Kapitel über Virus-Marketing.

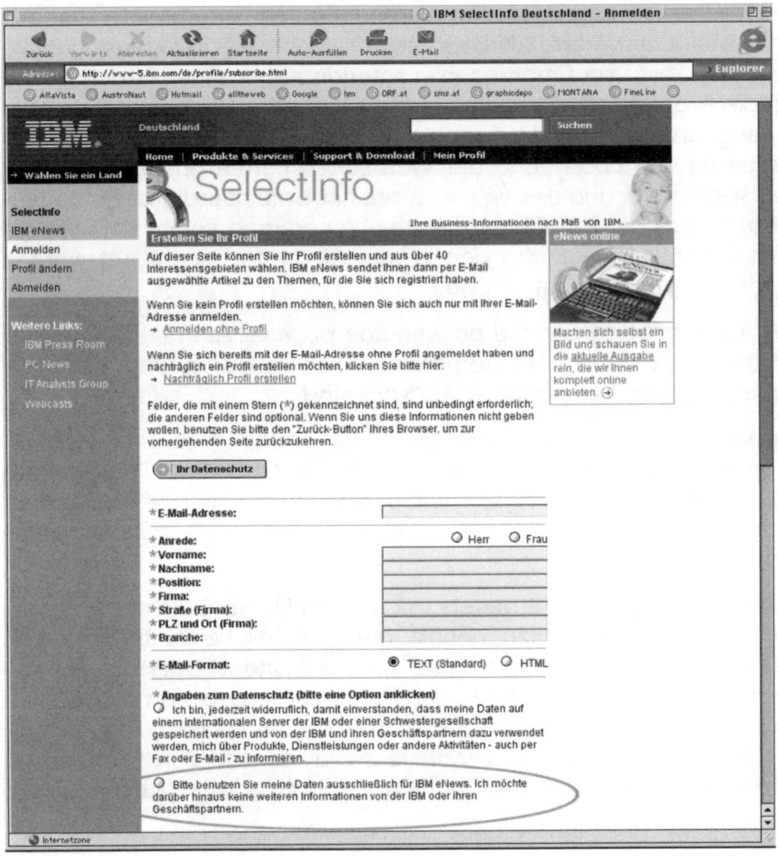

Abbildung 1: IBM zeigt, wie gut gemachtes Permission Marketing funktioniert.

Ist die Aufmerksamkeit des Kunden gewonnen, bemüht sich das Unternehmen, die Erlaubnis zum Zwiegespräch nicht nur aufrecht zu halten, sondern zu vertiefen. Dieses Ziel kann es durch die folgenden sieben Säulen einer Permission-Marketing-Kampagne erreichen:

1. Einverständnis: Das Unternehmen versendet Informationen und Werbebotschaften nur dann, wenn sie vom Empfänger ausdrücklich erwünscht sind und auch erwartet werden. Die Aufmerksamkeits- und Reaktionsrate wird wesentlich höher sein als bei unangekündigten Werbebotschaften.

Klar wird die Bedeutung des ausdrücklichen Einverständnisses des Empfängers am Beispiel E-Mail-Marketing (siehe auch Kapitel 15). Bei dieser Form des Direktmarketings können Kunden massenhaft und gleichzeitig direkt und individuell angesprochen werden. Für die Unternehmen hat das Medium E-Mail den Vorteil, Werbebotschaften schnell und kostengünstig an eine große Zahl von Empfängern versenden zu können. Doch genau hier liegt die Problematik: Sind die Werbebotschaften unerwünscht – oder anders ausgedrückt – hat der Empfänger nicht sein ausdrückliches Einverständnis für die Zusendung der Werbebotschaften erteilt, so spricht man von Spamming, und das ist etwas höchst Unanständiges! Es bedeutet nicht nur, dass der Empfänger nachhaltig verärgert sein wird, sondern auch, dass rechtliche Schritte gegen den Absender eingeleitet werden können, denn Spamming ist verboten.

Also: Will ein Unternehmen die notwendige positive Aufmerksamkeit für seine Botschaften, dann ist es von entscheidender Bedeutung, dass seine Mitteilungen vom Empfänger erwünscht sind.

2. Personalisierung: Ziel des Permission Marketings ist es, eine nachhaltige Beziehung zum Empfänger der Nachricht aufzubauen. Das geht am besten über die persönliche Ansprache des Kunden. Unternehmen sollten umfangreiches Wissen über den Kunden aufbauen, um Angebote personalisieren zu können.

Die Personalisierung beginnt bereits mit kleinen Dingen, die aber oftmals nicht beachtet werden. Dazu gehört die persönliche Ansprache von Kunden („Guten Tag, Herr Maier" statt „Lieber Kunde") oder die Angabe der eigenen Kontaktdaten. Doch die Personalisierung von Angeboten geht noch weiter. Im Sinne des One-to-One-Marketings (siehe auch Kapitel 10) sollten die Leistungsangebote auf die individuellen Präferenzen des Kunden abgestimmt werden und ihm dadurch echten Nutzen bieten.

Ein interessantes Beispiel für personalisierte Angebote mit echtem Zusatznutzen ist My L'Tur, die personalisierte Reisewebseite im Internet unter www.ltur.com. Dort gibt es individuelle Beratung fast wie im Reisebüro – und das 24 Stunden lang: Mit der Funktion „Reisefinder" kann der Kunde seine konkreten Urlaubswünsche angeben und bekommt dann automatisch eine E-Mail oder SMS-Nachricht, wenn seine Traumreise zu günstigen Last-Minute-Preisen verfügbar ist. Interessant ist auch „MOPS", die Motiv orientierte persönliche Suche. Mops bietet innerhalb von Sekunden, was im Reisebüro lange Beratungsgespräche oder Verfügbarkeitsabfragen voraussetzen würde: personalisierte Urlaubsalternativen, die sich an den persönlichen Motiven des Suchenden orientieren und auch sofort buchbar sind. Und so wird der Urlaub richtig „gemopst": Der Anwender zeigt Mops mit einigen Maus-Klicks am Bildschirm durch das Verschieben von Reglern und die Auswahl von Bildern an, was ihm beim gesuchten Urlaub wichtig ist. Das Programm checkt im Hintergrund die Informations- und Buchungsdatenbank von L'Tur nach verfügbaren Angeboten, die diesem Profil entsprechen, und präsentiert nach wenigen Sekunden mehrere Vorschläge in verschiedenen Preiskategorien. Sämtliche Details, insbesondere die Beschreibung der vorgeschlagenen Unterkunft, erhält der Benutzer durch Klick auf das Zielgebietsfoto. Ergänzende Vorschläge sind ebenfalls nur einen Klick entfernt.

3. Segmentierung: Persönliche Botschaften kommen viel besser an als standardisierte Serienbriefe, die nicht erkennen lassen, dass sich ein Unternehmen wirklich für die Person des potenziellen Kunden interessiert. Dabei kann schon die Unterteilung in zwei oder drei Gruppen dienlich sein. Heute ist es durch die moderne Print- und Datentechnologie möglich, Kataloge, Broschüren oder Kundenzeitschriften gezielt auf die Wünsche einzelner Kundengruppen zuzuschneiden. So bietet beispielsweise die Bausparkasse Schwäbisch Hall eine Kundenzeitschrift, die durch personalisierte Einhefter auf die individuellen Präferenzen des Lesers abgestimmt ist. Dazu unterteilt die Bausparkasse ihre Kunden in mindestens sieben Zielgruppen. Bei dieser Segmenteinteilung spielen die Lebensphasen des Kunden und Spezifika seines Bausparvertrags eine Rolle. Diese Zielgruppen werden durch den personalisierten Einhefter in jeder Ausgabe individuell angesprochen. Der Einhefter besteht aus einem persönlichen Anschreiben und bis zu fünf Reaktionskarten, auf denen die Adresse des Kunden bereits als Absender eingetragen ist. Mit diesen Karten können die Kunden verschiedene Beratungs- und Serviceleistungen der Schwäbisch Hall anfordern. Der Direktmarketingbrief weist auf die Heftthemen und Informationsangebote hin, die aller Voraussicht nach für die jeweilige Zielgruppe von besonderem Interesse sind.

4. Inhalte: Unternehmen sollten nicht reine Werbung, sondern für den Empfänger relevante Informationen versenden. Nur so erhalten sie auf Dauer hohe Response-Raten. Hat sich die erste Botschaft als relevant erwiesen, bleibt die Aufmerksamkeit des Empfängers für weitere Botschaften erhalten. Marketingaktionen sollten vor allem das Gefühl vermitteln, dass der Firma die langfristige Zufriedenheit des Kunden wichtiger ist als eine einmalige Verkaufsaktion. Bei der Auswahl der Themen sollten Unternehmen prüfen, was den Empfänger wirklich interessiert, wie sie zu seinem Erfolg beitragen können, was als Topnachricht sofort weitererzählt wird und welches Problem ihn derzeit am meisten beschäftigt. So recherchiert der Online Service MWonline beispielsweise eine hohe Anzahl relevanter Veröffentlichungen rund um das Thema Management und fasst das Wesentliche daraus in gut lesbarer Form zusammen. Mehr noch: Man bekommt zu diesem kostenlosen Service eine Bewertung geliefert, die Auskunft darüber gibt, ob der Beitrag gut und verständlich verfasst ist, ob er wirklich Neues verrät und ob er für die Praxis von Nutzen ist.

5. Selbstbestimmung: Beim Permission Marketing wird der Empfänger der Nachrichten als gleichberechtigter Partner angesehen. Ihm muss es erlaubt sein, alle Daten, die ihn betreffen, eigenverantwortlich zu pflegen. Das heißt, der Partner selbst darf das eigene Profil einsehen oder ändern sowie seine Bestellungen oder seinen Kontostand abfragen. Der Kunde wird intensiv mit einbezogen. Dadurch entsteht eine Verbundenheit, die es im klassischen Direktmarketing nicht gibt. Das Prinzip der Selbstbestimmung hat beim Permission Marketing sogar eine höhere Priorität als der drohende Verlust der Kundenbeziehung: Bei E-Mail-Newslettern sollten Unternehmen ihren Kunden und Interessenten zum Beispiel das Recht einräumen, sich jederzeit von der Verteilerliste zu streichen. Ein Konsument muss in einer Permission-Marketing-Kampagne jederzeit die Möglichkeit besitzen, seine schon erteilte Erlaubnis schnell und ohne Schwierigkeiten zurückziehen zu können, wenn er etwa glaubt, dass die erhaltenen Informationen für ihn nicht mehr relevant sind oder dass seine Erlaubnis missbraucht beziehungsweise nicht ausreichend geschützt wurde.

> *Am längeren Hebel sitzen wir (Eure Kunden). Wenn Ihr das noch nicht geschnallt habt, kommt ein anderer Anbieter, der aufmerksamer ist und nicht so öde.* (Cluetrain Manifest)

6. Informationen: Je besser sich Kunde und Unternehmen kennen lernen, desto größer ist die Wahrscheinlichkeit, miteinander ins Geschäft zu kommen. Firmen sollten das im Lauf der Zeit gesammelte Wissen über ihre Kunden speichern, um besseren und individuelleren Service bieten zu können. Wenn Unternehmer ihre Nutzer darauf ganz offen hinweisen, sind sie auch eher bereit, persönliche Daten preiszugeben.

Internet-Kunden des Textilversenders Lands' End wünschten sich beispielsweise größtmöglichen Komfort bei der Abwicklung ihrer Bestellung über das Internet. In diesem Zusammenhang äußerten viele Kunden den Wunsch nach einem „Gedächtnis“ für Adressen und Kreditkartendetails, die sie dem Unternehmen bereits bei einer früheren Bestellung übermittelt hatten. Um diesem Wunsch gerecht zu werden, fügte Lands' End seinem Internet-Service das „Persönliche Kunden-Konto“ hinzu. Persönliche Daten können darin fest beim Unternehmen hinterlegt werden, sodass sie jederzeit abrufbar sind. Die Kunden können eine unbegrenzte Anzahl von Lieferadressen speichern plus, auf Wunsch, ihre Kreditkartenangaben und Rechnungsdetails. Die Daten werden in einer sicheren Datenbank verwaltet, zu der niemand außer dem Kunden Zugang hat. Alle Daten werden über ein sicheres Übertragungsverfahren versendet und abgerufen. Lands' End garantiert, dass der Service ausschließlich dazu dient, den Einkauf bequemer zu machen. Jeder Kunde kann genau bestimmen, welche Informationen Lands' End speichert und in welcher Form das Unternehmen davon Gebrauch machen darf. Und selbstverständlich kann der

Kunde jederzeit Veränderungen vornehmen oder das Kunden-Konto auflösen.

7. Individualität: Unternehmen schaffen sich ein unverwechselbares Informationsangebot mit einem individuellen Erscheinungs-, Aktualisierungs- oder Update-Rhythmus. Beispielsweise können sie sich mit einem vierteljährlichen Newsletter bewusst rar machen, dafür aber größere Aufmerksamkeit erzielen. Gestaltungshintergrund und Vertriebsstrategie müssen dabei immer auf die Zielgruppe ausgerichtet und auch mit den übrigen Marketingstrategien abgestimmt sein.

Elf Regeln

Um eine Permission-Marketing-Strategie in der Praxis erfolgreich umsetzen zu können, sollten Sie die folgenden Regeln beachten:

- Senden Sie E-Mails, Newsletter und andere Informationen grundsätzlich nur an Empfänger, die zugestimmt haben. Die erste Nachricht sollte immer eine Kontrollnachricht sein. Diese muss der Kunde erst beantworten, bevor er endgültig in den Verteiler eingetragen wird. Dieses Verfahren nennt sich „Double-Opt-in-Verfahren" und wird immer mehr zum Standard.
- Bestätigen Sie grundsätzlich alles per E-Mail: die ursprüngliche Zustimmung, Bestellungen, Versandbestätigungen oder Änderungen des Kundenprofils.
- Ermöglichen Sie Ihren Kunden, die eigenen Vorlieben weiterzugeben: Welche Informationen möchte er erhalten? Wie oft? Motivieren Sie den Kunden, Ihnen so viele Informationen wie möglich zu geben, damit Sie Ihre spätere Selektion für die E-Mail-Kommunikation einfacher vornehmen können.
- Ein Besucher nennt Ihnen seine Mail-Adresse nicht aus purer Nächstenliebe, sondern nur im Tausch für etwas, was für ihn nützlich ist. Das können Informationen sein, ein kleines Geschenk, die Teilnahme an einem Preisrätsel oder ein Wettbewerb. Bedenken Sie bei diesem Angebot jedoch, dass es für den Kunden einen Wert darstellen muss. Sinnvoll ist in diesen Fällen immer, dass der gebotene Anreiz direkt etwas mit der Leistung des Unternehmens zu tun hat. Ansonsten besteht die Gefahr, dass vorrangig Schnäppchenjäger angezogen werden.
- Erfüllen Sie umgehend den Wunsch eines Abonnenten, wenn er sich aus Ihrem Verteiler austragen will. Gestalten Sie dazu das Verfahren so einfach wie möglich. Bauen Sie in alle Mails einen Web-Link ein, unter dem sich der Bezieher austragen kann.

- Ihre E-Mail-Adressenliste ist ein Besitz, den nur Sie benutzen sollten! Verkaufen oder vermieten Sie diese Liste niemals. Wenn Sie nicht anders können, dann bieten Sie dem User wenigstens die Möglichkeit, dass er zustimmen oder es ablehnen kann, auch von Ihren Geschäftspartnern Informationen zu erhalten.
- Veröffentlichen Sie eine gut verständliche Erklärung zum Datenschutz auf Ihrer Website und verstoßen Sie auf keinen Fall gegen diese Regeln.
- Beantworten Sie Kunden-E-Mails so schnell wie möglich. Dies zeigt dem Kunden, dass er für Sie wichtig ist und gleichzeitig, dass es reale Personen „hinter der Bühne“ Ihrer Website gibt.
- Wenn Sie beabsichtigen, einen E-Mail-Adress-Verteiler zu mieten, sollten Sie äußerst vorsichtig sein. Arbeiten Sie grundsätzlich nur mit nachweislich seriösen Anbietern zusammen.
- Denken Sie immer an den Netzwerk-Effekt: Ein verärgerter Kunde kann im Internet seinen Ärger sehr schnell an Millionen von Usern weitergeben, seine negativen Erfahrungen an alle Freunde per E-Mail senden, in Foren posten oder auf Beschwerde-Sites veröffentlichen.

Fallstudie: Buongiorno

Buongiorno Vitaminic SpA hat das Prinzip des Permission Marketings zu einem Grundpfeiler seiner Marketingaktivitäten gemacht hat. Das italienische Unternehmen ist der europäische Marktführer im Bereich der personalisierten interaktiven und mobilen Dienste. Buongiorno nutzt dabei verschiedene Kanäle (SMS, MMS, Video, Music Files, WAP, E-Mail), um Unternehmen und staatliche Institutionen mit kundenspezifischen digitalen Diensten via Internet und Mobiltelefon zu bedienen.

Das Unternehmen generiert seine Einkünfte auf verschiedenen Wegen: durch Werbeeinnahmen, kostenpflichtige Telefonnummern und gebührenpflichtige Angebote an Unternehmen. In seinem Marketing achtet das Unternehmen streng auf die Permission-Philosophie. Nur diejenigen Abonnenten erhalten Informationen zugesandt, die diese auch ausdrücklich angefordert haben. Dadurch kann Buongiorno seinen Werbepartnern garantieren, dass die Empfänger an den gewählten Inhalten und damit an den Werbeschaltungen interessiert sind. Und die Kunden können sicher sein, einen Zusatznutzen zu erhalten und nicht mit irrelevanter Werbung malträtiert zu werden. Der Service funktioniert wie folgt:

Privatsphäre und Erlaubnis

Die Kunden registrieren sich für die Serviceleistungen des Unternehmens auf dessen Website, die allein in Italien mit einem Angebot von über 200 Newslettern zu verschiedenen Fachgebieten eine riesige Palette an Themen bietet.

In Abkehr vom klassischen Massenmarketing bietet Buongiorno seine Dienstleistungen nur denjenigen an, die diese selbst angefordert haben. Durch dieses auf Erlaubnis basierende Geschäftsmodell wird ein Vertrag zwischen Konsumenten und Anbieter geschaffen, der auf gegenseitigem Vertrauen basiert.

Die Inhalte werden kostenlos angeboten, wenn der Konsument im Gegenzug akzeptiert, Werbung zu erhalten. Dieser Grundsatz wird von Buongiorno auch sehr offen kommuniziert. Gleichzeitig garantiert Buongiorno seinen Kunden den vertrauensvollen Umgang mit den Kundendaten. Für die Kunden bedeutet dies, dass es keine unangenehmen Überraschungen gibt, weil ihre Daten garantiert nicht an Dritte weitergegeben werden. Ebenso werden auch keine „heiklen" Daten über die Kunden gesammelt.

Das Unternehmen gibt offen zu, dass es sich für eine weniger abschirmende Haltung gegenüber der eigenen Datenbank hätte entscheiden können, um schneller zu wachsen. Aber man sieht auch, dass die hohe Qualität des Datenschutzes letztlich in einer höheren Datenqualität resultiert, die Buongiorno im Endeffekt bessere Ergebnisse erzielen lässt.

Einfache Abbestellung

Die Kunden haben jederzeit die Möglichkeit, den Service von Buongiorno abzubestellen. Hierzu ist nur ein Click notwendig (Opt-out-Funktion). Diese Einrichtung ist ganz bewusst so schnell und einfach gehalten, damit der Kunde die Möglichkeit eines augenblicklichen Ausstiegs hat, wenn der Service nicht mehr länger gewünscht oder benötigt wird.

Als Beweis für die Richtigkeit seines Vorgehens wertet Buongiorno die sehr guten Response-Raten, die es bei Anfragen an seine Kunden erhält. Als Buongiorno beispielsweise seine Kunden per E-Mail-Anfrage um die Zusendung zusätzlicher Informationen bat, antworteten 12,5 Prozent der Kunden. Üblicherweise würde eine solche Anfrage eine Antwortquote von ein bis zwei Prozent bringen. Dies wird von Buongiorno als Bestätigung für das starke Vertrauen und die Treue seiner Kunden gewertet.

Das Unternehmen ist davon überzeugt, dass das standhafte Bekenntnis zum Permission Marketing einen größeren Effekt auf die Kunden hat als konventionelle Werbung und Direktmarketingtechniken. Die kontinuierliche Expansion des Unternehmens sowie die Tatsache, dass Buongiorno zu den Top 30 der schnellstwachsenden Unternehmen in Europa zählt, legen nahe, dass das Unternehmen Recht hat.

Wie aus all diesen Punkten ersichtlich wird, bestimmt im Permission Marketing der Konsument den Kommunikationsprozess. Er entscheidet sowohl über Art und Inhalt der Informationen als auch über Anfang und Ende seiner Beziehung zum Unternehmen. Unter der schützenden Hand der glaubwürdigen Datengeheimhaltung ist er bereit, persönliche Informationen in seinem Ermessen offen zu legen, um relevante Informationen zu erhalten. Aus der Sicht des Unternehmens ergeben sich dadurch ebenfalls neue Möglichkeiten, bestehende Probleme in der Unternehmens-Kunden-Beziehung zu lösen, die durch Massenwerbung in diesem Ausmaß nicht möglich wären.

Chancen & Risiken

Chancen

- Permission Marketing ist die Grundlage zum Aufbau einer langfristigen Anbieter-Kunden-Beziehung. Einer Beziehung, die geprägt ist durch das Vertrauen des Empfängers in die ihm übermittelten Inhalte und Informationen. Entwickelt sich zwischen Kunde und Unternehmen eine solide und vertrauensvolle Beziehung, kann der Wert des Kunden für das Unternehmen über die komplette Beziehungsdauer (Customer Lifetime Value) enorm hoch werden.
- Wird Permission Marketing erfolgreich umgesetzt, ist es Unternehmen möglich, die Aufmerksamkeit der Adressaten nicht nur zu gewinnen, sondern auch zu erhalten. Mit der Zeit wächst der Stamm der funktionierenden Kundenbeziehungen immer weiter. Die Bereitschaft, die erwarteten, persönlichen und relevanten Informationen aufzunehmen, ist sehr groß. Dadurch wird langfristig das Marketing immer effizienter.
- Gut gemachtes Permission Marketing führt in letzter Konsequenz auch dazu, die Wechselbereitschaft der Kunden drastisch zu reduzieren. Indem Kunden freiwillig immer mehr persönliche Informationen preisgeben, um die erhaltenen Botschaften noch treffsicherer zu machen, sinkt gleichzeitig ihre Wechselbereitschaft. Denn in der Regel scheuen sich Kunden davor, diese Informationen einem anderen Anbieter erneut mitzuteilen.

Risiken

- Die gesammelten Informationen über den Kunden könnten das Unternehmen dazu verleiten, die Vertrauensbasis durch zu hohe Kontaktfrequenzen und zu großen Kaufdruck zu strapazieren oder gar zu zerstören. Motive dafür könnten Gier oder Not sein. Wenn wirtschaftlicher Druck auf die Kundenbeziehung übertragen wird, kann ein Bumerang-Effekt einsetzen, der die mühevolle Aufbauarbeit zunichte macht.
- Ein entscheidender Punkt für den Erfolg von Permission Marketing ist die übersichtliche Gestaltung der gelieferten Informationen. Lange und unübersichtlich gestaltete Newsletter können den Leser langweilen, selbst wenn die enthaltene Information von persönlichem Interesse für den Leser ist. Ein weiterer wichtiger Aspekt ist die persönliche Relevanz sowie die Aktualität der Informationen, die dem Kunden zugesendet werden. Folglich kann sich das Unternehmen hier kaum Fehler leisten, denn wenn der Kunde unwichtige Informationen erhält, wird sowohl sein Interesse als auch seine Zufriedenheit augenblicklich sinken. Interessante Informationen zu liefern will gelernt sein.
- Permission Marketing ist ein langfristiges Konzept. In kurzen Zeiträumen rentiert sich der aufwändige Aufbau von nachhaltigen Kundenbeziehungen nicht. Gelingt es Marketingmanagern nicht, innerhalb des Unternehmens die anfängliche Investitionsphase zu rechtfertigen, ist die Enttäuschung über die kurzfristigen Ergebnisse vorprogrammiert. Kritische Erfolgsfaktoren des Konzepts sind Durchhaltevermögen und Geduld.
- Es ist reizvoll, die gesammelten Informationen durch Vermieten oder Verkaufen zu versilbern. Abnehmer wird man leicht finden. Ist man aber am dauerhaften Erfolg des Unternehmens interessiert, sollte man auf diesen kurzfristigen Profit verzichten, denn die Risiken für einen beträchtlichen Vertrauensschaden bei den Kunden sind zu groß. Entweder schrumpft in der Folge der Kundenstamm oder die Qualität der Daten wird immer schlechter, weil die Kunden absichtlich falsche Angaben machen oder nur minimale Informationen preisgeben.

Fazit

Angesichts von Reizüberflutung und Information-Overkill ist Permission Marketing eine geeignete Möglichkeit, um dennoch die Aufmerksamkeit des Kunden zu gewinnen. Anstatt noch häufiger und noch lauter zu werben und damit selbst ein Mitverursacher des Problems der Marketingresistenz zu werden, können Marketingmanager ihren Kunden und sich selbst einen Ausweg aus der Aggressivitätsspirale bieten: Sie geben die Kontrolle über Inhalt und Frequenz des Marketings aus der Hand und schenken dem Kunden die Kontrolle über sein eigenes Zeit- und Aufmerksamkeitsbudget. Die Belohnung ist eine vertrauensvolle, dauerhafte Kundenbeziehung. Die Kunden werden die Informationen eines Unternehmens allerdings nur dann wahrnehmen, wenn sie auch wirklich interessant und relevant sind und konkreten Nutzen bieten.

Durch neue Medien wie das Internet, E-Mail und SMS können individualisierte Nachrichten preiswert versendet werden. Diese Medien haben zudem noch einen weiteren Vorteil: die Interaktionsschwelle ist niedrig. Der Kunde kann rasch, mühelos und kostengünstig auf Angebote reagieren, die Folge ist ein echter Dialog zwischen Kunden und Anbietern. Dialoge führen zu erhöhtem Vertrauen und letztendlich zur Kundenbindung.

Anlass zur Diskussion bietet das Spamming, denn diese aus Sicht des Kunden wertlosen Informationen verstopfen nur dessen elektronischen Briefkasten und verärgern ihn nachhaltig. E-Mail-Adressen sollten am besten gar nicht weitergegeben werden, und wenn schon, dann nur mit ausdrücklicher Erlaubnis des Kunden. Frequenz und Umfang von Werbesendungen müssen vorsichtig dosiert werden, sonst lässt die Unzufriedenheit der Empfänger nicht lange auf sich warten. Die vertrauliche Behandlung von Daten und eine jederzeit freigestellte Ausstiegsmöglichkeit sind wesentliche Voraussetzungen für den Erfolg.

Permission Marketing ist ein großartiges Konzept. Die Idee einer erlaubnisbasierten Kommunikation mit dem Kunden ist nicht wirklich neu – der gesunde Menschenverstand hat sie auch schon früher diktiert. Wirklich neu aber ist die Tatsache, dass es die Kunden und nicht die Unternehmen sind, die den Kommunikationsprozess und den Inhalt von Werbebotschaften bestimmen.

Quellen

Bücher und Zeitschriften

Bühler, Anton: „Was Kunden aktiviert. Personalisierte Zielgruppenansprache“, in: *Absatzwirtschaft.* Nr. 5,1993, S. 134–139

Godin, Seth: Permission Marketing. Kunden wollen wählen können. München 2001

Kirchler, Erich M.: Wirtschaftspsychologie. Grundlagen und Anwendungsfelder der Ökonomischen Psychologie, 2. Auflage. Göttingen 1999

Carbonaro, Simonetta: „Permission setzt Erlaubnis voraus“, in: *Marketing und Kommunikation,* Oktober 2000, S. 22–24

Gofton, Ken: „Have you got permission?“, in: *Marketing,* Juni 2000, S. 28–29

James, Dana: „Addresses (are) the issue“, in: *Marketing News,* Vol 34, Okt. 2000, S. 19–20

Kemp, Ted: „E-Mail Marketing Companies“, in: *Internetweek,* Sept. 2000, S. 14–16

Petty, Ross D: „Marketing without consent: Consumer choice and costs, privacy, and public policy“, in: *Journal of Public Policy & Marketing,* Spring 2000, S. 42–53

Phelps, Joseph; Nowak, Glen; Ferrell, Elizabeth: „Privacy concerns and consumer willingness to provide personal information“, in: *Journal of Public Policy & Marketing,* Spring 2000, S. 27–41

Schwarz, Torsten: „Permission Marketing“: in *Marketing und Kommunikation,* Oktober 2000, S. 31–32

Schwarz, Torsten: Permission Marketing macht Kunden süchtig. Würzburg 2001

Talavera, Karen: „Permission granted“, in: *Marketing News,* Vol. 35, Aug. 2001, S. 22–24

Yager, Tom: „Customer, may I? Getting the OK to sell“, in: *Info World,* Vol. 23, S. 48

Internet

Achim Sawall: „Internet-Verband eco verabschiedet Anti-SPAM-Richtlinie“, [WWW Dokument], URL: http://www.horizont.net//archiv/horizont_net/pages/show.prl/news/pages/show.prl?id=33243

Börner, Christo: „Permission Marketing: Direktmarketing mit Einverständnis“, [WWW Dokument], URL: http://www.ideenreich.com

Koelwel, Dunja: „Um Erlaubnis gefragt“, INTERNET WORLD [WWW Dokument], URL: http://www.documentdialog.nl/NL/PG06PERM.htm

Krishnamurthy, Sandeep: „A comprehensive analysis of permission marketing“ [WWW Dokument], URL: http://www.ascusc.org/jcmc/vol6/issue2/krishnamurthy.html

Online Magazin – Dr. Web: Homepage, [WWW Dokument], URL: http://www.drweb.de/

Schwarz, Torsten: „Permission Marketing – Kundennähe durch elektronischen Dialog“, [WWW Dokument], URL: http://www.marketing-circle.de/Archiv/archiv.html

Scruggs, Drerk: „Zehn Regeln für erfolgreiches Permission Marketing“, [WWW Dokument], URL: http://www.ideenreich.com

Tenovis GmbH & Co. KG: „Welche Vorteile Ihnen Permission Marketing bietet“, [WWW Dokument], URL: http://www.tenovis.de/news_magazin_neu/details/welchevorteileihnenpermissionmarketingbi.htm

Verband der deutschen Internetwirtschaft: Homepage, [WWW Dokument], URL: http://www.eco.de/index_de.htm

Wermelskirchen, Simone: „Terror aus der Mailbox“ [WWW Dokument], URL:http://www.handelsblatt.com/hbiwwwangebot/fn/relhbi/sfn/buildhbi/cn/GoArt!200104,203009,493843/SH/0/depot/0/index.html

2. Virus-Marketing

Vorsicht, Ansteckungsgefahr!

Am 16. Juli 1999 startete in ausgewählten amerikanischen Programmkinos ein Low-Budget-Streifen, der die Filmwelt verändern sollte: Nicht das Hollywood-Epos „Star Wars“, sondern „The Blair Witch Project“ wurde zum Kassenschlager des Filmsommers und zu einem der profitabelsten Filme aller Zeiten.

Ende 1999 trat ein Huhn, das ursprünglich als Werbung für die Whiskymarke „Johnnie Walker“ kreiert worden war, seinen Siegeszug durch die deutschen Büros an. Laut »Frankfurter Rundschau« wurde das kostenlose Computerspiel „Moorhuhn-Jagd“ bis zum August des folgenden Jahres von insgesamt 40 Millionen Nutzern aus dem Internet heruntergeladen.

Ebenfalls im Jahr 1999 gründete ein 19-jähriger Studienabbrecher gemeinsam mit seinem Onkel einen Online-Service, den er nach dem Spitznamen seiner Schule benannte: Napster. Die Tauschbörse entwickelte sich innerhalb weniger Monate zur virtuellen Pilgerstätte internationaler Musikfans und erreichte innerhalb kurzer Zeit etwa 70 Millionen User.

The Blair Witch Project, das Moorhuhn und Napster sind drei scheinbar unerklärliche Erfolgsgeschichten, die aus dem Nichts auftauchten und ohne die Unterstützung klassischer Werbemedien binnen kürzester Zeit die Aufmerksamkeit einer weltweiten Öffentlichkeit auf sich zogen. Sie sind außerdem drei Beispiele für die enorme Macht des Virus-Marketings.

Die genannten Erfolge entsprechen nicht den Mustern klassischer Werbung, bei dem ein Unternehmen seine Botschaft an möglichst viele Konsumenten verteilt – in Form einer massenhaften Einbahn-Kommunikation. Das Internet spielt beim Virus-Marketing eine zentrale Rolle. Dort kann jeder Teilnehmer gleichzeitig Sender und Empfänger sein, und die Kommunikationsprozesse laufen daher nach ganz anderen Mustern ab. Statt einer an viele können so viele an viele Informationen und auch digitale Produkte verteilen. Und obwohl tagtäglich Milliarden von Bytes im Internet ausgetauscht werden, gelingt es einigen Absendern, mit „ansteckenden“ Botschaften aus der Menge hervorzutreten. Die schnelle und netzwerkartige Verbreitung dieser Botschaften ähnelt dem Verhalten biologischer Viren. Daher der Begriff Virus-Marketing.

Abbildung 2: Das erste Huhn mit eigener Webpage: beliebter Treff der Community bei Moorhuhn.de

Konzept

Virus-Marketing steht für Marketingkampagnen, die so gut und clever sind, dass jeder über sie redet und die sich deshalb in Windeseile, eben wie ein Virus, verbreiten. Die Kunden selbst werden zum Werbeträger für die Anbieter, indem sie ihren Kollegen oder Freunden eine bestimmte Website oder ein bestimmtes Angebot weiterempfehlen.

Diese auch als „Word of Mouse“ bezeichneten Empfehlungen können mit einer E-Mail, die einen persönlichen Text sowie den Link zur Website des Anbieters enthält, an Arbeitskollegen, Freunde und Familie gesendet werden. Im Gegenzug hierfür werden die Empfehler durch Sachpreise, Geld oder Bonuspunkte, die gegen Sachpreise eingetauscht werden können, belohnt. Procter & Gamble zeigt auf seiner Website brandSAVER, wie das geht (www.brandsaver.com): Wer Freunden speziell ausgewählte Angebote empfiehlt, erhält beispielsweise kostenlose Produkte des Konzerns wie etwa Shampoos, Produkte zur Gesundheitspflege oder Snacks.

Dieses Vorgehen bietet dem Anbieter einen enormen Vorteil: Die Aufmerksamkeit der Kunden, denen durch eine persönliche Empfehlung ein bestimmtes Angebot vorgeschlagen worden ist, wird in der Regel wesentlich höher sein als bei einer klassischen Werbekampagne über Massenmedien. Die beste Methode, Neukunden zu gewinnen, sind die Empfehlungen zufriedener Kunden. Warum? Weil niemand die sprichwörtliche Katze im Sack kaufen will und jeder Kunde eine Bestätigung beziehungsweise Argumente für oder gegen einen Kauf sucht.

Das Auktionshaus eBay zeigt besonderes Geschick darin, Virus-Marketing gezielt zur Neukundengewinnung einzusetzen. Mehr als die Hälfte seiner Kunden ist dem Unternehmen empfohlen worden. Dadurch kann eBay seinen Aufwand für die Neukundengewinnung sehr niedrig halten. Zudem hat das Unternehmen festgestellt, dass Kunden, die durch Werbung oder andere Marketingmaßnahmen akquiriert wurden, höhere Servicekosten verursachen als Kunden, die auf Empfehlung zu eBay gekommen sind. Letztere fragen gern diejenigen um Rat und Unterstützung, die ihnen eBay empfohlen haben. So übernehmen treue Kunden im Ergebnis nicht nur die Funktion der Werbung, sondern fungieren überdies noch als Kundendienstler für den Online-Händler – und zwar gratis.

Auch Hotmail hat vorgemacht, wie man Virus-Marketing nutzen kann: Wie sonst bekommt man 415 000 Menschen online? Hotmails Coup begann mit dem Auftrag an die kleine Kreativagentur Strawberryfrog, den Relaunch in den Benelux-Ländern werblich zu unterstützen. Dies gelang mit großem Erfolg: Die Werbeagentur startete im November 2000 eine Kampagne, die für die Dauer eines Monats im Durchschnitt 16 000 Menschen täglich dazu brachte, einen Hotmail-Account zu eröffnen. Die Methode war simpel: Es wurde eine Online-Schnitzeljagd nach einem gewissen Hans veranstaltet, der irgendwo in den Benelux-Staaten versteckt war. Wie ein Lauffeuer sprach sich herum, dass auf den Untergetauchten eine Prämie von 50 000 Euro ausgesetzt war. Die Hobby-Kopfgeldjäger mussten dazu auf die Hotmail-Seite gehen, um mithilfe der Suchmaschine nach Hans zu suchen.

Die Beispiele von eBay und Hotmail zeigen, dass Virus-Marketing eine enorme Wirkung haben kann. Wenn Nutzer durch die Kommunikation eines Unternehmens das Gefühl haben, etwas Ausgefallenes zu erleben oder etwas Interessantes und Wertvolles zu erhalten, das sie unbedingt weitererzählen oder weitergeben müssen, dann hat Virus-Marketing sein Ziel erreicht. Dem potenziellen Käufer wird dadurch das stärkste Kaufargument präsentiert: die persönliche Empfehlung. Besonders schnell kann sich die virtuelle Mund-zu-Mund-Propaganda verbreiten, wenn Nutzer darüber in E-Mails berichten. Bei der Hotmail-Kampagne konnten sich die Spurensucher nicht nur untereinander austauschen, sondern auch mit

Hans direkt per E-Mail Kontakt aufnehmen. Interaktivität ist einer der größten Vorteile im Virus-Marketing, das vor allem auf die Reaktion des Angesprochenen zielt. Daneben gibt es noch einen zweiten Vorteil: Kommunikationsmaßnahmen, die auf Mundpropaganda basieren, können als Teil einer großen Marketingstrategie auch Kosten sparen helfen.

Keine Frage: Virus-Marketing wird das klassische Marketing niemals ersetzen. Trotzdem setzen immer mehr Organisationen dieses Marketing-Tool ganz gezielt als zusätzliches, ergänzendes Kommunikationsinstrument ein, bietet es doch erhebliche Chancen.

Virus-Marketing hat die folgenden, ganz spezifischen Komponenten:

- **Ein gutes Produkt bieten:** Grundvoraussetzung für erfolgreiches Virus-Marketing ist ein wirklich gutes Produkt oder eine gute Dienstleistung. Besonders im Internet wird sich die Kunde davon rasant verbreiten. Der US-Sender Fox zeigt mit seiner Website zur preisgekrönten Agenten-Serie „24“, wie das geht: Auf der Seite zum Film (www.fox.com/24) treibt der Sender ein faszinierendes Verwirrspiel. Neben der täuschend echten Kampagne des Präsidentschaftskandidaten Palmer kann man am Computer von Agent Bauer stöbern – sogar seine Mails und Handynachrichten abrufen oder die Research Files der Antiterroreinheit studieren. Das Ergebnis: Kaum eine andere TV-Serie hat so viele Fans im Internet, die natürlich alle ihre Freunde und Bekannte animieren, auch die Website zum Film zu besuchen. Denn nur so kann man sich ja ausführlich über Verschwörungstheorien und Gerüchte zur Sendung austauschen. Den Sender freut es: So wurde die Serie in kürzester Zeit bei immer mehr Fernsehzuschauern bekannt und entwickelte sich zum absoluten Kult.
- **Ein „kostenloses“ Angebot kreieren:** „Kostenlos“ ist einer der wichtigsten Begriffe im Wortschatz der Marketingspezialisten. „Billig“ kann Interesse hervorrufen, doch Angebote, die es umsonst gibt, haben einen ungleich größeren Anreiz. Virus-Marketing investiert in die Zukunft. Der Anbieter profitiert nicht sofort, allerdings weiß er, dass der Kunde zu ihm zurückkehren wird. „Kostenlos“ fungiert erst einmal als Eyecatcher. Dieser Eyecatcher lenkt die Blicke dann auf andere wünschenswerte Dinge, die der Anbieter verkauft und die ihm den notwendigen Ertrag liefern. Beispielsweise bot der Autor Seth Godin sein Buch „Ideavirus“ als kostenlosen Download an. Angeblich wurde das Buch daraufhin ca. 250 000 Mal von der Website heruntergeladen. Von diesen Nutzern soll der Buchinhalt dann per E-Mail an 750 000 Freunde und Bekannte weitergegeben worden sein. Eine Praxis, zu der der Autor ausdrücklich seine Empfehlung gab! Als das Buch dann schließlich im Buchhandel zu kaufen war, wurde es sofort ein Bestseller.

- **Die einfache Übertragung ermöglichen:** Das Medium, das die Marketing-Meldung überträgt, muss leicht zu bedienen sein. E-Mails, Internetseiten, Screensaver, elektronische Postkarten und Software-Downloads müssen schnell und ohne Probleme kopiert werden können. Virus-Marketing arbeitet hervorragend im Internet, da die Kommunikation einfach und preiswert geworden ist: Digitale Informationen oder Produkte zu kopieren oder zu versenden ist kein Problem. Die Botschaft muss möglichst einfach sein, sodass sie leicht weitergegeben werden kann, und sie muss auch dezent gestaltet sein, damit sie die Nerven der Nutzer nicht strapaziert. Kurz ist besser! Der Klassiker ist hier Hotmails „Get your private, free email at: www.hotmail.com". Eine Botschaft, die an das Ende jeder versendeten E-Mail gehängt wurde. Die Botschaft überzeugt und beschränkt sich auf das Wesentliche.
- **Stoff zur Kommunikation bieten:** Cleveres Virus-Marketing nutzt ein menschliches Grundbedürfnis: Das Verlangen nach Kommunikation zählt ebenso zu den menschlichen Grundbedürfnissen wie das Bedürfnis nach Anerkennung, Liebe und Verständnis. Virus-Marketing nutzt das menschliche Bedürfnis nach Kommunikation mit dem sozialen Umfeld. Sozialwissenschaftler berichten, dass jede Person ein soziales Umfeld von acht bis zwölf Personen aus dem Freundes- und Familienkreis besitzt. Das weite Umfeld einer Person kann aus Hunderten oder gar Tausenden von Menschen bestehen. Internet-Marketing-Spezialisten haben schon früh die Potenziale des starken persönlichen und des lockeren weiteren Umfelds erkannt. Personen entwickeln solche sozialen Netzwerke auch im Internet. Sie sammeln E-Mail-Adressen und bevorzugte URLs und sind bereit, positive Erfahrungen über ein Produkt oder einen Online-Händler ihrem Umfeld mitzuteilen – das gilt allerdings auch für negative Erfahrungen. Bietet ein Unternehmen seinen Kunden (positiven) Gesprächsstoff und einen Grund zur Kommunikation, werden viele von ihnen mit Freude und freiwillig beim Marketing mithelfen.

Bei der Entwicklung einer Virus-Marketing-Kampagne sind folgende Prozessschritte zu beachten:

- **Analyse:** Die Zielgruppe der Kampagne ist zunächst einmal ganz genau zu definieren. Dann sollten die Bedürfnisse, Erwartungen und Kommunikationsvorlieben dieser Zielgruppe analysiert werden.
- **Konzeption:** Basierend auf den Analyseergebnissen ist ein Marketingkonzept zu entwickeln, das die vorher genannten Erfolgsfaktoren (Produkt, kostenloses Angebot, einfache Übertragung, Verlangen nach Kommunikation) berücksichtigt.

- **Infektion:** Über gezielte Kommunikationswege werden ausgewählte Menschen mit dem Marketing-Virus „infiziert“. Je mehr diese Kommunikationswege (z.B. Internet, E-Mail, Zeitschriften, Prominente, Meinungsbildner) genutzt und je besser die Ziele der ersten Welle ausgewählt werden, desto größer sind die Erfolgschancen der Kampagne.
- **Geduld:** Virus-Marketing erfordert Geduld, da die Ansteckung – wenn sie denn überhaupt erfolgt – einer exponentiellen Kurve folgt. Das bedeutet, am Anfang verbreitet sich der Marketing-Virus grundsätzlich immer langsam. Hier muss man Geduld haben und die Aktion am Leben halten. Wenn der Virus aber wie gewünscht funktioniert, wird er sich später immer schneller verbreiten.

Fallstudie: Hollywood

Statt ausschließlich Millionen von Dollar in klassische Marketingkampagnen zu investieren, nutzt die Filmindustrie in Hollywood immer häufiger die Kraft des Virus-Marketings.

Noch bevor „Der Herr der Ringe“ Ende 2001 als Weihnachtsgeschenk für Millionen von Fans des Fantasy-Epos von J.R.R. Tolkien in die Kinos kam, öffnete das amerikanische Studio New Line Cinema für alle Hobbit-Freunde eine überaus populäre Website. Unter der Adresse www.lordoftherings.net luden sich innerhalb von lediglich 24 Stunden 1,7 Millionen Websurfer den ersten offiziellen Werbetrailer für den Film herunter. Damit wurde der Tagesrekord von einer Million gebrochen, den der Online-Trailer für die „Star Wars“-Episode I aufgestellt hatte. „Von dem Moment an, als wir das Filmprojekt starteten, bin ich online gewesen und habe mit den Fans Informationen ausgetauscht“, sagte Gordon Paddison, der stolze Vater der New Line Cinema Website. Paddison leitet in seinem Studio den Bereich Interaktives Marketing und hat damit einen Posten, den es vor wenigen Jahren in Hollywood noch gar nicht gab. Inzwischen aber hat die Filmmetropole erkannt, wie wichtig das Internet und die Techniken des Virus-Marketings sind, wenn es darum geht, mit vergleichsweise preiswerten Methoden Millionen von potenziellen Kunden anzulocken. Dabei ist die offizielle Website von New Line Cinema nur die Spitze eines Eisbergs. Geduldet, viel häufiger aber auch intensiv gefördert, werden von Hollywood auch die inoffiziellen Gerüchteküchen im Internet.

Hunderte von Internet-Seiten rund um die Welt verbreiteten beispielsweise mehr oder weniger zutreffende Details über die in Neuseeland abgeschlossenen Dreharbeiten zur Kino-Trilogie „Der Herr der Ringe“.

Amerikanische Sites beriefen sich auf Insiderinformationen und berichteten über Monate hinweg unter Berufung auf ihre obskuren Quellen vor allem über die Filmlandschaften, die Darsteller und ihre Kostüme. Informationen, die von offizieller Seite nicht verbreitet, interessanterweise aber auch nicht dementiert wurden. Solche Informationen und Gerüchte sind für die Unternehmen schließlich unbezahlbar. Denn die Gerüchte, die von den amerikanischen Sites publiziert werden, verbreiten sich in der Regel in rasender Geschwindigkeit rund um den Erdball.

Diese Gerüchte-Lawine, die die Virus-Marketing-Aktivitäten von Hollywood begleitet und immer schneller und breiter durch das Internet fegt, wird in Hollywood vor allem dann losgetreten, wenn es darum geht, Filme mit Fantasy-, Science-Fiction- oder Horror-Themen bekannt zu machen. Scheinbar spricht man mit diesen Filmen genau die Bevölkerungsgruppe an, die traditionell viel im Internet unterwegs ist: jüngere Leute mit Computern, Internetanschluss und Interesse an Technik.

Als Meisterstück des Virus-Marketings in der Filmbranche gilt der Horrorstreifen „The Blair Witch Project", der zum Überraschungshit des Kinosommers 1999 wurde. Thema des Films: Am 21. Oktober 1994 wandern die drei Studenten Heather Donahue, Joshua Leonard und Michael Williams im Maryland Black Hills Forest. Sie wollen eine Dokumentation über eine örtliche Legende drehen: die Hexe aus dem Dorf Blair. Anno 1785 soll in Blair eine Frau der Hexerei beschuldigt und in den Wald getrieben worden sein; kurze Zeit später verschwanden ihre Ankläger und einige Dorfkinder für immer. Die drei Filmstudenten Heather, Joshua und Michael bewaffnen sich also mit einer Videokamera und begeben sich auf Hexenjagd. Unter mysteriösen Umständen verschwinden sie allerdings, und man hört nie wieder von ihnen. Überraschenderweise wird ein Jahr später ihr Filmmaterial gefunden. „The Blair Witch Project" ist ihr Vermächtnis. Es dokumentiert die quälende, fünftägige Reise durch den Black Hills Forest und hält all jene schrecklichen Ereignisse im Bild fest, die zu ihrem Verschwinden geführt haben.

„The Blair Witch Project" ist cleverer Psychoterror und intelligentes Virus-Marketing: Die Geschichte der Studenten wurde im Internet nämlich als wahr verkauft, um das Interesse zu wecken. Geschickt nutzten die Produzenten des Films dann die Faszination, die von den Spekulationen über die Echtheit des Films ausging. Sie heizten die Gerüchte an, wo sie nur konnten. So veröffentlichten sie beispielsweise kurze, angeblich authentische Filmsequenzen, manipulierte TV-Nachrichtenbeiträge, Zeitungsartikel, Beweise und das angebliche Tagebuch der Hauptdarstellerin. In Windeseile entwickelten sich im Internet zahlreiche Homepages und Chat-Foren, in denen die Authentizitätsfrage aufgeregt diskutiert wurde. Bald wurde aus dem Geheimtipp ein Welterfolg. Und nicht nur das: Da der Film mit einem für Hollywoodverhältnisse extrem geringen Budget von einigen zigtausend Dollar gedreht wurde, zählt er zu den profitabelsten Kinofilmen aller Zeiten.

Chancen & Risiken

Chancen

- Die Methoden des Virus-Marketings sind grundsätzlich preisgünstig und verursachen vergleichsweise wenig Arbeit. Darüber hinaus verbreiten sich die Botschaften automatisch und kostenlos. Die Aufgabe des Unternehmens ist es also, die Strategie zu entwickeln und den Prozess anzustoßen.
- Interessant ist auch die Tatsache, dass das kommunizierende bzw. werbende Unternehmen nicht als Störer betrachtet wird, wie dies bei der klassischen Werbung meist der Fall ist. Mit den Methoden des Virus-Marketings erschleicht sich das Unternehmen – im positiven Sinn – die Sympathie der Konsumenten über deren persönliche Beziehungen.
- Im Gegensatz zum klassischen Marketing werden mit Virus-Marketing auch Streuverluste eingegrenzt. Die Empfänger leiten die Werbebotschaft nämlich meist nur an jene Menschen weiter, bei denen sie auch Interesse voraussetzen.

Risiken

- Niemand kann vorherbestimmen, ob und wann der Virus seine Zielgruppe gefangen hält. Johnny Walker wollte mit dem Moorhuhn-Spiel die Zielgruppe der 30-Jährigen gewinnen. Doch stattdessen landete das Spiel vor allem bei den unter 18-Jährigen auf dem Bildschirm. Und die interessierten sich vorrangig für das Federvieh und weniger für den Whisky. Erschwerend kam hinzu, dass sich das Moorhuhn recht schnell von seiner Mutter Johnny Walker emanzipierte. Nur die wenigsten Freunde des Moorhuhns wissen, dass dieses Unternehmen ursprünglich hinter der Kampagne steckte.
- Die modernen Kunden lassen sich auf keinen Fall kaufen oder als Werbeträger missbrauchen, ohne dafür eine Gegenleistung zu erhalten. Wer aggressives Virus-Marketing betreibt, ohne ernsthaft das Ziel zu haben, die Kunden als freiwillige Botschafter zu gewinnen, den erkennt

man an vielen Ausrufezeichen, Großbuchstaben und übertriebenen Versprechungen in seiner Botschaft. Wer den Kunden auffordert, „Verbreite mich!“, wird keinen Erfolg mit diesem Tool haben. Die Chance liegt darin, mit Witz, Charme und einem guten Angebot dem Nutzer die freie Entscheidung zu lassen.

- Wie mit jedem neuen Marketing-Tool besteht beim Virus-Marketing natürlich auch die Gefahr, dass durch zunehmende und immer ausgeklügeltere Kampagnen die ursprüngliche Begeisterung schnell in Überdrüssigkeit umschlagen kann. Virus-Marketing kann seine Kraft einfach auch dadurch verlieren, indem es übertrieben wird und keine Aufmerksamkeit mehr erzeugen kann, weil die Menschen zu vertraut damit werden.

Fazit

Auf viele wirkt der Gedanke, dass Kommunikation so ansteckend wie ein Virus sein kann, irritierend. Aber sind nicht auch der Witz, der immer weiter erzählt wird, das Gerücht, das seine Runden zieht, das Lied, das uns nicht mehr aus dem Kopf geht, oder das Moorhuhn-Spiel, das wir an Freunde mailen, ebenfalls Kommunikationsviren? Kommunikationsviren sind nichts Neues, früher sagte man dazu „Mund-zu-Mund-Propaganda“. Allerdings ist heute durch die Ausbreitung über das Internet die Inkubationszeit viel kürzer, die Menge der potenziell erreichbaren Kunden ist viel größer. Dies bietet für das Marketing ganz neue Chancen, Botschaften über Produkte oder Dienstleistungen wirkungsvoll und kostengünstig an den Kunden zu bringen, viel effektiver und effizienter, als das mit den herkömmlichen Mitteln möglich ist.

Die bisherigen Erfolge haben gezeigt, dass Virus-Marketing mit außerordentlich geringem finanziellen Aufwand Produkte, Dienstleistungen oder Unternehmen innerhalb kurzer Zeit weltweit bekannt machen kann. Jedoch gelingt es nicht allen Unternehmen, Virus-Marketing erfolgreich einzusetzen: Ein Marketingvirus infiziert einen Menschen nur, wenn er den Bedürfnissen und Erwartungen dieses Menschen entspricht. Das ist nicht anders als in der Biologie: Ein biologischer Virus benötigt einen ganz spezifischen Wirt, an dessen zelluläre Strukturen er hundertprozentig angepasst ist. Ein Marketingvirus verbreitet sich nur, wenn er dem Kommunikationsverhalten seiner Zielgruppe hundertprozentig angepasst ist.

Quellen

Bücher und Zeitschriften

Afuah, Allan; Tucci, Christopher: Internet Business Models and Strategies. Text and Cases. New York 2001

Förster, Anja; Kreuz, Peter: Offensives Marketing im E-Business. Loyale Kunden gewinnen, CRM-Potenziale nutzen. Heidelberg 2002

Harris, Godfrey: Empfehlen Sie uns weiter. Mundpropaganda als Marketinginstrument. Wien 1999

Ransdell, Eric: „Network Effects", in *Fast Company,* September 1999, S. 208–212

Rosen, Emanuel: Net-Geflüster. München 2000

Schwendt, Yvette: „Buzz erstaunt", in *Absatzwirtschaft*, Februar 2005, S. 24

Sterne, Jim; Priore, Anthony: E-Mail-Marketing. New York 2000

Internet

Golias, Joannis: „Virales Marketing im Internet", in Absatzwirtschaft Online, [WWW Dokument], URL: http://www.absatzwirtschaft.de/aswwwwshow/fn/asw/sfn/buildpage/cn/cc_emark_wissen_mehr/id/22616

Hirsh, Lou: E-Commerce Times, October 2001, [WWW Dokument], URL:http://www.ecommercetimes.com/perl/printer/14295/

Jurvetson, Steve; Draper, Tim: „Viral Marketing", [WWW Dokument], URL: http://www.drapervc.com/files/viralmarketing.html

Jurvetson, Steve; Draper, Tim, Business 2.0, November 1998, [WWW Dokument], URL://http:www.dfj.com/files/viralmarketing.html

Kharif Olga, „An epidemic of Viral Marketing", [WWW.document], URL: http://www.businessweek.com/bwdaily/dnflash/aug2000/nf20000830_601.htm

Klopp, Matthias: „Virus Marketing und Mundpropaganda: Werbung, die sich wie ein Lauffeuer verbreitet", [WWW Dokument], URL: http://www.gruenderland.de/marketing/virus-marketing.html

Krausse, Vera; Zorbach, Thomas: „Virus Kommunikation – Aspekte epidemischer Verbreitungsprozesse im Internet", [WWW Dokument], URL: http://www.vm-people.de/diplom

Littger, Heike; Dilk, Anja: „Vorsicht Ansteckend", in ChangeX, [WWW Dokument], URL: http://www.changex.de/d_a00660.html

Riemer, Kai; Totz, Carsten: „Virales Marketing – Eine Werbebotschaft breitet sich aus", [WWW Dokument], URL: http://www.symposion.de/e-crm/e-crm-16.htm und http://www.firstsurf.com/riemer0233_t.htm

Streif, Tilman: „Die Filmindustrie geht immer häufiger online – Fan-Sites sind eine unbezahlbare Werbung bei Millionen von Nutzern", in PNP Online, [WWW Dokument], URL: http://www.pnp.de/news/boulevard/kultur/tolkien/main.htm

Webagency E-Commerce AG: „Viral-Marketing – Marketing automatisch“, [WWW Dokument], URL: http://www.webagency.de/infopool/marketing/viral-marketing.htm

Wilson, Ralph: „The Six Simple Principles of Viral Marketing“, [WWW Dokument], URL: http://www.wilsonweb.com/wmt5/viral-principles-clean.htm

3. Ambient Media

Fliehen zwecklos – Sie sind umstellt!

Endlich im Grünen! Frisch und fröhlich promenieren, die grauen Straßen hinter sich lassen. Nur raus aus der tobenden Stadt! Das Wetter ist herrlich, der Weg führt zwischen blühenden Weiden hindurch. Am Horizont eine Herde gesunder und glücklicher Kühe. Sie atmen endlich wieder mal tief ein. Aaaah, reine Luft, alles riecht so gut. Jetzt können die Gedanken schweifen. Keine Werbespots im Radio, keine Plakate, Litfasssäulen, CityLight-Poster, kein Marketingterror im Fernsehen, Kino oder in den Magazinen, die Sie durchblättern. Wie schön – hier gibt es nur Natur, keiner will Ihnen etwas verkaufen. Der Weg geht jetzt hinauf, dorthin, wo die Kühe stehen und grasen. So ein friedliches Bild! – Hoppla, das sind aber keine gewöhnlichen Schwarzbunten. Was haben die denn da um den Bauch gebunden? Die Kühe starren Sie an, während Sie zurückstarren. Die ganze Herde hat Planen um den Bauch gebunden und wirbt wiederkäuend unter blauem Himmel für ein Möbelhaus.

Nicht ganz frei erfunden: Letzten Sommer grasten und warben in England Kuhherden mit Bauch-Banderolen. Ein gefundenes Fressen für die Lokalpresse – und ein voller Erfolg für den Werbekunden. Das ist Ambient Media: Werbung, die uns umgibt, wo immer wir uns aufhalten.

1990 warben noch ganze 2 000 Marken im Fernsehen, bis zum Jahr 2000 hatte sich deren Zahl auf 69 000 vervielfacht – fast 35 Mal mehr in zehn Jahren! Gleichzeitig ist in den vergangenen vierzig Jahren das Vermögen der Menschen, sich einzelne Marken zu merken, von vierzig auf acht Prozent gesunken. Das zeigt das ganze Ausmaß der Misere, in der die Werbebranche heute steckt – in der gleichen Misere stecken aber auch die Marketingmanager der Unternehmen, wenn sie heute auf konventionelle Anzeigenwerbung setzen.

Kein Wunder also, dass der Kampf um die knapp bemessene Aufmerksamkeit der Konsumenten mit jeder Runde härter wird. Am meisten stört viele Werber, dass sich Fernseher ausschalten oder umschalten, dass sich Radiosender wechseln, dass sich Werbebanner im Internet wegklicken, dass sich die Seiten in Zeitschriften umblättern lassen. Die teuren Anzeigen verpuffen, wenn der Konsument sie nicht beachtet. Und der ist immer weniger bereit, klassischer Werbung Aufmerksamkeit zu schenken. In jüngster Zeit wächst daher die Nachfrage nach Ambient Media, denn diese Art der Werbung lässt sich nicht einfach abschalten. Sie ist dort, wo ihre Zielgruppen sind, nämlich überall.

Ambient Media ist ein Sammelbegriff für alle nicht klassischen Werbeformen, die uns umgeben – Postkarten in Szenekneipen, Shampoo- und Duschgel-Proben in Umkleidekabinen von Fitnesszentren und Abdrücke von Katzenpfötchen, die auf den Bodenfliesen des Supermarkts den Weg zur richtigen Katzenfuttermarke weisen. Ambient Media ist ein flinkes, radikales Kind der großen Mutter Plakatwerbung, die sich dank Mietspiegeln, Milieustudien und Mikromarketing bis auf einzelne Wohnhäuser genau aussteuern lässt.

Nichts wirklich Neues, werden Sie jetzt vielleicht denken. Stimmt, Sie haben Recht, nichts Neues. Diesen Einwand können Sie übrigens beim Lesen dieses Buches noch öfter erheben. Aber es geht auch gar nicht um grundlegend Neues. Neu ist bei all den Marketing-Trends vielmehr die Kombination verschiedener bewährter Konzepte oder die Anwendung von Althergebrachtem auf neue Situationen oder eine neue Art oder Intensität, Dinge zu tun. So auch hier: Werbung im Freien und außerhalb der Medien ist ein alter Hut – Plakate säumen die Straße, Litfasssäulen zieren die Promenaden, mit Werbung auf Bussen und Straßenbahnen oder auf Einkaufstüten sind wir alle aufgewachsen. Neu an Ambient-Media-Werbung aber ist die Macht, die Radikalität, die Geschwindigkeit und die Kreativität, mit der sie den öffentlichen Raum besetzt.

Und diese Vereinnahmung nimmt immer skurrilere Ausmaße an und macht selbst vor dem stillen Örtchen – dem bislang letzten Refugium der Kontemplation – nicht halt. Öffentliche Toiletten sind von der Werbeindustrie als idealer reizfreier Ort entdeckt worden, um dort mit speziell auf diese Umgebung zugeschnittenen Postern auf die Produkte ihrer Werbekunden aufmerksam zu machen. An den Flughäfen sind beispielsweise die Toilettenanlagen zu sehr begehrten und teuren Werbeflächen geworden. Die Zielgruppe ist aus Sicht der Werber äußerst interessant und zahlreich: mehrere Millionen Fluggäste, Besucher, Abholer und Lieferanten, die ab und zu mal „müssen“.

Grenzen für Ambient Media scheint es nicht zu geben, alles kann zur Werbefläche werden: Taxis, Parkbänke, Heckscheiben, Stromkästen, Bodenfliesen oder eben auch Kühe – nichts bleibt unberührt. Deckt man Rasenflächen in Hanglage eine Zeit lang mit geeigneten Folien ab, entwickelt die Sonne riesige grüngelbe Dublex-Fotos im Gras: An den Stellen, an denen die Folie lichtdurchlässiger ist, wird von den Pflanzen mehr Blattgrün produziert; die Rasenstücke, die weniger Licht abbekommen, bleiben gelb. Welche Stadtverwaltung, die über einen Park verfügt, möchte ihre Finanznot ein wenig mildern?

Werbung ohne Grenzen?

Die Vereinnahmung des öffentlichen Raums durch Werbung macht selbst vor Schulen und Kindergärten nicht halt. Je leerer die Taschen der Kommunen, desto wärmer der Empfang für die Ambient-Werber. Schulen, die einen Zuschuss für ihren neuen Hallenboden brauchen, gehen inzwischen schon aktiv auf mögliche Sponsoren zu. Kein Wunder, dass sich in diesem Bereich ein ganz neues Geschäftsfeld aufgetan hat: Schulwerbevermittler, die unter anderem Sonnenschirme, Plakate und Gratis-Lernhefte im Angebot haben. Der Trend zur Liberalisierung geht in Zeiten knapper öffentlicher Kassen weiter, und nach dem Vorbild der USA weichen auch bei uns die Bestimmungen zu Werbung und Sponsoring an Schulen auf.

Über langjährige Erfahrung in diesem Bereich verfügen die Schulen und Universitäten in den USA: Die Ebbe in den öffentlichen Kassen hat der US-Jugend bereits den ersten nationalen TV-Schulsender beschert. Channel One stellt Gratis-Fernseher in die Klassenzimmer, acht Millionen Kinder sind angeschlossen, und wenn die Werbung läuft, ist der Umschaltknopf blockiert. Aber wie sollte man auch umschalten? Die Werbung an amerikanischen Schulen ist längst zu subtil zum Wegzappen. Man feiert Coca-Cola-Tage, man bewirbt Kinofilme über dem Speiseplan der Schulkantine. Die Konzerne Disney und Kellogg's haben jüngst eine Schul-Essen-Werbeagentur gegründet. Und beim Mathe-Unterrricht wird nicht der Umfang eines Kreises berechnet, sondern der Umfang eines Kekses der Marke Oreo.

Aber es formiert sich auch eine lautstarke Gegenbewegung in den USA. Die neue Direktive der texanischen Schulbehörde besagt, dass Automaten für Junk Food und Softdrinks aus den Schulkantinen verschwinden sollen, Eltern wenden sich gegen die „Marketingexzesse“ in den Schulen ihrer Kinder. Trotzdem scheint aus Sicht der Werbeindustrie der erreichte Werbeeffekt bei den Schülern die Ansehensverluste bei ihren Eltern zu kompensieren. Hinzu kommt, dass es für viele Schulen angesichts drastisch gekürzter öffentlicher Mittel keine anderen Alternativen gibt, als mit Unternehmen wie Coca-Cola oder Pepsi langfristige Lizenzverträge abzuschließen.

Konzept

Bepflanzte Felder in Einflugschneisen von Flughäfen, Werbefolien auf dem Boden von Bahnhöfen und Supermärkten, Werbeslogans auf Heißluftballons und Luftschiffen, Rolltreppen, Zapfhähnen, Kassenzetteln oder Obst – die Vielfalt der Werbemedien, die von der Ambient-Werbung genutzt werden, scheint unbegrenzt. Mit der Vermarktung immer extrava-

Abbildung 3: Ambient Media in Aktion: der größte Sprudelkasten der Welt als Werbung für das Mehrweg-System und ein publicityträchtiger Eintrag in das Guiness-Buch der Rekorde

ganterer Werbeflächen entwickelt sich der Ableger klassischer Außenwerbung zum lukrativen Geschäftszweig. Entscheidender Grund dafür ist der in der Natur der Sache liegende Vorteil dieser Werbeform: Wegzappen, Umblättern oder Abschalten nicht möglich! Und noch ein weiterer Vorteil ist mit dem Einsatz von Ambient Media verbunden: Die Zielgruppe wird in einem Umfeld erreicht, in dem keiner mit Werbung rechnet. Unternehmen haben so die Möglichkeit, mit den Kunden auf neue, überraschende und spannende Weise zu kommunizieren. Das wissen auch die Marketing-Abteilungen in den Unternehmen und planen mittlerweile Ambient Media in ihren Media-Mix fest mit ein.

Um innovative Ideen für die Ambient-Werbung zu gewinnen, ist es durchaus sinnvoll, den Blick über den Ärmelkanal zu richten, denn England ist auf diesem Gebiet den Kontinaleuropäern um Jahre voraus. Hinzu kommt, dass England im Prinzip nur aus einem einzigen, dafür hochkonzentrierten Markt besteht, nämlich London. Das bedeutet massiven Wettbewerb, der wiederum die Kreativität der Werber herausfordert.

Einige Beispiele: Zum Kinostart des Streifens „Godzilla“ parkte der britische Filmverleih völlig zerquetschte Autos in Dinosaurier-Schrittweite voneinander entfernt rechts und links entlang einer Londoner Straße. An den Parkuhren stand Service-Personal, um Parkmünzen nachzuwerfen. Drei Stunden später hatte bereits die nächste Firma die Aktion vereinnahmt: Neben den Wracks standen plötzlich Klappschilder: „Wir versichern alles“, warb eine Versicherung – „Campaign Hijacking“ wird das im Fachjargon genannt.

Einer der besten Werbekunden in Sachen Ambient Media dürfte Vodafone sein. Mal belegt das Telekommunikationsunternehmen alle möglichen Werbeformate rund um Oxford Circus, bis der Platz komplett rot ist, ein andermal werden ausgewählte Zielgruppen „auf Schritt und Tritt verfolgt“. Wer zum Beispiel vor einigen Jahren von Paddington (Innenstadt) zum Flughafen nach Heathrow reiste, konnte der Marke mit dem Sprechblasenlogo nicht entkommen: Der Heathrow Express war gebucht, Taxis ebenso, der Autotunnel, Parkplatzbarrieren, Megaposter am Flughafen, Terminals, Business Lounges und die Lunch-Tabletts in den Flügen.

> *Ambient eignet sich vor allem für junge mobile Zielgruppen, die von der Werbung witzige, gar kultige Einfälle erwarten und die mit den klassischen Medien nur schwer zu erreichen sind.* (Claudia Polchow, Leiterin des Bereichs Ambient Media bei Jost von Brandis)

Ambient-Kampagnen können spektakulär sein. Aber wie steht es um den Werbeeffekt? Sind die Kampagnen ihr Geld wert? Was bleibt beim Kunden eigentlich hängen von diesen Botschaften auf Lunch-Tabletts oder am Einkaufswagen? Und wie beeinflussen sie uns beim Einkaufen? Ein Forschungsprojekt an der Universität Heidelberg, das von dem Werbepsychologen Dr. Helmut Plessner geleitet wurde, unterstreicht die Wirkung dieser Werbeform. Werbung hat auch über das bewusste Erinnern hinaus Wirkung. Zwar kann sich der Konsument nur an einen Bruchteil von Werbung explizit erinnern. Aber es ist nicht so, dass der Rest völlig verloren ist. Es bleiben Spuren im Gedächtnis haften, auch wenn sich die Person nichts mehr von der Werbung ins Bewusstsein rufen kann. Ein Assoziationstest kann diese Werbespuren nachweisen. Unter Zeitdruck reagieren wir auf Marken unwillkürlich positiver und greifen spontan zum Markenartikel. Zwölf Mal muss man eine Marke gesehen haben, schon wird man sie besser finden als etwas Unbekanntes.

Bei den meisten Ambient-Kampagnen muss das werbende Unternehmen risikobereit und innovationsfreudig sein. Außerdem muss es über ein hohes Maß an Hartnäckigkeit verfügen. Die Praxis zeigt, dass häufig die Kunst nicht unbedingt in der Idee selbst steckt, sondern darin, solche Kampagnen auch durchzusetzen. Ein Beispiel: Sixt, die stärkste Marke in der Branche der Autovermieter, gibt noch immer weniger Geld für klassische Anzeigen aus als Europcar, die Nummer zwei im Vermietgeschäft. Dafür hat Sixt deutsche Flughäfen unterhaltsam zum Werbeträger Nummer eins im öffentlichen Raum gemacht. Wer kennt beispielsweise nicht die Sixt-Koffer, die mittlerweile in so gut wie jeder Gepäckausgabe zuerst über das Band laufen? Doch die Erlaubnis dafür einzuholen, war ein hartes Stück Arbeit: Ein Kontakter musste ein halbes Jahr lang bei allen möglichen Instanzen nachfragen und um Erlaubnis bitten. Mittlerweile ist das Eis gebrochen, und es gibt kaum noch eine Umbaumaßnahme an Flughäfen, bei der nicht der Werbeflächenvermarkter mit am Planungstisch sitzt, denn Raum ist Geld.

Trotz aller Euphorie für diese innovative Werbeform gilt ein wichtiger Grundsatz: Ambient-Werbung sollte nicht für sich allein stehen, sondern nur als flankierende Maßnahme für eine Kampagne eingesetzt werden. Das haben auch die Konsumgüterhersteller erkannt. So setzt beispielsweise Mars Incorporated neben klassischer Werbung Ambient Media als zusätzliche Maßnahme ein: Der Schokoriegelhersteller kooperiert beispielsweise mit Tankstellen und wirbt auf den Zapfpistolen. Was Schokoriegel mit Benzin zu tun haben? Ganz einfach: Mars erreicht die Autofahrer, die wenige Minuten später an der Kasse stehen und bezahlen – und direkt an der Kasse liegen die Mars-Riegel griffbereit. Mars grüßt an Tausenden Zapfpistolen: „Biss gleich!“

Doch preiswert ist eine derart hochgradige Zielgruppenabdeckung nicht: Wer mit Zapfpistolenwerbung in ganz Deutschland präsent sein will, muss mit rund einer halben Million Euro im Monat rechnen. Sicherlich ist das nicht ganz günstig, allerdings können bestimmte Produkte an Tankstellen eine enorme Zielgruppenaffinität erreichen.

Während die Zapfpistole noch eine verhältnismäßig große Breitenwirkung erzielen kann, ist die Reichweite der meisten Ambient-Media-Produkte jedoch eher begrenzt. Ambient Media ist deshalb weniger eine Sache der Reichweite denn der Kontaktqualität. Deshalb wird Ambient Media die klassischen Medien nicht verdrängen, sie ist aber ein gutes ergänzendes Werkzeug, um Zielgruppen präzise anzusprechen.

Fallstudie: Six Feet Under – Gestorben wird immer

Die Kultserie „Six Feet Under – Gestorben wird immer“ aus den USA setzt Skurriles und Makabres in Szene.

Konfrontiert mit einem gebildeten Publikum zwischen Anfang zwanzig und Mitte bis Ende dreißig, weiß jeder Mediaentscheider, dass er in seiner Planung sowohl einer negativen Haltung gegenüber Werbung und einem geringeren Wirkungsgrad der klassischen Medien gerecht werden muss. Ein kennzeichnendes Merkmal dieser Zielgruppe ist Mobilität im Freizeitverhalten: Kino und Kneipe sind beliebte Ziele.

Die Kernfrage für die Planung des Ambient-Media-Konzepts lautete somit: „Wo bewegt sich unsere Zielgruppe?" Die Bewegungsmuster der Zielgruppe qualifizierten dann die unterschiedlichen Werbeplattformen. Für „Six Feet Under" galt: „Wer Dienstags um dreiundzwanzig Uhr fernsehen soll, liegt auch sonst nicht um zwanzig Uhr im Bett."

Entsprechend wurde die Szenegastronomie als eine geeignete Marketing-Plattform identifiziert. Die Umsetzung wurde von der Berliner Agentur amber media realisiert: In Form eines Grabsteins wurden 750 000 Getränkeuntersetzer auf Tischen in bundesweit 52 Städten und 1495 Szenekneipen, Cafés und Bars verteilt. „Eingemeißelte" Schüttelreime verwiesen auf skurrile Todesfälle in der Gastronomie: „Die Zeche hat er oft geprellt, den Killer hat der Wirt bestellt" oder „Als er an die Theke wollte, ihn ein Bierfass überrollte".

Daneben wurden 360 000 Zigarettenhülsen bedruckt, die über Zigarettenschachteln gestülpt werden. Mit sinnigen Sprüchen wie „So lange ich noch atmen kann, mach ich mir 'ne Fluppe an" und „Am besten schmeckt der gute Teer direkt nach dem Geschlechtsverkehr" konnten passionierte Raucher ihre Schachteln verschönern. Die Gratishülsen wurden in speziellen Dispensern auf Theken und Tresen platziert. Natürlich waren auch die Dispenser in Form eines Grabsteins gestaltet.

Neben der Auswahl aufmerksamkeitsstarker Werbeträger waren die Tonalität der Ansprache sowie die Möglichkeit der Weitergabe der Werbebotschaft (Zigarettenschachtel) wichtige Erfolgsfaktoren dieser Kampagne.

Chancen & Risiken

Chancen

- Mit Ambient-Werbung können sich Marken von der Masse abheben, ein Signal setzen, etwas für das Image tun. Die mit Werbung übersättigten Medien Fernsehen und Print können wirkungsvoll umgangen werden.
- Ambient-Werbung erreicht ihre Zielgruppe in einem Umfeld, in dem keiner mit Werbung rechnet. So können Überraschungseffekte erzielt werden, die wiederum hohe Aufmerksamkeit erzeugen.

- In Schulen und Sportvereinen trifft man kaum Senioren, die trifft man aber in Parks oder in der Oper. Geschäftsleute findet man gehäuft an den großen Bahnhöfen und Flughäfen, dort müssen sie sogar häufig warten und sind aufnahmebereiter, weil weniger gehetzt. Schwitzende Freizeitsportler im Fitnessstudio sind garantiert Duschgel-affin. Mit Milieustudien und Statistiken kann der Erfolg von Ambient-Werbung recht gut geplant werden, denn die Streuverluste können gering gehalten werden, wenn die Werbung genau dorthin getragen wird, wo sich klar umrissene Zielgruppen aufhalten.
- Zielgruppen können angesprochen werden, die sonst nur schwer oder gar nicht erreicht werden können. So beispielsweise junge und mobile Menschen, die abends lieber ausgehen, als vor dem Fernseher zu sitzen.

Risiken

- Ambient-Media stößt nicht überall auf ungeteilte Freude. Viele Verbraucher empfinden es mittlerweile als beunruhigend, mit welcher Selbstverständlichkeit die Werber den öffentlichen Raum bepflastern. Es ist eine Frage der Dosis. Dringt ein werbendes Unternehmen zu hemmungslos in bislang werbefreie Räume ein, kann die Aufmerksamkeit ins Negative umschlagen. Imageschäden und Umsatzeinbußen sind dann zu befürchten.
- Ambient-Werbung erreicht oft nur kleine Konsumentenkreise. Der Aufwand pro Kontakt kann daher recht hoch werden. Liegt der Slogan beispielsweise leicht daneben oder ist die Gestaltung nicht wirkungsvoll, kann die angestrebte hohe Kontaktqualität nicht erreicht werden – viel Werbegeld verpufft dann wirkungslos.
- Unkonventionelle Ideen müssen sowohl zur Zielgruppe als auch zum Unternehmen passen: Konservative Konsumenten reagieren unter Umständen verärgert oder verständnislos auf werbetragende Kühe und Ähnliches, und ein Unternehmen mit seriösem, gestandenem Image macht sich unter Umständen lächerlich, wenn die Werbefläche allzu überraschend ist.

Fazit

Nichts ist unmöglich. Der Vielfalt an Werbeideen sind (fast) keine Grenzen gesetzt: Mit Werbetexten bedruckte Klopapierrollen, Werbung auf Gullydeckeln, auf dem Boden von Golflöchern oder auf der eigenen Stirn – je ausgefallener die Ideen sind, desto größer die Chance, die Zielgruppe in einem Umfeld zu erreichen, in dem keiner mit Werbung rechnet. Das bietet die Möglichkeit, Überraschungseffekte zu erzielen und so hohe Aufmerksamkeit zu erzeugen. Eigentlich ideal, oder?

Diese schöne Werbewelt hat aber auch ihre Schattenseiten. Werbetreibende dürfen nämlich die Aufmerksamkeit der potenziellen Kunden nicht überstrapazieren. Eine zu aufdringliche Bepflasterung auch der letzten noch werbefreien Fläche, und schon kann beim Verbraucher die Verwunderung in Verärgerung umschlagen – und damit ist genau das Gegenteil des Gewünschten erreicht. Daher ist neben Kreativität auch Fingerspitzengefühl angesagt, wenn es um die Konzeption von Ambient-Media-Kampagnen geht.

Quellen

Bücher und Zeitschriften

Anacker, Pedro: „Ein Medium wird erwachsen“, in *Marketing-Journal*, 12/2004, S. 24–27

Grauel, Ralf: „Unzählige Begegnungen der dritten Dimension“, in: *Brand Eins,* Ausgabe 3/2002

Hessler, Andrea: „Spot an auf dem Häuschen“, in: *Absatzwirtschaft* 11/2000, S. 126–127

Lau, Sarah: „Winkel-Werbung: Ambient Media nutzt Schlupflöcher“, in: *kressreport* 37/2001 vom 14.9.2001, S. 78–79

Lettenbichler, Matthias: „Das Sahnehäubchen der Kampagne“, in: *media & marketing* 12/2000, S. 44–46

Wehleit, Kolja: Customer Intelligence: Praxis der Kundenanalyse. Göttingen 2005

Wehleit, Kolja: Leitfaden Ambient Media. Göttingen 2003

o.V.: „Werbung drängt aufs stille Örtchen“, *Media & Marketing,* April 2000

o.V.: „Mehr Transparenz, bitte!“ *Der Kontakter* 16/2002 vom 15.04.2002

Internet

Fachverband Ambient Media e.V., URL: http://www.f-a-m.net

Streitz, Matthias: Pepsi-Cola, Schul-Millionen, dicke Texaner und wie das alles zusammenhängt, in: Spiegel-Online vom 12. Juli 2002–11–27 URL: http://www.spiegel.de/wirtschaft/0,1518,204818,00.html

Wehleit, Kolja: Viel Werbung für wenig Geld, URL: http://www.businessvillage.de/Magazin/mag_detail/mag-110.html

Sonstige

Krauß, Dietrich: „Werbung total – Wie Verbrauchern auf die Pelle gerückt wird“, Fernseh-Beitrag für den Südwestrundfunk vom 17. Juni 2002

4. Guerilla-Marketing

Brain statt Budget

Eine Uni irgendwo in Deutschland. Plötzlich stürmen drei Panzerknacker die Hörsäle, greifen in prall gefüllte Säcke und werfen mit Geldscheinen um sich. Bevor die Studenten wissen, wie ihnen geschieht, werden die Eindringlinge von Polizisten verhaftet und in Gewahrsam genommen. Was nach verrückter Fernsehnachricht klingt, ist in Wahrheit eine perfekt inszenierte Guerilla-Marketing-Kampagne. Das funktioniert nach dem Überfallprinzip: völlig unerwartet, unkonventionell und spektakulär. So stand auf den eigens gedruckten Geldscheinen zu lesen: „Mit dem Start-up könnt Ihr online Geld verdienen." Die Resonanz auf diese Aktion, die an insgesamt 24 deutschen Hochschulen durchgeführt wurde, war riesig. Der Start-up, der die Kampagne initiiert hatte, konnte sich über 18 Millionen Medienkontakte freuen und verdreifachte darüber hinaus innerhalb von drei Monaten die Zahl seiner Kunden.

Die Guerilleros schlagen aus dem Untergrund zu, dort, wo man am wenigsten mit ihnen rechnet. Sie sind lautlos, schnell und hinterlassen immer einen bleibenden Eindruck. Denn sie sind dreist, mutig, haben eine gute Taktik und nutzen das Überraschungsmoment für sich. Ihre Waffen sind die Ideen: verrückt, schräg – einfach anders. Die Strategie ist klar: kleines Geld, große Wirkung. So landen Fallschirmspringer im Fußballstadion, häusergroße Pinguine blicken von den Fassaden und Bressot-Baguettes werden in Talkshows gereicht und somit plötzlich Hauptthema der Sendung.

Die Idee des Guerilla-Marketings ist es, mit kleinem Budget eine große Wirkung zu erzielen. Das funktioniert am besten mit originellen, innovativen und punktuell eingesetzten Aktionen, die auf die Zielgruppe zugeschneidert sind. Vor allem für Firmen, die nicht über ein millionenschweres Werbebudget verfügen, bietet sich ein solches Vorgehen an. Um Kundenaufmerksamkeit zu wecken, ist dabei fast jedes Mittel recht. Dafür werden durchaus schon einmal Tabus und Konventionen gebrochen – aber das mit Witz. So, dass der Erzähl-Effekt eintritt und die Leute begeistert ihren Freunden berichten: „Weißt du was, als ich heute in der Vorlesung war, da passierte etwas völlig Verrücktes, du hättest mal das Gesicht des Professors sehen sollen ..."

Allerdings ist das Konzept des Guerilla-Marketings nicht ohne Fallstricke und bringt nicht immer den gewünschten Erfolg. Wird nicht die richtige Zielgruppe erreicht oder die Aktion lässt sich nicht in Verbindung mit dem Produkt bringen, so hat sie ihren Sinn verfehlt. Denn wo Guerilla drauf steht, ist nicht immer gutes Marketing drin. Ausgefallen und verrückt ist noch keine Erfolgsformel für gutes Guerilla-Marketing. So sind bei diesem pfiffigen Konzept ebenfalls Risiken vorhanden.

Geburt der Guerillas

Begriff und Konzept des Guerilla-Marketings haben ihre Wurzeln in der Mitte der 60er Jahre. Damals lag allerorten Revolution in der Luft. Montgomery, Mexico-City, Paris, Berlin – Studenten auf den Straßen protestierten für eine bessere, eine friedlichere Welt. Alles war im Umbruch. Immer dabei Bilder großer Revoluzzer: Che, Mao, Ho Chi Minh, Marx. Die Berichterstattung bediente sich dieser Bilder. So zierte die Titelseite der Spiegel-Ausgabe vom 29. Juli 1967 das Gesicht Che Guevaras mit den Worten: „Erlöser aus dem Dschungel". Die Firma Remington machte sich die Popularität dieser revolutionären Ikonen zu Nutze. Eine Werbeanzeige schmückte das Bild von Karl Marx – gleich zweimal, einmal mit und einmal ohne Bart – codiert als politische Demaskierung. Eine erste Guerilla-Marketing-Kampagne. Parallel zu den politischen Strömungen, die die Werbung beeinflussten, betrieben Ökonomen an den Universitäten und in Wirtschafts-Seminaren eine aktive Suche nach neuen Marketingstrategien. Grund war der Wandel der Absatzmärkte, die sich sehr schnell weg vom Verkäufermarkt entwickelten. Die Zeiten, in denen die Position der Verkäufer so stark war, dass der Kunde ihnen alles aus der Hand riss, waren endgültig vorbei. In dieser Phase wurde nach Strategien gesucht, deren Effekt nicht mehr allein auf Marktmacht, Größe und Kapital beruhte. Stattdessen sollten sie hauptsächlich durch Einfallsreichtum, Unkonventionalität und Flexibilität wirken. Das aber waren die Hauptmerkmale der Guerilla-Taktik, wie sie durch den Vietcong, Gegner der USA im Vietnam-Krieg, zu jener Zeit einer breiten Öffentlichkeit, und damit auch Marketing-Professoren, bekannt wurde. Durch große Sympathien für Revolutionäre wie Che Guevara weckte das Wort „Guerilla" durchaus positive Assoziationen.

Konzept

Für das Guerilla-Marketing gilt es Erfolgszutaten aus zwei völlig unterschiedlichen Bereichen zu vermengen: die der revolutionären Kriegsführung und die der Werbung. Für Guerilla-Kämpfer, die keine großen Finanzreserven haben und ohne Regeln kämpfen, lautet die Strategie: ständig in Bewegung bleiben und mit nadelstichartigen Aktionen den Gegner schwächen. Danach taucht der Guerillero sofort wieder unter, sodass niemand weiß, wo er als nächstes auftaucht. Vermengt man diese Dschungeltaktiken mit dem Einmaleins guter Marketingstrategien, nämlich aus

Kundensicht originelle und vor allem einprägsame Aktionen zu entwickeln, bekommt man das richtige Rezept für Guerilla-Marketing. So ist es das oberste Ziel, konventionelle Ziele mit unkonventionellen Methoden zu erreichen – getreu dem Motto „Anders sein als andere“. Die Guerilla-Kampagnen erscheinen dem Publikum spontan, sind anders als das Gewohnte und haben schon deshalb hohen Unterhaltungswert.

Statt Kohle ist Kreativität gefragt. Durch den Überraschungseffekt kommt es zu spontaner Verwirrung und der Betrachter fragt sich: „Was soll das?“, „Was machen die denn da?“ Das Publikum setzt sich so aktiver mit dem Produkt auseinander, als dies beispielsweise bei einer TV-Werbung geschieht. Hier wird weggezappt, was nicht gefällt. Beim Guerilla-Marketing will jedoch der Geist verstehen. Ist die Guerilla-Aktion gelungen, folgt ein umso größerer „Aha-Effekt“. Sie bleibt im Gedächtnis haften und ist die beste Grundlage für Breitenwirkung. Nichts ist effizienter als gute Mund-zu-Mund-Propaganda. Das ist jedoch nur ein Nutzen einer gelungenen Guerilla-Marketing-Kampagne. Ein weiterer großer Vorteil liegt in dem hohen Grad der Aufmerksamkeit, der durch den beträchtlichen Neuigkeitswert dieses Vorgehens, dem Überraschungsmoment sowie dem hohen Unterhaltungswert erreicht wird. Wer jetzt Guerilla-Marketing auf Spaß und Entertainment reduziert, liegt jedoch falsch. Denn richtig verstandenes Guerilla-Marketing orientiert sich immer an der Marke.

Die beiden Marketingspezialisten Al Ries und Jack Trout identifizieren drei Prinzipen für ein erfolgreiches Guerilla-Marketing:

1. **„Entdeckung einer Marktnische, die klein genug ist, um sie verteidigen zu können.“** Nur in der Beschränkung auf ein spezifisches Marktsegment hat man mit den eigenen geringen Ressourcen eine Chance gegen ressourcenstarke Konkurrenten. Die Spezialisierung kann dabei zielgruppen- oder produktspezifisch oder geografisch erfolgen.

2. **„Egal wie erfolgreich man wird, man darf nicht wie ein Marktführer handeln.“** Die Struktur eines Unternehmens, das Guerilla-Marketing betreibt, muss schlank und flexibel bleiben. Das hält die Kosten gering und ermöglicht eine rasche Reaktionsfähigkeit bei Veränderungen im Markt.

3. **„Man muss darauf vorbereitet sein, jederzeit auszusteigen.“** Das Unternehmen braucht eine hohe Flexibilität, um Betätigungsfelder, deren Attraktivität und Rentabilität abnimmt, zu verlassen. Die Ressourcen müssen schnell auf neue chancenreiche Aktivitäten konzentriert werden können, die mehr Gewinnpotenzial bieten.

Guerilla ist nicht gleich Guerilla – die kleinen Unterschiede der Dschungeltechnik.

Ambush-Marketing

„Ambush“ heißt Hinterhalt. Es lässt somit darauf schließen, dass diese Guerilla-Strategie besonders listig ist. Denn sie hängt sich an die Kampagnen oder Events anderer an. So nutzte der Sportartikelhersteller Puma 1996 die Olympischen Spiele in Atlanta als große Werbeplattform. Der Preis: Die Kosten für ein paar Kontaktlinsen. Sie fragen, wie das funktioniert? Ganz einfach: Da der britische Top-Sprinter Linford Christi an seinem Dress kein Werbeemblem des Sponsors tragen durfte, schickt ihn Puma mit besonderen Kontaktlinsen zur Pressekonferenz. Diese zeigten anstelle der Pupille das Puma-Logo. Das Bild ging um die Welt und Millionen von potenziellen Kunden sahen es.

Auch Vobis nutzte die mediale Aufmerksamkeit während eines Großevents, in diesem Fall den Bundestagswahlkampf 2002. „Vobis-Wahlkampfteams“ nahmen an der öffentlichen Kundgebung der Spitzenkandidaten teil. Mit riesigen Vobis-Wahlplakaten drängten sie sich gezielt in den Fokus der Fernsehkameras. Auf den Schildern konnten dann die erstaunten Fernsehzuschauer Parolen lesen, wie „ Mehr Arbeitsspeicher“, „Mehr Leistung“, „Mehr Ram“. Die Rechnung von Vobis ging auf. Dank dieser Ambush-Kampagne standen die vermeintlichen Wahlhelfer auf Fotos und im TV immer im Mittelpunkt, und Vobis erreichte durch diese massive Medienpräsenz mehr als 20 Millionen Medienkontakte.

Guerilla-Pricing

Unter Guerilla-Pricing versteht man strategische Guerilla-Marketing-Überlegungen im Zusammenhang mit preispolitischen Entscheidungen. Diese werden aggressiv und überraschend an die Kunden kommuniziert.

Ein gutes Beispiel für Guerilla-Pricing ist die Aktion der Firma „Drypers“. Der Newcomer im Markt für Babywindeln machte sich in den 80er Jahren daran, den unangefochtenen Windel-König Procter & Gamble mit Billigwindeln vom Thron zu stoßen. Procter & Gamble reagierte – wie nicht anders zu erwarten – aggressiv. In allen Regionen, in denen Drypers sein Produkt eingeführt hatte, gab Procter & Gamble Coupons im Wert von zwei Dollar heraus. Vergleicht man dies mit den sonst üblichen 75 Cent pro Coupon, war dies ein harter preispolitischer Gegenschlag.

Drypers war es nicht möglich, eine entsprechende Gegenkampagne zu starten. Der Newcomer hatte schlicht nicht die Mittel. So kam Drypers auf eine geniale Idee: Man schaltete Zeitungsanzeigen, in denen man den Verbrauchern anbot, die Procter & Gamble Coupons auch beim Kauf von Drypers Windeln einzulösen. Durch diese geniale Guerilla-Pricing-Idee bekam Drypers innerhalb weniger Wochen 15 Prozent mehr Marktanteile.

Guerilla-Pricing funktioniert auch dann bestens, wenn eine Firma aktiv Logos oder Maskottchen der Konkurrenz mit einbezieht, um auf sich aufmerksam zu machen. So ließ beispielsweise die Werbeagentur „Jung von Matt“ für den Paketdienst der Deutschen Post die Konkurrenz von UPS als blinden Passagier mitfahren. Auch Kentucky Fried Chicken hat sich die Beliebtheit von Ronald McDonald zunutze gemacht: In einem KFC-Werbespot sieht man nur die Füße des Clowns, wie er auf einer Bank sitzt. Neben seinen riesigen Schuhen die KFC-Tüte unübersehbar mit ihrem Logo. So erscheint es dem Betrachter, als würde Ronald McDonald seine Hühnchen lieber bei Kentucky Fried Chicken kaufen.

Online-Guerilla-Marketing

Das Internet ist heute für Millionen Menschen eines der wichtigsten Informations- und Kommunikationsportale. Viele Unternehmen haben das Internet schon als Werbeform für sich entdeckt und nutzen es aktiv. Auch die Guerilleros haben das Internet für sich entdeckt, denn nirgends lassen sich so einfach und mit so wenig Kostenaufwand neue Kunden erreichen – vorausgesetzt, man macht es richtig.

Beim Online-Guerilla-Marketing gibt es viele Parallelen zum Virus-Marketing, dem wir in diesem Buch ein eigenes Kapitel gewidmet haben. Wichtig sowohl beim Virus- wie auch beim Guerilla-Marketing ist der folgende Aspekt: Die Aktion muss für gute Mund-zu-Mund-Propaganda sorgen.

Dies gelang der Süddeutschen Zeitung hervorragend mit einer Online-Kampagne, mit der man zwei Ziele verfolgte: Erstens die Webseite der Zeitung bekannter zu machen und zweitens einen gelungenen PR-Gag mitten im Sommerloch zu platzieren, der medienübergreifend funktionierte. So war „Bundesdance“ geboren, der politische Spaß für die ganze Familie. Da rocken Angela Merkel, Gerhard Schröder und Edmund Stoiber im Takt, ganz wie es dem User gefällt. Mal gediegen, Ede mit dem angedeuteten Schuhplattler, mal Angie zur Musik von Faithless mit verrutschtem Rock, biederem Jäckchen überm Kopf und den Armen in der Höhe, während Gerd im Hintergrund wie ein junger Hund in die Luft springt. Besonders reizvoll für den User sind dabei die zahlreichen Einstellungsmöglichkeiten, welche die Seite bietet. Der User kann sowohl den Haupttänzer wählen, wie auch mit Sternenhimmel oder Spotlights für das entsprechende Ambiente sorgen.

Die Website wurde gezielt bei politisch interessierten Usern bekannt gemacht. Von dort verbreitete sich die Bekanntheit des Bundesdance lawinenartig weiter. Innerhalb weniger Tage konnte „sueddeutsche.de“ rund drei Millionen zusätzliche Klicks verbuchen und erhielt zahlreiche Erwähnungen in Zeitungen, im Radio und im Fernsehen. Hier ist die schwierige Aufgabe für gutes Online-Guerilla-Marketing gelungen – nämlich ein Konzept zu schaffen, das den User nicht belästigt, sondern unterhält und ihn sogar dazu bringt, selbst Werbung zu machen, indem er den Link an Freunde und Bekannte weiter verschickt.

Werbemails, die garantiert gelesen wurden, verschickte Lee Jeans 2002. Parallel zu dem neuen Werbespot, der auf MTV Europe anlief, hatte die Marketingagentur „Webguerillas" zielgruppenspezifische E-Mails losgeschickt: Die Standardnachricht mit der Betreffzeile „Max Mustermanns Knackarsch im Fernsehen" erhält vor dem Versenden statt des Platzhalters jeweils den Namen des Empfängers. Im Anschreiben erfährt der erstaunte Leser, dass sein entblößtes Hinterteil im neuen TV-Spot von Lee Jeans eine (Haupt-)Rolle spielt. Den „Skandalspot" könne man ansehen, erfährt der überraschte Empfänger dieser Mail, und zwar über einen integrierten Link. Klickt der neugierige E-Mail-Empfänger auf die Seite, heißt es dort, es handle sich um einen Scherz, den man an Freunde weiterleiten solle. Auf der Basis von 12000 deutschen und 5000 schweizerischen E-Mail-Adressen registrierten die Macher vier Monate später über 1,4 Millionen Page-Impressionen. Die Homepage hatten knapp 40000 User besucht, täglich kamen 200 hinzu. Der Werbeeffekt war hier, dass die Markenbotschaft auf witzige Weise interaktiv transportiert wurde und Akzeptanz sowie Kontaktqualität positiv waren. Außerdem sprach man genau die Zielgruppe an, die man erreichen wollte, die modebewussten 17- bis 23-Jährigen. Somit konnten Daten für Dialogmarketing und Folgeaktionen bei den potenziellen Kunden mit kaum nennenswertem Kostenaufwand in Höhe von 12000 Euro gewonnen werden.

Fallstudie: Mini

Guerilla-Marketing soll den Raum des Gewohnten sprengen, einen Wow-Effekt erzeugen und dadurch die Werbebotschaft im Kopf der Kunden platzieren. Das gelang BMW bei der Markteinführung des Mini in besonderem Maße. Der neue Mini wurde beinahe ausschließlich mit Hilfe unkonventioneller Werbung der Öffentlichkeit präsentiert. So war der kulleräugige Edel-Flitzer als „Zuschauer" auf der Tribüne eines Top-Basketball-Spiels in den USA zu sehen. Diese Aktion sicherte Mini einen ebensolchen Aufmerksamkeitswert, als hätte man den kleinen Flitzer in Deutschland bei einem Bundesliga-Spiel auf den Rängen im Fußballstadion geparkt. Dieser ungewöhnliche Ausstellungsort des Mini erzielte bei Zuschauern und Medienvertretern die gewünschte Wirkung. Es gab zahlreiche Großeinblendungen bei der TV-Übertragung. Neben den geworfenen Körben des Basketballspiels wurde das Auto zum Pausenthema Nummer 1, nicht nur für die Stadionbesucher, sondern auch für das Millionenpublikum daheim an den TV-Geräten. Die Werbeeffizienz kann sich sehen lassen. Ein paar Eintrittskarten und die Transportkosten des Wagens sind ein vergleichsweise geringer Aufwand gegenüber den Kosten, die für die Produktion und Ausstrahlung eines klassischen Werbespots angefallen wären.

Die gewünschte Wirkung ließ nicht lange auf sich warten. Bisher waren die USA nicht gerade als potenter Absatzmarkt für Kleinwagen berühmt. Der durchschnittliche amerikanische Autokäufer verhielt sich doch eher getreu dem Motto: Je größer, desto besser. Doch das änderte sich mit der Einführung des neuen Mini in den USA, denn man konnte die Herzen einer ganz neuen Käuferschicht gewinnen. Die Zielgruppe, die mit diesem Wagen erschlossen werden konnte, sind junge (oder jung gebliebene) gut verdienende Städter, die bereit sind, ca. 17 000 Dollar für einen Kleinwagen auszugeben. Die Strategie von Mini war ein voller Erfolg.

Dabei ruht sich Mini nicht auf seinem Erfolg aus, sondern arbeitet weiter an ausgefeilten Marketing-Strategien. Ein neuer Clou: Die Mini-Achterbahn in Toronto. Drei Züge mit jeweils drei Mini-Modellen stehen hier den unerschrockenen Besuchern für die rasante Fahrt zur Verfügung. Nach zweijähriger Bauphase wurde die Anlage im Vergnügungspark der Paramount-Studios in Toronto im Mai 2005 eröffnet. Pate stand dabei der Kinoklassiker „The Italien Job“ aus dem Jahr 1968 und dessen Neuauflage aus dem Jahr 2003 – in dem der neue Mini eine wichtige und vor allem augenfällige Rolle spielt. Die halsbrecherischen Actionszenen des Films werden auf der insgesamt 610 Meter langen Achterbahn mit hohem technischem Aufwand nachgeahmt. Dabei fahren die „Mini-Minis“, die rund ein Drittel kleiner sind als das Original, ein Tempo von 65 km/h.

Bis zu 1000 Adrenalinsüchtige können pro Stunde diese Höllenfahrt machen. Die Macher sind sich sicher, dass es ein Erfolg wird. Deshalb ist schon der Bau einer zweiten Bahn in Planung, nämlich im „Kings Island Park“ von Paramount in Cincinnati/USA. Diese Aktion von Mini zeigt, dass Guerilla-Marketing durchaus auch sehr teuer sein kann. Alleine die Entwicklungskosten der Bahn verschlangen mehrere Millionen Dollar. Doch es ist die Idee, die zählt.

Chancen & Risiken

Chancen

- Kleiner Etat und ausgefallene Ideen bringen große Wirkung. Gelingt diese Erfolgsformel, schlägt Guerilla-Marketing mit voller Werbewirkung zu.
- Guerilla ist für die Kunden direkt erfahrbar und deshalb besonders glaubwürdig. Besonders bei Premiummarken, die Meinungsmacher überzeugen wollen, ist das wichtig. Durch die pfiffige und ausgefallene Idee, die den Kunden überrascht, kann das Herz der Zielgruppe erobert werden.
- In Zeiten zunehmender Werberesistenz der Kunden ist cleveres Guerilla-Marketing ein guter Weg, doch noch zum Kunden durchzudringen. Ist die Kampagne gut durchdacht und passt sie in ihrer Kernaussage zur Zielgruppe und zur Marke, so ist eine hohe Wirksamkeit zu erwarten. Das schont wiederum das Werbebudget und erlaubt eine nachhaltige Differenzierung vom üblichen Werbeeinerlei.

Risiken

- Guerilla-Marketing sendet – anders als klassische Werbung – subtilere Botschaften aus. Das setzt voraus, dass man seine Zielgruppe gut kennen und eingrenzen muss, um genau ihren Nerv zu treffen. Gelingt das nicht, ist die ganze Kampagne ein Reinfall. Bestes Beispiel: Berlin, Potsdamer Platz im Sommer 2001. Ein deutscher Sportwagen wird an einem Kran befestigt und 50 Meter hoch in den Himmel gezogen. Anschließend dürfen die Zuschauer via SMS über das Schicksal des Autos abstimmen: Verlosen oder Verschrotten, das war hier die Frage. Die Mehrheit votierte für Letzteres und so knallte der 70 000 Euro teure Porsche auf den Asphalt. Was wie ein gekonnt inszenierter Crashtest eines Automobilherstellers anmutet, ist vielmehr eine Guerilla-Marketing-Aktion der Kommunikationsagentur „YOC“. Die Werbebotschaft bleibt allerdings im Dunkeln und dieser „Crashtest“ überschreitet für viele Zuschauer die Grenzen des guten Geschmacks. So tritt statt erhofftem Positiv-Effekt das Gegenteil ein.
- Bei aller Verrücktheit darf man die Zielgruppe nicht aus den Augen verlieren. Gleichzeitig muss eine Verbindung zwischen Marke und Aktion klar zu erkennen sein. Diese Verbindung war beispielsweise bei der Guerilla-Marketing-Aktion der Ibis-Hotels nur schwer zu identifizieren. Die Hotelkette warb auf 40 mobilen WC-Kabinen, die unangemeldet in

zahlreichen deutschen Städten auftauchten. Die Verbindung zwischen Ibis-Hotels und Dixi-Klos herzustellen, fällt schwer, und ob es etwas fürs Image genutzt hat, ist fraglich.

Fazit

Guerilla-Marketing entwickelt ungeahnte Eigendynamik, die nicht immer einfach zu steuern ist. Ist sie angestoßen, wird sie wie ein kleiner Schneeball zu einer immer größer werdenden Lawine, die nicht mehr zu stoppen ist. Deshalb ist es wichtig, im Vorfeld Wirkung und Folgen der Aktion richtig einzuschätzen.

1. Passt die Idee zur Zielgruppe? Dabei ist wichtig zu überlegen, ob der gewählte Aktionsweg die potenziellen Kunden auch erreicht und ob die Kampagne in deren Augen auch ansprechend ist.
2. Wer auffallen will, braucht den Mut, Stellung zu beziehen und zu polarisieren. Wer jedem gefallen möchte, gefällt in der Regel niemandem und versprüht nur zielgruppenlose Langeweile.
3. Passt der Gag zum Stil der Firma und zu dem zu bewerbenden Produkt? Nicht jeder Gag ist der Renner. Manche verstören die Kundschaft und erzielen so das Gegenteil des gewünschten Effekts.

Quellen

Bücher und Zeitschriften

Bell, Martin: „Hühner und Teilchenbeschleuniger“, in: *Acquisa*, September 2004, S. 24–28

Garber, Thorsten: „Strategie der spitzen Pfeile“, in: *Absatzwirtschaft* 2002, S. 80–85.

Huwyler, Niki: Guerilla-Technik angewandt mit praktischen Beispielen, Facharbeit, Zürich, Oktober 2004

Jürgens, Philip: „Wäsche im Weltall“, in: *Der Spiegel*, Oktober 2004, S. 121

o.V.: „Wie Microsoft ein neues Produkt mit Hilfe Außerirdischer bewarb“, in: *WerbePraxis aktuell*, Januar 2005, S.9

o.V.: „So machen Sie mit frecher Guerilla PR nachhaltig auf sich aufmerksam“, in: *WerbePraxis aktuell*, Juni 2004, S. 9

Schulte, Thorsten und Pradel, Marcus: Guerilla Marketing für Unternehmertypen: Auf Abwegen zum Erfolg, Sternenfels 2005

Späth, Nicos: „Che Guevara als Marketing-Modell“, in: *Welt am Sonntag*, 16. Januar 2005, S. 29

Woltersdorf, Sascha: „Agenturen entdecken neuen Werbe-Trend“, in: *Handelsblatt*, 30.3.2005

Internet

Englisches Infoportal der im Juni 2005 gegründeten „Viral & Buzz Marketing Association“ (VBMA), [WWW Dokument], URL: http://www.vbma.net

Guerilla Marketing Portal, [WWW Dokument], URL: www.guerilla-marketing-portal.de

o.V.: Überraschungsangriff aus dem Hinterhalt, Promotion Business Februar 2005, [WWW Dokument], URL: http://www.conceptbakery.com/deutsche_site/below-the-line/auszug-artikel-promobiz.pdf

o.V.: Interview mit David Eichner, geschäftsführender Gesellschafter von Robert & Horst Marketing, [WWW Dokument], URL: http://www.werbeanzeige.de/enid/interview_guerilla_marketing_4h.html

Werbeagentur Upart: Kreativer Umgang mit gelungenen Guerilla-Kampagnen, [WWW Dokument], URL: http://www.upart.at

Teil 2: Was der Kunde will – Marketing für Herz und Hirn

Der Kunde will das Leistungspaket aus einem Guss.
Der Kunde will umsorgt werden.
Der Kunde will Individualität.
Der Kunde will Auswahl.
Der Kunde will Qualität.
Der Kunde will alles genau wissen.
Der Kunde will die beste Lösung, und zwar sofort.
Der Kunde will Wärme verspüren und er will etwas fürs Herz.

Was will der Kunde wirklich? Muss man ihm einfach nur gut zuhören und dann seine Wünsche umsetzen? Ist das wirklich so einfach? Oder weiß der Kunde vielleicht selbst nicht, was er wirklich will? Vielleicht müssen Sie ihm sagen, was gut für ihn ist?

Eines ist sicher: Produkte und Dienstleistungen, die nur die „Wonnen der Gewöhnlichkeit" (Thomas Mann) versprechen, sind langweilig und längst passé. Im heutigen Hyperwettbewerb kann ein „gewöhnliches" Produkt, das perfekt den Anforderungen seiner Zielgruppe entspricht, trotzdem sang- und klanglos untergehen, gleich wie nützlich es ist.

Wer nicht will, der hat schon alles: In einer Welt, in der jeder alles schon hat, stammen die wahren Bedürfnisse aus anderen Hirnregionen als aus derjenigen, die direkt hinter der Stirn sitzt.

Der Kunde will nach wie vor das, was er braucht. Aber er braucht nichts mehr, um seinen Hunger zu stillen, er weiß nicht mehr, was Hunger ist. Er braucht nichts mehr, um von A nach B zu kommen, er hat schon ein Auto und ein Meilenkonto bei der Lufthansa. Er braucht keinen Koffer mehr, denn er hat schon drei. Er braucht keine Jeans mehr, er hat schon drei blaue, zwei schwarze, eine weiße, zwei grüne, eine stonewashed und eine kurze. Er hat auch ein Fahrrad, einen Laptop, einen amerikanischen Kühlschrank, ein Zeitungsabo, ein Handy, ein Aktiendepot, einen vollen Bücherschrank mit 60 Prozent gelesenen und 40 Prozent ungelesenen Büchern, 270 CDs, 30 DVDs, zwei Lebensversicherungen, eine Eigentumswohnung als Kapitalanlage und einen DSL-Zugang zum Internet. Was, bitte schön, braucht der Kunde von heute noch?

Er braucht das, woran es ihm mangelt – und er will das, was er braucht: Er will starke Gefühle! Er will Liebe, Wärme, Vertrauen, Geborgenheit und Sicherheit spüren, er will etwas erleben, das Herz soll ihm bis zum Hals schlagen. Er will einer Gefahr entrinnen, ein Held sein, gerettet werden, er will gewinnen, will wichtig sein, umworben werden, etwas Besonderes sein. Können Sie Ihren Kunden starke Gefühle verkaufen?

Man kann es auch anders ausdrücken: Kunden streben verstärkt nach Zusatznutzen, und zwar emotionalen Zusatznutzen. Immer wenn in stagnierenden, wachstumsschwachen Märkten die Grundnutzen weitgehend befriedigt sind, streben die Kunden nach der Erfüllung von zusätzlichen Bedürfnissen. Da technisch-funktionale Zusatznutzen inzwischen „normal" sind, schlicht erwartet werden und auch hier eine weitgehende Angleichung der Angebote stattgefunden hat, wird die Befriedigung psychologisch-emotionaler Zusatzbedürfnisse ein immer bedeutenderer Aspekt in der Anbieter-Kundenbeziehung.

Das neue Unternehmen ist wie der Fernsehsender SAT1 es ausdrückte: „Powered by Emotion". Marketing „direkt ins Herz" wird unerlässlich, Emotionen werden zu mächtigen Verkaufswerkzeugen.

> *Unternehmen müssen ihre Monopolstellungen auf Emotion und Fantasie gründen.* (Jonas Ridderstråle, Professor an der Stockholm School of Economics und Autor des Bestsellers „Funky Business")

Emotionen, Unterhaltung, Erlebnisse: Walt Disney hat es uns mit seinen Vergnügungsparks vorgemacht, aber auch andere Unternehmen ziehen nach. Die Erlebnisgastronomie verzeichnet enorme Umsatzsteigerungen, andere Branchen wie Einzelhandel, Hotels oder Automobilhersteller sind dabei zu lernen, Events zu inszenieren, die den Erlebnishunger der Kunden befriedigen. Markenhersteller erkennen in zunehmendem Maße, dass erfolgreiche Marken nicht mehr nur für Vertrauen, sondern auch für emotionale Bindung, Faszination und Begeisterung stehen.

Also Bühne frei für die Spaßgesellschaft, die den wirtschaftlichen Wert eines Angebots nur noch an seinem Unterhaltungswert misst? Stehen wir auf der Schwelle zu einer „Erlebnisökonomie", wie es der amerikanische Wirtschaftsautor und Managementberater Joseph Pine formuliert?

Nachfolgend wollen wir näher beleuchten, wie Emotionen und Erlebnisse in das Leistungsangebot integriert werden können. Allerdings wollen wir diese Themen nicht über alles stellen. Denn schließlich gelten weiterhin die wirtschaftlichen Grundtugenden wie Qualität, Service, Vertrauen und Problemlösungskompetenz. Sie sind auch weiterhin aus Kundensicht ausschlaggebend. Um erfolgreich zu sein oder zu werden, müssen Sie die richtige Kombination finden aus rationalem und emotionalem Nutzen, aus Herz und Hirn. Und das gilt unabhängig von der Branche, in der Sie arbeiten.

Vier Konzepte wollen wir näher betrachten:

Lovemarks – Marken fürs Herz: Unternehmen entwickeln ihre Produkte und Dienstleistungen weiter, etablierte „Trustmarks" werden zu „Lovemarks". Die Marke steht dann nicht mehr nur für Vertrauen, sondern auch für emotionale Bindung, die Kunden verlieben sich in Ihr Produkt – wie in den Mini von BMW, in den iPod von Apple oder in die Motorräder von Harley-Davidson.

Hightech & Hightouch – Wider die seelenlose Technologie: Seit dem Rauswurf aus dem Paradies ist es ein Bedürfnis des Menschen, immer bessere Technologien zu erschaffen. Weit ist er gekommen – dank dem Apfel vom Baum der Erkenntnis – sogar bis zum Mond und demnächst bis zum Mars. Aber eines blieb zurück: Unsere Seele kam so schnell nicht mit, Technik wurde kalt und unmenschlich. Bei all der Hightech um uns herum blieb der Hightouch auf der Strecke, Aspekte wie Emotion, Natur und Zeit wurden vergessen. Das muss nicht sein, Technik und Seele lassen sich versöhnen.

Event Marketing – Wie Veranstaltungen zu Ereignissen werden: Event Marketing ist weniger ein eigenständiger Marketingansatz, sondern vielmehr Bestandteil der Kommunikationspolitik eines Unternehmens. Events können das Image fördern, die Kunden motivieren und den Verkaufserfolg unterstützen. Unternehmen gewinnen mit Events auch neue Kunden, die auf andere Weise nicht so erfolgreich und direkt angesprochen werden können. Aber ein Event ist mehr als nur eine Veranstaltung!

Erlebnismarketing – Für alle Sinne: Ein Erlebnis hinterlässt einen bleibenden Eindruck – genau das ist es, was viele Unternehmen erreichen wollen: einen bleibenden Eindruck hinterlassen. Also müssen die Unternehmen statt einfacher Produkte und Dienstleistungen Erlebnisse verkaufen: Bereiten Sie ein Fest für die Sinne!

Lesen Sie weiter, und zwar mit gesunder, vernünftiger Distanz – aber verschließen Sie Ihr Herz nicht!

5. Lovemarks

What's love got to do with it?

The power of love
A force from above
Cleaning my soul
The power of love
A force from above
A sky-scraping dove

Flame on burn desire
Love with tongues of fire
Purge the soul
Make love your goal

(Frankie goes to Hollywood)

Moment mal, dies ist ein Buch über Marketing. Da schreibt man über Wirtschaft, Geld und Erfolg. Was hat Liebe damit zu tun? – Sie haben Recht: Klassisches Marketing, Marktforschung und Universitäten verweisen auf andere, kühlere Beziehungsebenen: Folglich ist eine Marke besser, schöner oder schneller, wäscht weißer, ist sicherer und vertrauenswürdiger – und nicht etwa liebenswürdiger! Doch verlassen wir für kurze Zeit einmal das klassische Terrain und lassen wir, dem Thema entsprechend, ein wenig Pathos zu.

Der Kunde wird müde. Zu viele Werbebotschaften prasseln alltäglich auf ihn nieder, aber sie berühren ihn nicht mehr. Wenn jeder an ihm zerrt und zieht, jeder etwas von ihm will – vor allem sein Geld und seine Zeit –, dann wird er ausgesaugt, ausgelaugt und verliert mehr und mehr das Interesse an der Werbung. Jawohl, auch an Ihrer Werbung!

Kevin Roberts, Geschäftsführer von Saatchi & Saatchi Advertising, ist der geistige Vater der Idee der „Lovemarks". Er ist davon überzeugt, dass viele Marken zu lange auf die gleiche Art vermarktet wurden und zu Massenmarken mutiert sind, die in einem mörderischen Wettbewerb um die Aufmerksamkeit der Konsumenten wetteifern. Seit den frühen neunziger Jahren investieren multinationale Unternehmen wie Unilever (Magnum Eis, Dove, Lipton), Colgate-Palmolive, Procter & Gamble (Ariel, Pampers, Blend-a-med), Coca-Cola und Mars immer größere Summen in ihr Markenmanagement, um durch gezieltes Markenmanagement, so genanntes Branding, die Wertschöpfung zu erhöhen.

Das Problem dabei ist, dass die heutigen Märkte durch die schnelle Diffusion von Innovationen, durch weitgehend gleichwertige Produkte und ein heilloses mediales Durcheinander hauptsächlich verwirrte und überforderte Kunden zurücklassen. Das macht es den Markenartiklern schwer, die richtigen Eigenschaften zu finden, um ein Produkt zu differenzieren und es einzigartig und begehrenswert zu machen. In dieser Situation ist die Idee nahe liegend, auf die stärkste der Emotionen zu setzen – die Liebe.

Lovemarks sind Marken, die die Konsumenten emotional an das Produkt und das Unternehmen binden. Diese Produkte werden gekauft, weil sie von den Kunden aufgrund ihrer Emotionen und Inspirationen, ihrer Geschichten und Mythen, die sie umgeben, ihrem sinnlichen Design und ihrem einzigartigen Geruch, Geschmack oder Geräusch geliebt werden.

Konzept

Eine Marke ist eine Art Abkürzung für eine Menge von Attributen und Eigenschaften, die die Kaufentscheidung des Kunden maßgeblich beeinflussen können. Eine Marke reichert Leistungen mit Zusatzinformationen und Zusatzemotionen an. So ist zum Beispiel der Name Chanel mehr als nur der Nachname einer Dame, die in Paris Kleider entworfen hatte. Mit der Marke Chanel verbindet man Eleganz, Prestige und das angenehme Gefühl, es geschafft zu haben, zum Kreis der Chanel-Träger zu gehören.

> *Lovemarks are brands that have evolved from a place in the market to the heart of a culture. With the power of love they create life-long emotional connections.*
> (Kevin Roberts, CEO Saatchi & Saatchi)

Marken, und das gilt insbesondere für Lovemarks, sind in ihrem Kern Assoziationen, Erlebnisse und Geschichten, die sich in den Köpfen der Kunden verankern.

Wie unterscheiden sich Lovemarks von durchschnittlichen Marken? Lovemarks stehen am Ende einer Markenevolutionskette: von der Handelsmarke über Trustmarks zu Lovemarks.

Handelsmarken differenzieren sich vor allem über ihren Preis bzw. ihr Preis-Leistungs-Verhältnis. Sie stehen oftmals für solide Qualität zu einem günstigen Preis. Eine *Trustmark* geht einen Schritt weiter: Sie liefert Orientierung, Sicherheit und Halt. Sie ist die Summe jahrelanger, positiver Erfahrungen der Kunden mit den jeweiligen Produkten und hoher Investitionen in Werbung, Design und Qualität. Eine Trustmark erzeugt durchaus eine emotionale Bindung zwischen Marke und Kunde, und zwar über das Gefühl des Vertrauens. *Lovemarks* gehen aber noch einen Schritt weiter: Das Vertrauen, das der Käufer der Marke entgegenbringt, wird zur Vertrautheit, zu einer tiefen emotionalen Verbindung.

Wie gelingt es, eine Lovemark zu kreieren? Wie kann ein Unternehmen sicher sein, dass sein Produkt sich wie gewünscht in eine Lovemark verwandelt? Lovemarks können nur dann entstehen, wenn die Unternehmen selbst ihre Produkte lieben. Ist dies nicht der Fall, können sie das wohl kaum von ihren Kunden verlangen! Und das beginnt in der obersten Etage der Firmenzentrale: Kunden und Mitarbeiter merken sehr schnell, wenn das Management keine Bindung zu seinen eigenen Produkten oder Dienstleistungen hat. Bringen die Manager neben ihrem Verstand auch Herzblut mit, können das auch die Mitarbeiter. Und wenn die Mitarbeiter mit Herzblut agieren, kann sich das auch auf die Kunden übertragen.

Lovemarks weisen mehrere oder alle der nachfolgenden Eigenschaften auf: Sie bergen ein Geheimnis, sind in höchstem Masse sinnlich und erzeugen eine Vertrautheit verbunden mit tiefen emotionalen Beziehungen zu den Kunden.

Geheimnis: Lovemarks ziehen den Kunden gerade nicht durch die totale Offenlegung aller Produktinformationen an. Das Geheimnis macht die Lovemark so attraktiv. Das Geheimnis kann aus Geschichten rund um das Produkt, aus einer Kombination aus Vergangenheit, Gegenwart und Zukunft, geheimen Bestandteilen, mythischen Charakteren, Symbolen und Metaphern bestehen. Ein gutes Beispiel für eine bewusste „Geheimniskrämerei" ist Apple. Bei dem kalifornischen Computerhersteller hat Geheimniskrämerei geradezu Tradition. Vor jeder Markteinführung eines neuen Produkts werden nebulöse Angaben gestreut. Niemand – vor allem nicht die Presse – erfährt etwas Genaues. Apple-Fans spekulieren im Internet über das Design des neuen Rechners. Das Publikum bekommt das Gefühl, Zeuge einer geheimen Mission zu sein. Und immer wieder geht die Rechnung auf: In der Presse wird sehr viel spekuliert, und das Unternehmen erhält dadurch enorme Publicity.

Ein Beispiel par excellence für Apples hohe Schule der gekonnten Geheimniskrämerei war beispielsweise die Eröffnung des ersten Apple-Stores. Es war zwar bekannt, dass Apple am 19. Mai 2001 das erste Apple-Geschäft eröffnen würde. Man machte aber keine Angaben zum Ort. In der Presse tauchten postwendend Spekulationen auf, dass es sich bei diesem geheimnisvollen Ort um MacLean in Virginia handeln würde, da dort eine Pressetour des Unternehmens geplant war. Aber es gab auch weitere Spekulationen, dass neue Geschäfte im Silicon Valley und in den Bundesstaaten Texas, Colorado, Illinois und New York eröffnet würden, weil Apple dort angeblich Pachtverträge aushandelte. Als der Shop schließlich in Glendale, einem Vorort der amerikanischen Hauptstadt, eröffnete, war die Hölle los:

„Die Eröffnung des ersten Apple Stores verwandelte das biedere Einkaufszentrum in Washington zu einem Rockkonzert", schrieb Joe Wilcox für CNET News. „Über 500 begeisterte Mac Fans standen ab vier Uhr morgens Schlange vor dem Laden, um die ersten Kunden in Apples erstem Laden zu sein. Die Menge – die vorher 'Apple, Apple, Apple' brüllte – brach in Beifall aus, als der Laden dann endlich um 10 Uhr seine Pforten öffnete."

Sinnlichkeit: Die zweite Schlüsseldimension beschreibt die physische Attraktivität des Produkts. Lovemarks müssen in den Menschen den Wunsch wecken, das Produkt anfassen zu wollen, seine einzigartige Form spüren zu wollen und seine Sinnlichkeit zu erleben. Diese Produkte berühren die Menschen emotional und erzeugen ein Gefühl von Intimität. Sinnlichkeit erzeugt man durch Berührung, Geschmack, Vision, Geruch oder Geräusch. Sinnliche Produkte sind beispielsweise Coca-Cola-Flaschen oder Montblanc-Kugelschreiber, da sie beim Konsumenten den Wunsch erzeugen, diese Produkte in den Händen zu halten. Klassiker des sinnlichen Designs sind auch in technisch orientierten Produktsparten zu finden, wie zum Beispiel bei Computern (iMac oder iBook von Apple) oder Autos (New Beetle von Volkswagen oder der neue Mini). BMW hat diesen Aspekt bewusst ge-

Abbildung 4: Wer braucht einen Porsche? Eigentlich niemand. Wer will einen haben? Eigentlich jeder.

nutzt, indem der neue Mini mit dem Slogan: „Is it love?“ beworben wurde. Der Slogan drückt die Gefühle aus, die der Mini in vielen Konsumenten auslöst: Begeisterung, Faszination und das einzigartige „Mini-Feeling“.

Vertrautheit: Vertrautheit erzeugt Momente, die die Menschen daran erinnern, dass sie geliebt werden. Es ist für Lovemarks entscheidend, das Gefühl von intimer Nähe zum Konsumenten zu übermitteln. Das Ziel ist, die tiefe emotionale Beziehung zum Konsumenten, eine lebenslange Beziehung zum Produkt und ein Gefühl des Besitzens herzustellen. Die Bestandteile von Intimität sind Gefühl, Einfühlung und Inspiration. Beispiele für intime Lovemarks sind Marken wie Lego oder Barbie. Am Beispiel der Barbie-Puppe wird deutlich, dass der große Reiz dieser Puppen in der Vertrautheit liegt, die sie ausstrahlen. Die Barbie-Puppe war und ist für viele Kinder das liebste Spielzeug. Das ist dann oftmals auch der Grund, warum die Begeisterung für die Plastikpuppen von einer Generation an die nächste weitergereicht wird. Barbie wurde erstmals 1959 hergestellt und erfreut sich bis heute einer weltweiten Beliebtheit. Für viele, und das betrifft insbesondere die erwachsenen Barbie-Fans, ist diese Puppe viel mehr als nur ein Spielzeug. Bei vielen Erwachsenen, ob Frau oder Mann, ist eine wahre Sammelleidenschaft ausgebrochen. Ein Blick auf die Website des virtuellen Auktionshauses eBay bestätigt diese ungebrochene Faszination: Bis zu 4 000 Artikel werden auf Anhieb bei eBay.de gefunden, wenn der Interessent den Suchbegriff Barbie eintippt. Bei eBay.com gibt es alleine über 2 000 Kategorien für Barbie-Produkte, in denen jeden Tag rund 40 000 Artikel verkauft werden.

Fallstudie: Apple

Apple Computer wurde am 1. April 1976 von dem damals 21-jährigen Steve Jobs und dem fünf Jahre älteren Stephen Wozniak in Palo Alto, Kalifornien, gegründet. Im heimischen Schlafzimmer entwickelten und in der Garage (natürlich!) der Eltern produzierten die beiden ihren ersten Apple-Computer: den Apple I. Da es an Startkapital für die neu gegründete Firma fehlte, musste Jobs seinen heiß geliebten VW-Bulli und Wozniak seinen programmierbaren Taschenrechner verkaufen. Anekdoten wie diese tragen erheblich zur Emotionalisierung der Marke Apple bei. Apple ist kein anonymer Konzern, sondern hat ein Gesicht und eine Seele, die eng mit den beiden Gründern Jobs und Wozniak verbunden ist. Dabei muss man neidlos anerkennen, dass es Steve Jobs wie kein zweiter versteht, die eigene Person zu vermarkten und zu inszenieren. Seine Auftritte sind keine Kunst, sondern eine echte Wissenschaft. Sieht man seine Bühnenauftritte bei Produktpräsentationen, so ist man fest davon überzeugt, dass jedes Erscheinen von ihm ein gut durchdachter und einstudierter Auftritt ist. Er ist ein Showtalent, das sich die großen Ankündigungen zu neuen Produkten stets bis zum Ende seines Auftritts aufhebt, um dann die Bombe – mit entsprechendem Pathos – platzen zu lassen. Man kann sich kaum an einen Produktlaunch erinnern, bei dem nicht Steve Jobs die tolle neue Idee selbst vorgestellt hätte. Man könnte fast den Eindruck haben, dass er das Scheinwerferlicht wie eine Diva sucht. Man mag solche Auftritte hassen oder lieben – doch eines ist gewiss: sie sind niemals langweilig.

Dabei wendet Jobs auch unorthodoxe Maßnahmen an: Da gibt es beispielsweise die Anekdote von Jobs Auftritt im Jahr 1975, bei der er eine Gruppe potenzieller Kunden barfuss – jawohl, ganz ohne Schuhe – begrüßte. Oder man denke nur an den Auftritt, als Jobs seinen Erzrivalen der neunziger Jahre, Bill Gates, via Satellitenschaltung bei einem Apple-Event zuschaltete und ihn plötzlich als Freund und Verbündeten begrüßte.

Viele weitere Anekdoten und Legenden ranken sich um den kalifornischen Computerhersteller. So auch die Legende um die Entstehung des Apple Logos: Erster Abnehmer von 50 Apple-Computern war Paul Terrel, Inhaber des „Byte Shop“ für Computerkomponenten. Für 666,66 Dollar stand der Apple I ab Mai 1976 in den Byte Shops zum Verkauf. Mit „Byte into an Apple“ warb die Verkaufsanzeige für „das erste preiswerte Mikrocomputersystem mit Bildschirmanschluss und 8 Kilobyte RAM auf einer einzigen PC-Karte“. Mit dieser Verkaufsanzeige, so eine der Legenden, war auch die Idee für das heutige Apple-Logo, den Apfel mit Biss, geboren.

> *Eines der größten Mysterien bleibt für mich unser Logo. Es ist ein Symbol für Lust und Wissen, in das hineingebissen wurde und das in Regenbogenfarben in falscher Reihenfolge gemustert ist. Man kann sich gar kein treffenderes Logo für uns ausdenken: Lust, Wissen, Hoffnung und Anarchie.*
> (Jean-Louis Gassée, President Apple Product)

Aber die Historie hat auch gezeigt, dass ein Unternehmen, auch wenn es wie Apple äußerst innovative Produkte entwickelt und über eine überaus treue Kundenschar verfügt, nicht unfehlbar ist. Ganz im Gegenteil: Als Steve Jobs 1985 das Unternehmen verließ – und das nicht ganz aus freien Stücken – ging es mit Apple kontinuierlich abwärts, denn neue Wettbewerber rollten den Markt auf. Missmanagement, die richtigen Geräte zur falschen Zeit, gepaart mit schlechten Verkaufszahlen, trieben Apple an den Rand des Ruins: Ab Mitte der neunziger Jahre schrieb der Konzern tiefrote Zahlen.

Dieser Tiefpunkt markierte gleichzeitig die Wende im Abwärtstrend. Das Management zog Konsequenzen aus den Fehlern der Vergangenheit, denn es hatte erkannt, dass die Tendenz zum Mainstream, verbunden mit einer Reihe strategischer Fehlentscheidungen, auch die loyalsten Kunden endgültig abschreckte. Man war plötzlich zu einem gewöhnlichen PC-Hersteller geworden, der, wie viele andere Anbieter auch, Rechner in langweiligen grauen Gehäusen produzierte. Bestärkt durch die Rückkehr von Steve Jobs besann sich das Unternehmen wieder auf seine Wurzeln. Was tat der geborene Marketing-Experte Steve Jobs? Er malte die Computer an – und fertig war die geniale Idee für die neuen iMacs in Pastellfarben.

Apple galt immer als außergewöhnlich, die beste Tugend bestand darin, anders zu sein, niemals besonders daran interessiert, mit der Masse zu schwimmen und andere Hersteller zu imitieren. Auch im werblichen Auftritt manifestierte sich diese Rückbesinnung auf die Werte, für die Apple in der Vergangenheit stand und nun wieder stehen wollte: Im Herbst 1997 startete Apple Computer die Aufsehen erregende „Think different“-Werbekampagne, die wie keine andere die Philosophie des Unternehmens verdeutlichen sollte: In ausgewählten Printmedien, in zahlreichen Kinos und auf exponierten Riesenbildwänden ist die Botschaft von Apple „an die, die anders denken“ zu sehen und zu hören. Die Kampagne thematisierte als Zeugen berühmte Personen der Zeitgeschichte, darunter Muhammad Ali, Pablo Picasso, Albert Einstein und Mahatma Gandhi. „Think different“ ehrte jene Querdenker, die das Jahrhundert maßgeblich mitgestaltet haben. „Think different“ traf den Kern der Marke Apple. Es sind gerade die leidenschaftlichen, kreativen Menschen, die die Welt verändern können, und genau für diese Menschen möchte Apple die besten Werkzeuge schaffen.

Auch im Design der Produkte setzte man wieder Maßstäbe. Als Steve Jobs einmal gefragt wurde, was denn das Besondere an dem neuen Betriebssystem Mac OS sei, hat er geantwortet: „Wir haben die Buttons auf dem Bildschirm so genial gestaltet, dass Sie sie am liebsten ablecken würden.“ Er hat kein einziges Wort verschwendet über Megahertz oder Gigabytes.

Buttons, die so genial sind, dass Sie sie ablecken wollen, und Produkte, die in ihrem Design sinnlich und verführerisch sind – damit gelang es Apple, seine treuen Fans zurückzuerobern. Apple-Kunden wollen eben mehr als nur Megahertz: Sie wollen Herz!

Chancen & Risiken

Chancen

- Das Lovemark-Konzept konzentriert sich darauf, eine starke emotionale Verbindung zwischen dem Käufer und der Marke herzustellen. Solche gefühlsbetonten Beziehungen können zu langfristigen Anbieter-Kunden-Beziehungen führen, von denen Unternehmen bestens profitieren.
- Lovemarks erzielen einen Wettbewerbsvorteil, denn die emotional gebundenen Kunden sind gegenüber Konkurrenzprodukten bis zu einem gewissen Grad resistent.
- Außerdem erzielen Lovemarks höhere Preise am Markt als rein rational geprägte Marken.

Risiken

- Was in der Theorie so brillant klingt, birgt Ungereimtheiten in der Praxis der Implementierung. Wer kann menschliche Gefühle und emotionale Reaktionen exakt messen, bewerten und vorhersehen?
- Wer nicht aufrichtig und glaubwürdig ist, ist auch nicht liebenswürdig. Lovemarks lassen sich nicht durch reine Kommunikation installieren, das Unternehmen muss mit allen seinen Mitarbeitern selbst eine Liebe zur eigenen Marke entwickeln. Das ist eine unternehmerische Aufgabe, und zwar eine enorm schwierige und die größte Hürde bei der Etablierung von Lovemarks.
- „Die Ehe ist der Liebe Tod!“ Wie in der Paarbeziehung auch, hält die vertraute Kunden-Anbieter-Beziehung nur dann auf Dauer, wenn sie immer wieder aktiv erneuert wird. Nur dann gilt: „Alte Liebe rostet nicht!“

Fazit

Das Lovemark-Konzept ist eine Fortführung der traditionellen Markenstrategie. Doch während Trustmarks darauf basieren, dass der Wert einer Marke im Kopf des Verbrauchers entsteht, fügt das Lovemark-Konzept noch eine Ergänzung zu: Der Wert der Marke entsteht außer im Kopf auch im Herzen des Verbrauchers. Diese innere Verbundenheit ist es, was das Konzept der Lovemarks so interessant macht. Denn sie zahlt sich in Euro und Cent aus. Während andere Anbieter über den Preis und/oder die Qualität konkurrieren, bietet die Lovemark eine ganz andere Möglichkeit: Die Kunden sind bereit, mehr Geld für das Produkt oder die Dienstleistung auszugeben, und das Ganze auch noch freiwillig.

Doch Vorsicht! Bevor eine innere Verbundenheit mit einer Marke möglich ist, muss ein Unternehmer zunächst einmal Mitarbeiter gewinnen. Erst dann können die Mitarbeiter das Vertrauen, den Respekt und die Aufmerksamkeit ihrer Kunden gewinnen: Kunden können eine Marke nur dann lieben, wenn es die Mitarbeiter auch tun.

Eine Lovemark zeichnet sich durch drei Charakteristika aus: das Geheimnis, die Sinnlichkeit und die Vertrautheit. Besitzt oder erwirbt sich eine Marke diese Eigenschaften, hat sie zwar gute Chancen, aber keine Garantie, sich zu einer Lovemark zu entwickeln.

Quellen

Bücher, Zeitschriften und Studien

Buchholz, Andreas; Wördemann, Wolfram: Was Siegermarken anders machen. München 1999

Burbury, Rochelle: „Who loves you baby – Kevin does, grrr“, in: *The Australian Financial Review,* Februar 2001

Gibbons, Barry J.: Manager, Visionäre, Wahnsinnige. Frankfurt 2003

Grauel, Ralf: „Zu viel Gefühl“, in *Brand Eins*, September 2003, S. 59–62

Hars, Wolfgang: Lurchi, Klementine & Co. Unsere Reklamehelden und ihre Geschichten. Berlin 2000

Hein, Kenneth: „Red Bull charging ahead“, in: *Brandweek*: 15 October 2001, S. 38–42

Kreuz, Peter; Förster, Anja: Innovation in der Kundenbeziehung. Trends, Impulse, Erfolgsfaktoren. Wien 2002

Meyer, Anton; Davidson, J. Hugh: Offensives Marketing. München 2001

McIntyre, Paul: „Love that brand“, in: *Panorama*: May 2001, S. 24–28

McIntyre, Paul: „Saatchi's labour of love“, in: *AdNews*: 16 February 2001, S. 18

Roberts, Kevin: Lovemarks: The Future Beyond Brands. New York 2005

Stirling, Pamela: „Sorting out Saatchi“, in: *Listener*: 31 May 1997, S. 26–27

Webber, Alan: „Trust in the Future“, in: *Fast Company,* Sept. 2000, S. 210 ff.

Internet

Hwang, Suein: „Saatchi chief says online ads could alter ‚antisocial' medium", [WWW Dokument], URL: http://www.lovemarks.com/lovemedia/wsj1805.pdf

Oebbeke, Alfons: ARCHmatic-Glossar/-Lexikon, [WWW Dokument], URL: http://www.glossar.de/glossar/1frame.htm?http%3A//www.glossar. de/glossar/z_apple.htm

o.V.: Lovemarks Homepage: [WWW Dokument], URL: http://www.lovemarks.com/lovemarks/emotional.htm

o.V.: Transactions to relationships, brands to Lovemarks, [WWW Dokument], URL: http://www.saatchikevin.com/media/4front1.pdf

Pilgrim, Leslie: „How do I love thee? Let me examine your brand", [WWW Dokument], URL: http://www.thelawlorgroup.com/flash.htm

Sinclair, Lara: „Love me, love my lovemarks", [WWW Dokument], URL: http://www.bandt.com.au/articles/6c/0c00336c.asp

Student, Dietmar; Werres, Thomas: „Mit beschränkter Wirkung", [WWW Dokument], URL: http:://www.manager-magazin.de/unternehmen/markenstaerke{0,2828,196919,00.html

Yoon, Suh-kyung (2000): Bull's-eye [WWW Dokument], URL: http://www.feer.com/articles/2000/0010_12/p42innov.html

6. Hightech & Hightouch

Wider die seelenlose Technik

> *Bizarrerweise sind es gerade die Funktionseliten, die über ihre eigene Lebenszeit am wenigsten frei verfügen können. Das ist nicht in erster Linie eine quantitative Frage, obwohl viele Angehörige dieser Schicht bis zu achtzig Stunden in der Woche arbeiten; viel eher sind es ihre vielfältigen Abhängigkeiten, die sie versklaven. Man erwartet von ihnen, dass sie jederzeit erreichbar sind und auf Abruf bereitstehen. Im Übrigen sind sie an Terminkalender gebunden, die auf Jahre hinaus in die Zukunft reichen.* (Hans Magnus Enzensberger)

Technologie ist Segen und Fluch zugleich. Technologie verspricht uns, Zeit, Geld und Arbeit zu sparen, um frei zu sein für Dinge, die uns wirklich wichtig sind. Kaum jemand würde ernsthaft bestreiten, dass Technik uns im vergangenen Jahrhundert das Leben enorm erleichtert hat: Wir waschen unsere Wäsche nicht mehr mit der Hand, wir rechnen nicht mehr im Kopf und wir hacken nicht mehr unser Holz, um das Haus zu heizen. Und eine der besten technischen Innovationen überhaupt – nach unserer Einschätzung – ist die Erfindung der Geschirrspülmaschine.

Gemessen an der menschlichen Evolutionsgeschichte schlagen wir uns erst seit ganz kurzer Zeit mit einem neuen Phänomen herum: Freizeit. Und das verdanken wir zum großen Teil der Technik. Wie gesagt: Fluch und Segen zugleich …

„Erledigen Sie alles rasch, dann bleibt mehr Zeit zum Glücklichsein!", verspricht uns die Werbung. Über die Jahre haben wir uns an neue verheißungsvolle Produkte gewöhnt, haben sie uns, so rasch es der Wohlstand nur gestattete, angeschafft. Das Motto lautet: auswählen, kaufen, installieren und aufrüsten. Doch was uns verspricht, Zeit zu sparen, verschlingt in Wahrheit immer mehr Zeit. Es wird von uns erwartet, dass wir ständig erreichbar sind – Handy, E-Mail und andere moderne Kommunikationstechnologien degradieren uns zu einem Objekt, das rund um die Uhr verfügbar sein muss. Die Welt, die wir jeden Tag aufs Neue bewältigen müssen, wird immer komplexer – immer technischer.

Viele Menschen sehnen sich deshalb heute nach Einfachheit, Entschleunigung und nach unmittelbaren Lösungen statt der Abhängigkeit von mittelbaren, technischen Lösungen. John Naisbitt, einer der prominentesten Trendforscher der USA, bringt es auf den Punkt:

> *Wir nutzen die Hälfte unserer Zeit, um uns mit neuer Kommunikationstechnologie zu umgeben. Und den Rest der Zeit, um vor ihr davonzulaufen.*

Konzept

Hightech & Hightouch ist ein Konzept von John Naisbitt, das er in seinem gleichnamigen Buch vorstellt. Der Untertitel lautet: „Auf der Suche nach Balance zwischen Technologie und Mensch". Eine Kernaussage dieses Konzepts ist, dass wir trotz allen technologischen Fortschritts ein immer größeres Bedürfnis nach Produkten und Services haben, die unser Verlangen nach Hightouch (Erlebnisse wie zum Beispiel Familie, Natur und menschlicher Kontakt) befriedigen – nicht zuletzt auch deshalb, weil unsere bisherigen Quellen für Hightouch immer dünner werden.

Hightech wird als „Technikbereich, von dem man bedeutende Impulse für die Zukunft der Industriegesellschaft erwartet" definiert. Hightouch ist „menschliche Emotion, Familie, das Lächeln eines Kindes, Freude, das Aufleben in der Natur, Liebe, etc."

Hightech & Hightouch meint daher eine Technologie, die unsere Menschlichkeit bewahrt. Technologie wird als integraler Bestandteil der gesellschaftlichen Entwicklung gesehen, als das Produkt unserer Ideen und Träume. Die Schaffung immer besserer Technologien ist ein instinktives Bedürfnis des Menschen. Und doch dürfen dabei nicht Aspekte wie Emotion, Natur und Zeit vergessen werden, die als gleichberechtigte Partner im Evolutionsprozess der Technologie zu sehen sind, da sie unsere Seele nähren und unsere Sehnsüchte stillen.

Dem menschlichen Bedürfnis nach Hightouch wird in klassischen Marketingkonzepten oftmals zu wenig Beachtung geschenkt. Obwohl Hightech & Hightouch nicht eindeutig als Marketingkonzept definiert werden kann, sollten die dahinter stehenden Überlegungen in Marketingentscheidungen mit einfließen.

Beispiele sehr erfolgreicher Produkte und Services belegen, dass im 21. Jahrhundert die erfolgreichsten Produkte diejenigen sein werden, die neben Hightech auch Hightouch bieten. Das macht Großbritanniens gefeierter Unternehmer Richard Branson vor. Seine Fluglinie Virgin Atlantic ist immer noch die einzige, die Annehmlichkeiten wie eine Bar, Lounges, Maniküre und Massagen während der Flüge anbietet. Mittlerweile lässt Branson in einigen seiner Flugzeuge sogar zwölf Schlafzimmer installieren. Dieses Beispiel zeigt es sehr deutlich: Wenn alle Anbieter über die gleiche Technologie verfügen, können sich Angebote nur noch durch Hightouch unterscheiden.

Das exponentielle Wachstum des technischen Fortschritts der letzten Jahre hat uns in eine Welt der Mobilität und Beschleunigung katapultiert, in der Wissen der bedeutendste Wirtschaftsfaktor geworden ist. Natürliche Grenzen wie Raum und Zeit, die früher eine wichtige Rolle im Wettbewerb gespielt haben, sind plötzlich zu Randerscheinungen geworden. Die entgrenzte globale Wirtschaft findet überall und rund um die Uhr statt. Doch viele Menschen fühlen sich von dieser Geschwindigkeit der Veränderungen überrollt. Die neuen Technologien bürden uns immer mehr Komplexität auf, die uns verunsichert.

In unserer Gesellschaft zeigt sich ein durchaus zwiespältiges Verhältnis zur Technologie, was sich an den folgenden Symptomen beobachten lässt:

- **Wir fürchten die Technologie und verherrlichen sie zugleich.** Die meisten von uns haben eine Beziehung zur Technologie, die von einem Extrem zum anderen schwankt. An einem Tag nehmen wir sie hin, aus Angst, hinter unsere Konkurrenten und Kollegen zurückzufallen, am nächsten Tag begrüßen wir sie begeistert als einen Weg, der uns das Leben oder die Geschäfte leichter macht, und sind dann wieder frustriert und verärgert, wenn sie nicht hält, was sie verspricht.
- **Wir suchen eine schnelle Lösung.** Die Technologie verspricht, ironischerweise, uns von ihr selbst zu entgiften – von Massagesesseln bis zu Naturgeräuschen aus der Konserve – während sie uns weiter benebelt. Anzeigen sind voll von Versprechungen, unser Leben einfacher zu machen und den Stress zu verringern. Wir suchen im Fernsehen oder in Ratgeberbüchern Antworten auf unsere fundamentalen Lebensfragen – „Der Traumpartner", „Mitgefühl richtig ausdrücken", „Glücklich in acht Minuten". Wir möchten zu gerne glauben, dass die Lösung für jedes Problem problemlos käuflich zu erwerben ist.
- **Wir verwischen die Grenze zwischen echt und unecht.** Die fortschreitende Technologie ist immer besser in der Lage, beinahe perfekte Illusionen zu schaffen – sei es durch Bildbearbeitungsprogramme, Videospiele oder Hollywoodfilme. Virtual Reality ist zwar virtuell, ihr Erfolg liegt aber darin, dass sie als real wahrgenommen wird. Gleichzeitig verlangen wir nach Authentizität – wie Reality Shows, Talkshows und Lifecams. Auch Firmen setzen immer mehr auf Authentizität. Weil es für Firmen nicht mehr ausreicht, ihre neuen Produktideen von Ingenieuren und Designern erdenken zu lassen, wurde der neue Beruf des Trendscouts ins Leben gerufen. Das unverfälscht Authentische wird von Trendscouts aufgespürt und auf den Massenmarkt geworfen.
- **Wir akzeptieren Gewalt als etwas Normales und Alltägliches.** Getarnt unter dem Deckmantel des Schlagwortes „Action", wird Gewalt als Unterhaltung vermarktet, zum Beispiel durch Hollywoodfilme, Merchandising-Produkte, Spielzeug und Videospiele. Die Zielgruppe sind

oft Kinder, die Botschaft lautet Spaß, und für die Unternehmen bedeutet dies vor allem gute Einnahmen. Die Gesellschaft und die profitierenden Industriezweige ignorieren stillschweigend, dass Kinder diesem fortwährenden Einfluss brutaler, Aggressionen erzeugender Gewalt nicht gewachsen sind. Die ganze Welt steht fassungslos vor den Amokläufen Jugendlicher.

- **Wir lieben Technologie wie ein Spielzeug.** Wir nehmen immer rascher neue Hightech-Erzeugnisse in Besitz und finden einen Platz dafür in unserem Zuhause. Aus unseren Arbeitszimmern sind Home-Offices geworden, die wir mit Computern, Lautsprechern, Faxgeräten, Druckern, Scannern und CDs/DVDs vollstopfen. Unsere Wohnzimmer, einst ruhige Zufluchtsorte mit bequemen Fauteuils und einem Kachelofen, sind heute zu digitalen Home-Entertainment Centern mit Dolby-Surround mutiert.
- **Wir führen ein entfremdetes, orientierungsloses Leben.** Handys und das Internet garantieren uns ständige Verbindung mit der ganzen Welt. Doch wann ist diese Vernetztheit zweckmäßig und wann bloße Ablenkung? Allein in einem Zimmer zu sitzen und sich im Internet in einem Chat-Room zu unterhalten, ist ein neues soziales Phänomen, aber es schafft keine Gemeinschaft. E-Mail im Büro verbindet die Angestellten, doch viele Leute schicken Mails an den Kollegen im Zimmer nebenan, während sie sich gleichzeitig über die Nachrichtenflut in ihrem Postfach beschweren.

Was bedeutet das für Unternehmen?

Moderne Technologien, allen voran die Informations- und Kommunikationstechnologien, haben dazu beigetragen, dass viele Unternehmen näher am Kunden sind. Man denke beispielsweise an CRM-Systeme, die helfen, die individuellen Präferenzen eines jeden Kunden genau zu erfassen, und an Mass-Customization-Konzepte, die es ermöglichen, dem Kunden maßgeschneiderte Produkte zu Massenmarktpreisen anzubieten.

Aber auch hier zeigt sich, dass der technologische Fortschritt seine Tücken mit sich bringt. Denn die digitale Technologie hat nicht nur Kundennähe gebracht, sondern sie hat es vielen Unternehmen auch ermöglicht, dem direkten Kundenkontakt auszuweichen: Endlose Warteschleifen im Call Center, Automaten, die die gewünschte Auskunft nicht geben können, und Internetseiten, auf denen jeder Hinweis fehlt, wie der Kunde mit einem menschlichen Ansprechpartner im Unternehmen Kontakt aufnehmen kann.

Kunden müssen beispielsweise heute keine Bank mehr betreten, denn sie können sich ihre Kontoauszüge selbst ausdrucken oder Kontoautomaten benutzen, an denen sie nicht nur Geld abheben können, sondern auch Überweisungen und Daueraufträge tätigen. Internet- und Telefonbanking ermöglichen alle Arten von Transaktionen rund um die Uhr und machen den persönlichen Kontakt mit den Bankangestellten überflüssig.

Das Konzept von Hightech & Hightouch meint deshalb, dass in Zukunft zu Hightech größere Dosen Hightouch addiert werden müssen. Und Hightouch heißt nicht einfach nur „Service" im herkömmlichen Sinne, also Musik in der Warteschleife, eine Grußkarte zum Geburtstag oder ein Sonderangebot mit einem kräftigen Nachlass zur Weihnachtszeit. Hightouch bedeutet echte Nähe, also eine emotionale, individualisierte Dienstleistung im direkten Verhältnis zum Kunden.

Die amerikanische Luxuskette Ritz-Carlton, die 1992 als erstes Hotelunternehmen den renommierten amerikanischen Qualitätspreis Malcolm Baldrige Award gewann, hat diese Form der echten Nähe zum Kunden realisiert. Die Standards für den Kundenservice, die allen Mitarbeitern in Schulungen vermittelt werden, sind bahnbrechend in der Hotelindustrie und gelten heute als Maßstab in der gesamten Dienstleistungsbranche. Fester Bestandteil der preisgekrönten Ritz-Carlton-Service-Kultur ist das flexible Empowerment. Jeder Mitarbeiter darf:

- „Himmel und Hölle" in Bewegung setzen, um einen Kunden zufriedenzustellen,
- jeden Mitarbeiter ansprechen, um ein Problem schnell lösen zu können,
- bis zu 2 000 US-Dollar aufwenden, um einen einzelnen Gast zufrieden zu stellen.

Flexibles Empowerment und der Ansatz des Beschwerdeeigentums gehören zum Grundverständnis der Ritz-Carlton-Service-Kultur. Beschwerdeeigentum meint, dass der Mitarbeiter, dem eine Beschwerde zu Ohren kommt – auch wenn er es nicht direkt vom Kunden erfährt, sondern es vielleicht nur zufällig nebenbei bemerkt –, dass dieser Mitarbeiter dieses Problem nun „besitzt" und eine Lösung herbeiführen muss. Nicht überraschend ist es, dass die amerikanische Luxushotelkette immer wieder Top-Bewertungen in Sachen Kundenzufriedenheit erhält und insbesondere die freundlichen Mitarbeiter herausgestellt werden.

Diese hohe Servicekultur bei Ritz Carlton bedeutet jedoch nicht, dass keine moderne Technologie eingesetzt wird. Moderne Technologie (z.B. CRM-Systeme, die die Vorlieben des einzelnen Gastes erfassen) *und* eine emotionale, individualisierte Dienstleistung sind der Schlüssel zum Erfolg.

Hightouch-Botschaften durch Hightech

Ach, die gute alte Zeit, in der die Welt noch langsam und überschaubar war. Damals war alles besser und schöner. Und heute? Heute bieten moderne Technologien in allen Lebensbereichen viel mehr Möglichkeiten als jemals zuvor … Wie wäre es, die Wärme nostalgischer Erinnerungen mit modernsten Technologien zu kombinieren?

Wenige Unternehmen haben diesen Spagat so exzellent gemeistert wie Martha Stewart Omnimedia. Martha Stewart, die hinter dieser Erfolgsgeschichte steht, gilt als die berühmteste Hausfrau der USA. Sie hat mit Kochrezepten einen mächtigen Medienkonzern aufgebaut. Auch wenn ihr untadeliger Ruf inzwischen durch den Vorwurf des Insidertradings angekratzt ist, ändert das nichts an der einmaligen Erfolgsgeschichte, die damit begann, dass sie vor zwanzig Jahren ein Kochbuch über schnelle Küche schrieb. Zeitungen druckten die Rezepte ab, und auf diesen Erfolg baute die Autorin nach und nach einen Verlag auf, der nach dem Muster gestrickt ist: Jede Idee – ob Kochrezepte oder Tipps für Haus und Garten – wird auf möglichst vielen Medienkanälen verkauft, verbreitet und vermarktet. Das schließt einen täglichen Auftritt im Fernsehen ein, den Abdruck ihrer Kolumne „Ask Martha" in 230 US-Zeitungen und eine gleichnamige Radioshow. Sie selbst gibt die Zeitschrift „Martha Stewart Living" mit einer Auflage von zwei Millionen Exemplaren heraus, von ihren 34 Büchern hat sie insgesamt zehn Millionen Exemplare verkauft. Selbstverständlich versorgt ihr Verlag die US-Familie auch im Internet mit Tipps für den Haushalt. Und die Kaufhauskette K-mart vertreibt ein Sortiment mit 4 500 Stewart-Lizenzprodukten.

Jedes Bild in der Zeitschrift „Martha Stewart Living" und in ihren Büchern ist erfüllt von einem Gefühl der guten alten Zeit: verwitterter Stein, altes Tuch, ein frisch gepflanzter Baum. Jedes Bild spiegelt eine Tages- und Jahreszeit wider. Begriffe wie „schnell", „bequem" und „einfach" gehören nicht zu ihrem Vokabular. „Um einen Komposthaufen anzulegen, füllen Sie einen Behälter mit einer 15 Zentimeter dicken Schicht von verrottbarem Material auf … in drei bis zwölf Monaten haben Sie dann nährstoffreichen, tiefdunklen Kompost". Hier geht es um Monate, nicht um Stunden oder Tage.

Während die modernen Technologien uns versprechen, Zeit und Arbeit zu sparen, beschwört Martha Stewart in ihren Botschaften das genaue Gegenteil: Eines der Dinge des Lebens, die am meisten Wertschätzung erfahren, ist die Ernte fleißiger Arbeit. Und dies erfordert, dass man sich Zeit nimmt.

Ironischerweise sind die meisten von Martha Stewarts Leserinnen berufstätige Frauen, deren Alltagsleben ganz anders aussieht, als in der Bilderbuch-Welt von Martha. Aber gerade das macht das Konzept so brillant: Martha Stewart hat die Auswirkungen der Hightech-Zeit erkannt und durch die Vermarktung einer Hightouch-Welt ein Imperium aufgebaut. Ein Teil ihrer brillanten Strategie besteht darin, ihre Hightouch-Botschaften mithilfe von Hightech (Internet, Fernsehen, Radio und E-Mail) zu verbreiten.

Fallbeispiel: Die Gläserne Manufaktur der Volkswagen AG

Die gläserne Manufaktur wurde im Frühjahr 2002 eröffnet. Sie ist die modernste Automobilfabrik der Welt und wird umgeben vom Ambiente der historischen Kulturstadt Dresden. Volkswagen stellt in seiner gläsernen Manufaktur die Luxusklassen-Limousine Phaeton her. Sichtbar für Besucher und Käufer werden die vorgefertigten Einzelteile in präziser Handarbeit montiert.

Schon der erste Blick in die Fertigungshalle zeigt, dass hier die Automobilproduktion eine neue Qualität gewonnen hat: Der Fabrikfußboden ist aus Parkett, die Monteure tragen weiße Arbeitsanzüge. Aber auch technisch werden neue Maßstäbe gesetzt: Statt des herkömmlichen Produktionslaufbands gibt es ein speziell entwickeltes Schuppenlaufband, auf dem der Fertigungsmitarbeiter mitfährt und seine Arbeit erledigt. Eine Elektro-Hängebahn transportiert, dreht und schwenkt die Karosserie, um sie für jeden Produktionsablauf in die optimale Position zu bringen.

Die Gläserne Manufaktur befindet sich auf einem 49 000 qm großen Gelände. Weithin sichtbar ragt der 40 Meter hohe Fahrzeugzylinder aus der Gläsernen Manufaktur empor. Neben der Möglichkeit, die Herstellung des Automobils zu verfolgen, erwartet die Besucher in der Gläsernen Manufaktur die „Technikwelt“: die „virtuelle Fertigung“, „das Kugelhaus“, das „virtuelle Fahrerlebnis“, und der „Automobil Konfigurator“ am größten Touch-Screen der Welt. In der Gläsernen Manufaktur arbeiten rund 800 Personen.

An der Gläsernen Manufaktur kann man gut ablesen, dass Volkswagen sowohl den technischen Anforderungen einer effizienten Produktion als auch den menschlichen Bedürfnissen nach Wissensdrang und Neugier nachkommt. Und auch ein weiteres Grundproblem wird gelöst: Wie kann man das Hightech-Produkt Auto mit Hightouch kombinieren?

Abbildung 5: Die Gläserne Manufaktur in Dresden: Eingebettet im historischen Stadtgarten gibt es hier Hightech mit hohem Hightouch-Faktor zu bestaunen.

Volkswagen macht den bislang unsichtbaren Vorgang der Produktion eines Automobils zum spektakulären Ereignis, das sich im Gedächtnis der Besucher für immer einprägen wird. Die Technik wird für die Besucher greifbar und verständlich. Die Inszenierungen in der Manufaktur beschränken sich jedoch nicht allein auf die Fertigstellung des Automobils. Die Gläserne Manufaktur versteht sich als Ort der Kommunikation und des Austauschs, und darum wird auch ein vielseitiges Veranstaltungsprogramm geboten. Neben Fernsehsendungen und Abendveranstaltungen wie Konzerten und Lesungen finden auch Ausstellungen und Vernissagen statt.

Die eigentliche Leistung der Gläsernen Manufaktur ist also nicht die Produktion eines Automobils. Das Motto der Gläsernen Manufaktur spiegelt die wahre Vermarktungsstrategie wider: „Wir verkaufen keine Autos, sondern eine Philosophie." Das Produkt ist Hightech, die Botschaft Hightouch.

Chancen & Risiken

Chancen

- Das Konzept bietet möglicherweise einen Ansatz, um die Furcht vor der Technologie genauso wie ihre Verherrlichung zu stoppen. Hightouch tritt der Entfremdung des Menschen entgegen und bringt ihm die banalen Dinge des Lebens wieder näher. Ein gutes Gefühl. Und dieses gute Gefühl ist das Produkt. Hier bieten sich Marktchancen.

Risiken

- Hightouch lässt sich nicht einfach auf ein gegebenes Produkt aufsetzen. Kalte Technik mit einem warmen Antlitz zu versehen, ist kein langfristig wirksames Konzept. Gefragt sind Gesamtkonzepte, die die beiden Welten miteinander in Einklang bringen, anstatt die eine der anderen überzustülpen.

Fazit

Das Versprechen der Technologie ist es, unser Leben einfacher und besser zu machen. Die Synthese von Hightech und Hightouch, dem menschlichen Bedürfnis nach Emotion, Familie und Zeit, bildet die Grundlage des Techno-Service-Booms (Hightouch), der für die nächsten Jahre prognostiziert wird. Dabei kommt es nicht mehr so sehr auf die pure Technologie an, sondern auf die Kombination von Technologien mit menschennahen, emotionalen Dienstleistungen. Bisher schien es so, dass mit Hightech alle unsere Probleme zu lösen seien. Gleichzeitig ist für viele der Spaß am Leben und an der Arbeit verloren gegangen. Wir zappen und zappeln durch ein Leben, in dem sich einige bereits von der Technologie ferngesteuert fühlen.

Mit Hightouch eröffnet sich ein Gegenkonzept, das Wege eines menschenfreundlichen Umgangs mit der Technik zeigt: Life-Coaches für die ganzheitliche Lebens- und Karriereberatung; Service-Agenten, die rechtzeitig Geschenke organisieren, Einkäufe abnehmen und Behördengänge erledigen; Baumärkte, die auch Handwerker vermitteln. Dabei schließt das Hightouch-Konzept aus, dass ein Heer billiger Lohnsklaven entsteht, denn es geht heute um das notwendige Gegengewicht zur Virtualisierung und Verkünstlichung unseres täglichen Lebens. Hightouch ist der Versuch, die Wirtschaft wieder auf ein anderes Maß zu justieren: das Menschliche. Hightouch-Dienstleistungen können in der Individual-Gesellschaft eine beispiellose Nachfrage erzielen.

Quellen

Bücher und Zeitschriften

Horx, Matthias: Die acht Sphären der Zukunft. Wien 2002

Lynn, Adele B.: „Technology and touch" in: *Hoosier Banker,* Vol. 84, Iss.12, Dezember 2000, S. 23–24

Rupp, Maximilian: Die Revolution im Verkauf in der Finanzdienstleistungsbranche. Macht und Magie der Hightouch-Methode. Idstein 1999

Naisbitt, John: „High tech, high touch" in: *Executive Excellence,* Vol.16, Iss.12, Dezember 1999, S. 5–6

Naisbitt, John; Naisbitt, Nana; Philips, Douglas: High Tech – High Touch. Auf der Suche nach Balance zwischen Technologie und Mensch. Wien 1999

o.V.: „Wissen: Zukunft – Wie High-Tech und High-Touch verbindet", in: *Absatzwirtschaft* Nr. 09 vom 01.09.2000, S. 44 f.

Internet

Die Gläserne Manufaktur: Homepage [WWW Dokument], URL: http://www.glaesernemanufaktur.de/

Freund, Robert: Hight-tech nur mit high-touch, [WWW Dokument], URL: http://www.personalisiertes-lernen.de/mi/High-Tech.htm

o.V.: „High-Touch – die 14 wichtigsten neuen Märkte der kommenden Dienstleistungs-Ökonomie", Vision Rundschau Nr.62, [WWW Dokument], URL: http://www.ams.or.at/wien/biz/vision/rund62.htm

o.V.: „Gläserne Manufaktur Dresden – Volkswagen der Luxusklasse entstehen in einzigartigem Werk", [WWW Dokument], URL: http://www.autowelt-Koenig.de/dresden/GlaeserneManufakturDresden.htm

o.V.: „Die Wollust des Dahinrollens", in Spiegel Online, 37/2001, [WWW Dokument], URL: http://www.spiegel.de/spiegel/0,1518,157092,00.html

o.V.: „High touch 2010", [WWW Dokument], URL: http://www.zukunftsinstitut.de/Touch_inhalt.html

o.V.: „Tips und Trends": [WWW Dokument], URL:http://www.3sat.de/3satframe.php3?url=http://www.3sat.de/tips/mobil/31465/

o.V.: Interplane Glas Industrie AG: „Gläserne Manufaktur in Dresden eingeweiht", URL: http://www.gre-online.de/news/mitglieder/interpane/020515.htm

Schulze, Gerhard (2001, Mai 5): „Was wird aus der Erlebnisgesellschaft?", [WWW Dokument], URL: http://www.uni-bamberg.de/sowi/soziologie/er2000.html

7. Event Marketing

Mehr als nur Veranstaltungen

Wie kann man als Waschmittelhersteller in einem Markt, der ohnehin schon mit Werbung überflutet wird, dennoch die Aufmerksamkeit von Kunden gewinnen? Die Lösung lautet: Machen wir doch ein Event draus. Genau das tat der Markenartikler Procter & Gamble, um sein Waschmittel Dash zu promoten. Ende 2002 fanden in der Nähe von München die ersten Weltmeisterschaften im Extrembügeln, die so genannte „Dash Trophy", statt. Dash unterstützte dieses sportliche Ereignis als Hauptsponsor: 75 Teilnehmer aus zehn Ländern, die zum Teil bis aus Neuseeland angereist waren, nahmen an der Weltmeisterschaft im Extrem-Bügeln teil. Vor über 1500 Zuschauern mussten die Bügelwettkämpfer und -kämpferinnen insgesamt fünf verschiedene Bügel-Stationen absolvieren: Mountain-, River-, Forest- Urban- sowie Freestyle. Ziel war es, an jeder Station ein Wäschestück mit den speziellen Bügeleisen, die keinen Strom benötigen, möglichst schnell und kreativ glatt zu bekommen. Die frisch gekürte Weltmeisterin im Extrem-Bügeln, Inga Kosak aus München, nahm am Ende die Dash Trophy entgegen.

Events haben Tradition: Schon bei den alten Römern gab es „Brot und Spiele", um das Volk bei Laune zu halten. Im Wilden Westen gab es fahrende Händler, die mit spektakulären Veranstaltungen die Aufmerksamkeit der Leute auf sich zogen – um ihnen dann das Geld aus der Tasche zu ziehen. Veranstaltungen, um das Publikum bei Laune zu halten, Aufmerksamkeit zu erzeugen, Geld zu verdienen: heute nennt man das Event Marketing.

Die größten Event-Agenturen machen Umsätze im zweistelligen Millionenbereich. Und nicht nur sie profitieren vom Trend zum Event: Etliche Dienstleister besorgen und organisieren dem Auftraggeber einfach alles. Nimmt man die Firmen zusammen, die sich rund um das Event positionieren, kann man von einer Branche sprechen.

Aber wozu überhaupt? Was steckt dahinter? – Logisch, auch durch Event Marketing soll letztlich der Umsatz mit den Produkten oder Dienstleistungen eines Unternehmens gesteigert werden. Das aber funktioniert mehr oder weniger gut. Event Marketing ist weniger ein eigenständiger Marketingansatz, sondern vielmehr Bestandteil der Kommunikationspolitik eines Unternehmens. Es steht somit auf der gleichen Stufe wie Werbung, Verkaufsförderung, Direktmarketing, Public Relations und persönlicher Verkauf. Daraus ergibt sich gleich der wichtigste Erfolgsfaktor: Das Event Marketing muss eng mit den anderen kommunikationspolitischen Maßnahmen abgestimmt werden, am besten als Teil eines strategischen Kommunikationskonzepts.

Events können das Image fördern oder Kunden zu Handlungen oder Haltungen motivieren oder sie enger an das Unternehmen bzw. seine Marke binden. Events können auch direkt zur Unterstützung des Verkaufs beitragen. Viele Unternehmen möchten mit Events auch neue Kunden gewinnen, die auf andere Weise nicht so erfolgreich und direkt angesprochen werden können. Außerdem lässt sich durch Events der direkte Kontakt zwischen Unternehmen und Kunden aufrechterhalten bzw. wieder herstellen. Auch in Branchen, die rechtlichen Werbebeschränkungen unterliegen (z.B. Alkohol, Tabak), kann Event Marketing helfen, die Konsumenten direkt anzusprechen und eine positive Wahrnehmung für die eigenen Produkte zu schaffen. Die „Camel Trophy" oder der „Congresso Bacardi de la Salsa" sind Beispiele dafür.

Konzept

Schon immer haben Unternehmen Veranstaltungen wie beispielsweise Hauptversammlungen und Jubiläumsfeiern, Außendiensttagungen und Messeempfänge durchgeführt. Als Marketing-Event bezeichnet man jedoch nur Veranstaltungen, die ein Produkt oder eine Leistung, eine Strategie oder eine Person einer bestimmten Zielgruppe emotional vermitteln.

Events können auf der Produktbühne oder auf der Anlassbühne aufgeführt werden. Auf der Produktbühne steht – wer hätte das gedacht – das Produkt eines Unternehmens oder seine Dienstleistung im Mittelpunkt, beispielsweise bei Promotion-Aktionen, Messen oder Incentives. Die Anlassbühne feiert eher das Unternehmen (oder die Marke) als seine Produkte, zum Beispiel bei Jubiläen oder der Eröffnung eines neuen Firmengebäudes.

Marketing-Events können auch im „Huckepack-Verfahren" auf andere Events draufgepackt werden: Nutzt ein Unternehmen beispielsweise ein Autorennen oder ein Tennisturnier, um ein eigenes Event auf dieser Bühne aufzuführen, betreibt das Unternehmen in der Marketingsprache „Event Marketing auf der Sportbühne". Ähnliche Bühnen finden sich im kulturellen und sozialen Bereich.

> *Event Marketing ist die konsequente Marketing-Antwort auf veränderte sozio-ökonomische Rahmenbedingungen, veränderte Einstellungen zu Freizeit und Konsum, auf einen allgemeinen Wertewandel, neue Zielgruppen und daraus resultierend neues Kaufverhalten.*
> (Jochen Siebke, Geschäftsführer der AVANCE Cologne GmbH)

Um dem Phänomen weiter auf die Spur zu kommen, kann man – ganz in akademischer Manier – einfach weitere Unterscheidungskriterien definieren und Etiketten verteilen: Dann findet man das anlassbezogene Event Marketing (z.B. Firmenjubiläum), das anlass- und markenorientierte Event Marketing (z.B. Produktneueinführung) sowie das rein markenorientierte Event Marketing, das auf die emotionale Positionierung und die dauerhafte Verankerung einer Marke in der Erlebniswelt der Konsumenten abzielt.

Events können auch hinsichtlich ihrer Einmaligkeit und ihrer Erlebnisorientierung unterschieden werden. So genannte Infotainment-Events stellen eine Verknüpfung von Information und Entertainment dar. Sie vermitteln sachliche Informationen auf unterhaltsame Art und Weise. Freizeitorientierte Events bieten einen großen Spielraum für kreative Inszenierungen und originelle Ideen.

Wie auch immer Sie ein Event vom anderen unterscheiden: Ein Event muss unterhalten. Es muss aber gleichzeitig auch Informationen transportieren, damit es Marketingziele erreichen kann. Wenn sich das Publikum nach dem Event lediglich an ein „tolles Ereignis" erinnert, dieses aber mit dem Unternehmen und seiner Botschaft nicht mehr in Verbindung bringt, dann war das Ereignis nur für das Publikum toll, nicht aber für den Veranstalter.

Jedes gelungene Event ist für die Gäste ein Erlebnis, das auch die Emotionen anspricht. Sie können deshalb das Kapitel über Erlebnismarketing – gleich im Anschluss – aber auch die Kapitel über Lovemarks und Szenenmarketing in engem Zusammenhang mit diesem Kapitel sehen. Die Event-Agentur Arena Living Events meint dazu:

> *Ein Event ist per se etwas Emotionales. Es soll fesseln, begeistern, faszinieren, überraschen, aufregen und bewegen. Diese Emotionen dienen als Vehikel, um bestimmte Botschaften über ein Produkt oder ein Unternehmen zu transportieren.*

Voraussetzungen für ein erfolgreiches Event Marketing

- **Ideenfindung:** Akribische Planung und sorgfältige Durchführung sind absolut notwendig, allerdings nützt das professionellste Eventmanagement nichts, wenn die Idee nicht zündet. Es geht darum, etwas Einzigartiges zu schaffen, Locations zu finden, die es noch nie gab, Shows zu entwerfen, bei denen den Zuschauern der Atem stockt, und ein Ereignis zu veranstalten, das man nie wieder vergisst. Je nach Größe und Aufwand muss die Idee bis zu einem Jahr vor der eigentlichen Veranstaltung stehen.

- **Gästeauswahl:** Bei privaten Festen lädt man ein, wen man mag, doch bei Marketing-Events muss der Veranstalter nach dem Nutzen der Gäste für den Erfolg des Events entscheiden. Die maximale Zahl der Gäste richtet sich nach dem Budget und dem Fassungsvermögen des gewählten Veranstaltungsorts, deren minimale Zahl richtet sich nach der Notwendigkeit, für eine gute Grundstimmung zu sorgen – nichts ist trauriger als ein halbleerer Saal. Die richtige Mischung der Zielgruppenvertreter bringt Spannung und Networking in das Publikum. Außerdem gibt es Pflichtgäste, treue Kunden, potenzielle Neukunden, Geschäftspartner, Mitarbeiter, Opinion Leaders, Politiker, Stimmungsmacher usw. Bei der Auswahl des richtigen Gästemix für eine optimale Wirkung bedarf es einer guten Portion Erfahrung. Um das Event zu promoten, sollten schließlich Vertreter der Presse nicht fehlen, die noch vor dem Event ausreichend informiert werden müssen.
- **Wahl des Veranstaltungsorts:** Der Veranstaltungsort, die Location, muss zum Anlass, zum Ziel des Events, zum Unternehmen und zu den eingeladenen Gästen passen. Ist die gewählte Location zum fraglichen Zeitpunkt verfügbar? Wie sieht die Verkehrs- und Parkplatzsituation aus? Wird das Event in geschlossenen Räumen oder im Freien (Ersatzprogramm bei schlechtem Wetter!) stattfinden? Ist die Location für die Gästeanzahl geeignet? Ist die benötigte technische Ausstattung bereits vorhanden?
- **Gesetzliche Voraussetzungen:** Um sich unnötige und peinliche Auseinandersetzungen zu ersparen, sollte man sich nicht nur für das Event selbst, sondern auch für Auf- und Abbauarbeiten über die rechtlichen Vorschriften im Klaren sein. Von größtem Interesse sind hier baupolizeiliche Vorschriften, die den Veranstaltungsort betreffen, eventuelle Veranstaltungsgesetze und Regelungen bezüglich der Vergnügungssteuer und der Abgaben für künstlerische Darbietungen. Unter Umständen sind die Belange der Anwohner zu beachten, womöglich sind Ausnahmegenehmigungen bei der Stadtverwaltung zu beantragen, um Klagen wegen Ruhestörung und dergleichen im Vorfeld zu begegnen.
- **Die Inszenierung:** Wie im klassichen Drama sollte auch bei der Inszenierung des Events eine spannende Gliederung ausgearbeitet werden: stimmungsvoller Auftakt, Steigerung der Spannung, vorläufiger Höhepunkt, retardierendes Moment und krönender Abschluss. Nichts darf dem Zufall überlassen werden. Zu einem Event gewisser Größe gehört deshalb ein detaillierter Regieplan, in dem die zeitliche Abfolge, sämtliche Verantwortlichkeiten und Regieanweisungen festgehalten sind. Ein Event-Koordinator wird bestimmt, der den Überblick behält und für alle Mitwirkenden ein kompetenter Ansprechpartner ist. Am Ende der Auf-

bauarbeiten sollte eine Generalprobe mit genauer Zeitstoppung durchgeführt werden, um bestmöglich auf das Event vorbereitet zu sein. Des Weiteren müssen unerwartete Zwischenfälle kalkuliert werden – sei es eine technische Panne oder ein überraschender Höhepunkt. Aber auf der anderen Seite sollte die Inszenierung den Gästen auch etwas Freiraum lassen. So könnte zum Beispiel potenziellen Neukunden die Gelegenheit gegeben werden, Fragen zum Produkt zu stellen.

- **Die Einladung:** Die Einladung vermittelt den ersten Eindruck der Veranstaltung. Sie transportiert Unternehmen, Anlass und Motto. Genauso wie die Veranstaltung etwas Besonderes sein wird, sollte auch die Einladung auf keinen Fall in der übrigen Post untergehen. Gestaltung, Format und Papier geben großen Spielraum für ausgefallene Ideen. Nicht vergessen werden darf ein Antwortteil: Entweder wird eine Telefon- oder Faxnummer oder eine E-Mail- oder SMS-Adresse angegeben, oder die Einladung enthält eine postalische Rückantwortkarte. VIP-Gästen kann mit der Einladung auch gleich eine spezielle Eintrittskarte mitgeschickt werden, die ihnen besondere Vorzüge garantiert. Mit der Anzahl der Antworten kann sich der Veranstalter einen Überblick über die Gästezahl verschaffen, wodurch auch die Kosten kalkuliert werden können.
- **Catering:** Die Liebe geht durch den Magen, auch die Stimmung auf einem Event ist entscheidend davon abhängig, ob sich der Veranstalter den Gaumen und den Magen der Gäste zum Freund machen kann. Im Zusammenhang mit der Location entscheidet sich der Veranstalter entweder für gesetztes Essen oder für Buffet bzw. Stehbuffet. Danach richten sich auch der Platzbedarf und die Art der Speisen. Im Rahmen der Gesamtinszenierung sollte das Timing des Essens und Trinkens bedacht werden, denn mit zunehmendem Hunger nimmt die Konzentration ab, und ein voller Bauch studiert nicht gern. Je nach Umfang des Events kann ein professioneller Catering-Service gemietet werden, der nicht nur die Zusammenstellung einer passenden Speisenfolge übernimmt, sondern oft auch Geschirr, Personal und Dekoration zur Verfügung stellen kann.
- **Lieferanten und die Event-Agentur:** Mund-zu-Mund-Propaganda ist meistens die beste Empfehlung für gute Lieferanten. Zu diesen zählen neben dem Catering Technik, Ausstattung, Produktion und Künstler. Zur Technik wiederum gehören Licht und Ton, die besondere Stimmungen produzieren können, Video/Film, womit beeindruckende Präsentationen gezeigt werden können, Special Effects, wie kleine Feuerwerke, und die Stromversorgung. Die Ausstattung umfasst im Wesentlichen die Dekoration. Die Produktion beinhaltet auch die Dokumentation des

Events auf Video und Foto für Veranstalter und Presse. Mit zunehmendem Umfang des Events ist es ratsam, eine Eventagentur als Generalunternehmer zu beauftragen. Diese verfügt über das nötige Know-how zur Entwicklung individueller Veranstaltungskonzepte, ist im Umgang mit Lieferanten geübt, schätzt den Aufwand richtig ein und kalkuliert die anfallenden Kosten. Die beauftragte Event-Agentur sollte mit einem Agenturbriefing ausgestattet werden, welches die wesentlichen Eckpfeiler enthält, die die Agentur zu berücksichtigen hat: Anlass, Inhalt (z.B. welches Produkt präsentiert werden soll), Firmenphilosophie, Timing, Budget und eventuell Präferenzen des Veranstalters.

- **Die Aufführung:** Für einen reibungslosen Ablauf bei der Ankunft der Gäste müssen ausreichend Parkplätze zur Verfügung stehen, und bei einer abgelegenen Location sollte ein Lotsensystem installiert werden. Beim Einlass der Gäste haben Security-Kräfte Unbefugten den Zutritt zu verweigern. Alle Mitwirkenden müssen über den Ablauf der Veranstaltung genau Bescheid wissen, was mit kleinen Taschenplänen sichergestellt werden kann. Hostessen nehmen die Gäste in Empfang und lotsen sie durch die Veranstaltungsräume. Der eigentliche Beginn der Veranstaltung kann von jenen Hostessen oder über Lautsprecher verkündet werden. Schließlich kann das offizielle Programm mit dem Kommando des Live-Regisseurs beginnen.
- **Nachbearbeitung des Events:** Nach Veranstaltungsende muss oft so schnell wie möglich mit den Abbauarbeiten begonnen werden, um Abbaufristen genau einhalten zu können und Strafzahlungen zu vermeiden. Die Reinigung ist manchmal in der Miete bereits inbegriffen, wenn nicht, muss der Veranstalter eine externe Reinigungsfirma beauftragen. Nicht zu vergessen ist eine Inventur. Die Nachbearbeitung von Events verlangt unbedingt eine Versorgung der Presse mit Berichten und Bildmaterial. Auch Gäste sollten nachbetreut werden, insbesondere sollte sich der Veranstalter bei Künstlern für ihre Teilnahme in einem Brief bedanken. Am Ende darf eine genaue Abrechnung der Kosten mit Gegenüberstellung der Plankosten nicht fehlen.

Bei der Planung und Umsetzung von Events gilt es, die folgenden Irrtümer zu vermeiden:

- **Je teurer, desto besser:** Wer glaubt, dass man mit einem hohen Budget ein gutes Event erkaufen kann, liegt häufig falsch. Auch wenn es für Aufwand und Kosten nach oben so gut wie keine Grenzen gibt, muss trotzdem nicht das teuerste Event unbedingt das beste und erfolgreichste sein. Die besten Events sind meist gerade nicht die Events mit reinem Konsumcharakter, sondern die, bei denen die Teilnehmer sehr aktiv sind und die Veranstaltung zum großen Teil selbst gestalten. Inhalte lassen sich so gut vermitteln und das Zusammengehörigkeitsgefühl von Gruppen steigt.

- **Versuchen, alles selbst zu machen:** Auch wenn kein Unternehmen auf die Idee käme, einen Fernsehspot selbst zu drehen, so versucht man doch häufig, Events in Eigenregie zu gestalten. Dabei wird von den Unternehmen meist nicht bedacht, dass die eigenen Mitarbeiter sowohl inhaltlich als auch organisatorisch mit dieser Aufgabe überfordert sind. Event-Agenturen sind Profis mit Erfahrung, die aus einem breiten Fundus von Möglichkeiten schöpfen können.
- **Versuchen, alles an eine Event-Agentur auszulagern:** Es ist sehr riskant, wenn sich Unternehmen nach Erteilen des Auftrags und einem kurzen Briefing völlig zurückziehen und alles weitere den Event-Profis überlassen. Kreativität und die präzise Ausarbeitung eines Events sind immer Teamarbeit von Agentur und Auftraggeber. Außerdem sollte das Event in das gesamte Marketingkonzept des Unternehmens integriert sein.

Fallstudie: Harley's European Bike Week

Harley-Davidson, der legendäre Motorradbauer aus Milwaukee, scheut keine Mühen, seine treuen Fans mit Events zu beglücken. Jedes Jahr aufs Neue treffen sich bei der European Bike Week am Faaker See im österreichischen Bundesland Kärnten fünf Tage lang Motorradfans aus aller Welt und feiern eine gewaltige Party. Bis zu 30 000 Besucher bevölkern dann die Ufer des malerischen Sees. Überall hallt der Sound von rund 25 000 Motorrädern – die meisten davon Harleys – von den Gipfeln rund um Faak wider.

In Faak trifft man sich, um über Harley-Bikes zu reden, aber auch um sein chromblitzendes Motorrad zu präsentieren und sich mit Custom Teilen und Motorradbekleidung einzudecken. Zu den Attraktionen des Events zählen Ausfahrten per Motorrad in die Bergwelt, Bikeshows, Bikerspiele, Modenschauen und Stuntshows. Unzählige Verkaufsstände reizen zum Einkaufsbummel, und Livebands spielen allabendlich.

Harley-Davidson präsentiert in Faak neben zahlreichen Maschinen aus der 100-jährigen Firmengeschichte auch seine aktuelle Modellpalette. Bei einer Probefahrt bekommen Gäste die Gelegenheit, das Fahrgefühl auf einer Harley-Davidson zu erleben. Wer Bekleidung und Custom-Teile erwerben will, kann in einem der zahlreichen Verkaufszelte stöbern.

Abbildung 6: Ein Event, das Biker-Herzen höher schlagen lässt: der 100. Geburtstag von Harley-Davidson

Ein ganzes Feuerwerk von Events rund um den Globus veranstaltete das Unternehmen anlässlich seines 100. Geburtstags im Jahr 2003. Aus Anlass dieses Jubiläums organisierte die Firmenzentrale in den USA eine Harley-Tournee rund um die Welt: Außer in den USA war die Show in Mexiko-City, Sydney, Tokio, Barcelona und Hamburg zu sehen. In der Hansestadt entstand eine 100 000 Quadratmeter große Fläche beim ehemaligen Zellpapp-Terminal als Treffpunkt. Bis zu 200 000 Besucher scharten sich in Hamburg um die rund 25 000 Biker, die den Stolz auf ihre Maschinen kaum verbergen konnten. Der Erfolg der Harley-Events kommt allerdings nicht von alleine: Es gibt rund 750 lokale Betreuer, die für die regelmäßige Veranstaltung von Treffen und die Förderung des regen Gedankenaustauschs verantwortlich sind.

Chancen & Risiken

Chancen

- Der gesellschaftliche Wertewandel, der Werte wie Selbstentfaltung, Erlebnisorientierung und Aktivität in den Vordergrund stellt, lässt Events auf fruchtbaren Boden fallen. Events bieten den direkten Kontakt mit der Kernzielgruppe und damit die nachhaltige Wahrnehmung der Werbebotschaft. Exakt definierte Zielgruppen können in einem positiven Erlebnisumfeld angesprochen werden.
- Durch Events können Zielgruppen angesprochen werden, die über andere Marketinginstrumente kaum erreichbar sind. Wichtiger als ein großes Budget sind jedoch originelle Ideen, die von der ersten Sekunde an Interesse wecken.
- Ein Event, das eine Großveranstaltung als Bühne benutzt, bietet die Chance des Imagetransfers und umfangreicher Mediaplatzierungen. Nutzt ein Unternehmen beispielsweise ein Formel-1-Rennen oder ein Tennisturnier für eine eigene Inszenierung, kommt es zur Vernetzung beider Events.
- Weil Events Botschaften vom Bauch in den Kopf der Teilnehmer vermitteln, bieten sie zusätzliche Chancen der Absatzförderung.

Risiken

- Wenn Event Marketing nicht sinnvoll in ein Gesamtkonzept eingebunden ist, zu dem nach wie vor die klassischen Werbeformen wie Anzeigen und Spots gehören, dann können große Investitionen ohne Nachhall verpuffen.
- Kein lokales Ereignis kann mit der Reichweite von Medien konkurrieren. Es besteht die Gefahr, dass die Wirkung von Events überschätzt wird.
- Ein Event ist vor allem eine organisatorische Herausforderung, der nicht jeder Organisator gewachsen ist. Ein häufig zu beobachtender Fehler in der Praxis ist, dass drei Wochen vor dem Jubiläum die Chefsekretärin mit der Aufgabe betraut wird, mal eben schnell die Eintrittskarten zu gestalten und 100 Leute zum Empfang mit Häppchen einzuladen. Dabei wird von den Unternehmen meist nicht bedacht, dass die eigenen Mitarbeiter sowohl inhaltlich als auch organisatorisch mit dieser Aufgabe überlastet sind. Originelle Ideen und ein reibungsloser Ablauf der Veranstaltung können so kaum gewährleistet werden. Deshalb macht es in der Regel Sinn, insbesondere bei größeren Events, eine Event-Agentur zu beauftragen, die dann aus einem Fundus von Möglichkeiten schöp-

fen kann und gemeinsam mit dem Auftraggeber herausarbeitet, was inhaltlich und finanziell zu dem veranstaltenden Unternehmen passt.

- Auch der Grundsatz „Je teurer, desto besser" macht das Event nicht zwangsläufig zu einem Erfolg. Die besten Events sind meist nicht die, welche reinen Konsumcharakter haben, sondern häufig jene, bei denen die Teilnehmer sehr aktiv sind und die Veranstaltung zum großen Teil selbst gestalten.

Fazit

In Zeiten einer freizeitorientierten Erlebnisgesellschaft bieten Events hervorragende Möglichkeiten, Kunden und Interessenten zu erreichen. Das Interesse an Großveranstaltungen ist größer denn je, und die Möglichkeiten in diesem Feld des Marketings scheinen noch lange nicht ausgeschöpft zu sein.

Hinsichtlich der Qualität von Events zeichnet sich eine Veränderung ab. Es ist der Trend zu beobachten, dass Events mit Bildung verbunden werden. Diese neuen Erlebniswelten, auch „Edutainment Center" genannt, sollen durch ein Gesamtkonzept, in welches Events integriert werden, den Konsumenten mit einer Marke oder einem Unternehmen vertraut und es so für ihn greifbar und erlebbar machen (z.B. „World of Coca-Cola", „Nike Town", „Legoland").

Die gesättigten Märkte und die mangelnde Effizienz der klassischen Kommunikationsinstrumente wird die Bedeutung von Events in den kommunikationspolitischen Konzepten vieler Unternehmen weiter steigen lassen. Allerdings besteht die Gefahr, dass durch den exzessiven Einsatz von Events das Flair der Einzigartigkeit und des Besonderen auf der Strecke bleibt.

Quellen

Bücher und Zeitschriften

Bruhn, Manfred: Kommunikationspolitik. München 1997

Chura, Hillary: „Marketing 1000: David Rhody", in: *Advertising Age,* Chicago, October 8, 2001; Midwest region edition, Vol. 72, Iss. 41, S. S10

Clark Geist, Laura: „Event marketing reigns supreme", in: *Automotive News,* Detroit, December 2001, Vol. 76, S. M2

Fitzgerald, Kate: „Eventful days for event marketing", in: *Credit Card Management,* New York, November 2001, Vol. 14, Iss. 9, S. 36–41

Hayes, Tina: „Unlock shows' true marketing value", in: *Marketing News,* Chicago, June 18, 2001, Vol. 35, Iss. 13, S. 12

Hein, Kenneth: „Red bull charging ahead", in: *Brandweek,* New York, October 2001, Vol. 42, Iss. 38, S. 38–42

Inden, Thomas: Alles event?! Erfolg durch Erlebnismarketing. Landsberg/Lech 1993

Jagerhofer, Hannes; Nagy, Thomas: Event Marketing. 10 Schritte zum Erfolg. Perchtoldsdorf, 1995

Jarvis, Steve: „Event marketing", in: *Marketing News,* Chicago, January 1, 2001, Vol. 35, Iss. 1, S. 15

Kotler, Philip; Bliemel, Friedhelm: Marketing-Management. Analyse, Planung, Umsetzung und Steuerung. 9. Auflage. Stuttgart 1999

Kroeber-Riel, Werner; Weinberg, Peter: Konsumentenverhalten. München 1996

Nickel, Oliver: Eventmarketing. München 2005

Rufera, Stefan: Sponsoring internationaler Events als modernes Marketing-Medium multinational agierender Unternehmen am Beispiel der Firma Swatch AG als Sponsor des „Swatch-Soul-City-Contents" in Wien. Wien 1999

Watkins, Carolyn: „11 tips for creating unforgettable theme events: Theme spirit", in: *Foodmanagement,* October 2000, S. 36–42

Internet

Hessler, Andrea: „Mit Emotionen das Eis brechen" in: Absatzwirtschaft Online, [WWW Dokument], URL: http://www.absatzwirtschaft.de/aswwwwshow/fn/asw/sfn/buildpage/cn/cc_event_wissen_mehr/id/20604

o.V.: „US-Studie – Aufwendungen für Event Marketing steigen 2002" [WWW Dokument], URL: http://www.absatzwirtschaft.de/aswwwwshow/asw/sfn/buildpage/SH/0/cn/cc_event_news/id/22321

o.V.: „Harley-Davidson stellt in Faak abermals Rekord auf", [WWW Dokument], URL: http://www.burning-out.de/news/2001/09/20010917135952.shtml

o.V.: „Harley Davidson feiert an der Elbe Geburtstag", in: Die Welt Online, [WWW Dokument], URL: http://www.welt.de/daten/2002/08/14/0814h1350500.htx

o.V.: „European Bike Week 2001: Harley Village", Motopolis.com, [WWW Dokument], URL: http://www.motopolis.com/de.root/de.archiv/de.archiv.szene/de.mag.20010914

o.V.: „Miezen, Männer und Maschinen", [WWW Dokument], URL: http://www.spiegel.de/panorama/0,1518,258858,00.html

Procter & Gamble: „Dash präsentiert die Dash Trophy!", [WWW Dokument], URL: http://www.dash-wash.com/de_DE/news/news5.shtml

8. Erlebnismarketing

Aaah, das war ein Erlebnis! Das Ambiente war umwerfend, sag' ich dir. Wir haben uns einfach nur wohl gefühlt. Die Einrichtung des Gastraums war vom Feinsten, sehr edel. Der Service war unauffällig und aufmerksam zugleich. Die Band? Brillant! Und sie hat wunderbar dezent gespielt, sodass man sich gut unterhalten konnte, trotzdem aber hören konnte, wie gut sie spielte. Und der Blick über den nächtlichen Lago mit den sich spiegelnden Lichtern der anderen Uferseite – einfach fantastisch. Und dann kam das Essen! Das war ein Essen, da fehlen mir die Worte. Das war sicherlich eines der besten Menüs, die ich jemals genießen durfte. Der Abend ist kaum zu beschreiben, wenn man es nicht selbst erlebt hat. Es war wunderbar ...

Woraus besteht das Produkt, das dieses Restaurant verkauft? Ist es das Essen in höchster Qualität? Oder ist es ein Sitzplatz in schöner Atmosphäre? Der einzigartige Blick über den See? Ein musikalischer Genuss? Oder ist es alles zusammen, ein Komplettpaket? Das Produkt ist dies alles – und noch mehr: Der Abend war schnell vorbei, aber das Erlebnis bleibt dem Kunden lange Zeit erhalten, die Erinnerung an all die Details und an das besondere Gefühl an diesem bestimmten Abend. Vielleicht hält das Produkt ein ganzes Leben lang.

Ein Erlebnis ist viel mehr wert als nur ein Essen, eine Reise, eine Übernachtung, ein Museumsbesuch oder ein Einkauf. Dementsprechend überschlagen sich Unternehmen aus aller Welt geradezu vor lauter Eifer, an der neuen Welle der Erlebniswirtschaft teilzuhaben. Auf der ganzen Welt werden Erlebnisparks, Themenhotels, Themenrestaurants oder Erlebnis-Kaufhäuser errichtet, die Werbung preist Geschmackserlebnisse, Schlaferlebnisse, Wohnerlebnisse, Flugerlebnisse, Fahrerlebnisse, Wandererlebnisse, Kauferlebnisse usw. Und ein Ende dieser Entwicklung ist noch lange nicht in Sicht.

Die Erlebniswirtschaft ist sicherlich ein Trend. Neu ist sie allerdings nicht. Schon immer suchen Menschen neue und aufregende Erlebnisse. Die Neugier scheint ein tief im menschlichen Unbewussten verankerter Antrieb zu sein, der ihm hilft, seine Umwelt aktiv zu erkunden, zu lernen und sich zu entwickeln – und dabei Spaß zu haben. Seit längerem haben auch Unternehmen erkannt, dass dieses Bedürfnis einen ungeheuren Wert beim Verkauf ihrer Produkte und Dienstleistungen darstellen kann.

Doch warum entsteht die Erlebniswirtschaft gerade jetzt? Gibt es vielleicht eine natürliche Weiterentwicklung des wirtschaftlichen Werts der Produkte, die vom Massengut über das Verbrauchsgut zur Dienstleistung und schließlich zum Erlebnis führt?

Das Erlebnis entspringt einer Dienstleistung

Der Dienstleistungssektor hat in den hoch entwickelten Volkswirtschaften bereits den größten Teil der Beschäftigten von Industrie und Landwirtschaft übernommen – für viele Menschen, Arbeitnehmer wie Kunden, stellt der Übergang zur Dienstleistungswirtschaft eine begrüßenswerte Entwicklung dar. Im Wohlstand, wenn die Grundbedürfnisse leicht zu erfüllen sind, orientieren sich die Menschen am Zusatznutzen, am Service. Sie sind eher bereit, bei den Massengütern zu sparen. Sie kaufen im Supermarkt so billig wie möglich Zucker, Mehl, Teigwaren, Mineralwasser, um sich im Feinkostgeschäft das eigens aus der Toskana importierte, in einer traditionellen Ölmühle auf einem alten Hof im Familienbesitz in erster Kaltpressung verschwenderisch schonend hergestellte, sündhaft teure Olivenöl leisten zu können. Bei guter Zubereitung, und wenn der Hausherr während des Essens die Geschichte dieses besonderen Öls gekonnt erzählt, dann wird aus einer einfachen Pasta ein Geschmackserlebnis.

Das Singapore-Airlines-Erlebnis gründet auf einem fast schon überbordenden Service, bei dem alle Elemente perfekt aufeinander abgestimmt sind. Singapore Airlines stellt sich vor, welchen Eindruck oder welches Gefühl jede Interaktion zwischen dem Unternehmen und seinem Kunden auslöst. Deshalb häufen die Flugbegleiter auch nicht Essen und Trinken scheppernd auf die Klapptischchen der Gäste, um sich dann aus dem Staub zu machen, sondern sie bemühen sich, immer genau dann zur Stelle zu sein, wenn sie gebraucht werden.

Individuellen Dienstleistungen messen die Kunden, die es sich heute leisten können, einen größeren Wert bei als den massenhaft erhältlichen Produkten. Viele Hersteller haben daher bereits begonnen, ihre Kernprodukte in Dienstleistungen zu verpacken, um der „Massengüterfalle" des Preisverfalls und des Effizienzwettbewerbs zu entgehen. Anfangs werden diese Leistungen meistens gratis angeboten, um das Produktangebot von dem der Konkurrenten zu differenzieren. Später möchten die Kunden diesen Service oft nicht mehr missen, es entsteht ein eigener Wert, der separat in Rechnung gestellt werden kann. Als letzte Stufe können Hersteller sogar zu Dienstleistungsunternehmen werden, die das ursprüngliche Produkt lediglich als Teil ihrer Dienstleistung anbieten.

Man stelle sich ein Autohaus vor, das seinen Kunden beim Kauf eines Kleinwagens, der eher für den Innenstadtverkehr als für lange Strecken geeignet ist, eine Netzkarte der Deutschen Bahn für ein Jahr schenkt. Vielleicht entwickelt das Autohaus dieses Angebot weiter und stellt dem Kunden direkt am jeweiligen Zielbahnhof größerer Städte zur Ankunftszeit einen Kleinwagen des gleichen Typs bereit, natürlich nicht mehr kostenlos.

Und am Ende definiert er sein Produkt um: Aus dem Autohaus wird ein Mobilitätshaus, der Kunde kauft kein Auto, sondern Unabhängigkeit und Bewegungsfreiheit.

Konzept

Wie wird nun aus dem Service das Erlebnis? Massengüter sind austauschbar, Güter sind materiell und beständig und Dienstleistungen sind immateriell und vergänglich. Erlebnisse dagegen sind sowohl immateriell als auch beständig. Die wesentliche Eigenschaft von Erlebnissen besteht darin, dass sie einprägsam sind, indem sie die Emotionen ansprechen. Die Käufer von Erlebnissen wissen es zu schätzen, wenn das Unternehmen sie mit dem, was es ihnen über einen bestimmten Zeitraum hinweg bietet, zu fesseln versteht und sie die Erinnerung daran mitnehmen können. Ein Erlebnis entspringt also einer Dienstleistung, die sich im Gedächtnis des Kunden verlängert, Einfluss auf seine subjektive Lebensqualität nimmt und Teil seiner individuellen Geschichte wird.

Ein Erlebnis findet durch Teilnahme oder Beobachten eines Ereignisses statt, durch eine Erfahrung aus erster Hand. Wir alle wissen, um wie viel näher uns das eigene Erleben ist, im Gegensatz zu einer bloßen Erzählung oder einem Bericht, selbst wenn dieser noch so lebendig vorgetragen wird. Erinnern Sie sich doch bitte einmal an eine Reise nach New York, London, Paris oder Rom. – Zahllose Bilder werden Ihnen jetzt durch den Kopf gehen, und zusätzlich vielleicht Gerüche, Geräusche oder Gefühle, je nach Veranlagung. – So, und jetzt erinnern Sie sich bitte an die Erzählung eines Freundes von einer Reise nach New York, London, Paris oder Rom. Wie? Ihnen fällt gar nichts ein? Genau: Dabei sein ist eben alles!

Das Unternehmen, das Erlebnisse verkauft, kann als Gestalter von persönlichen Erfahrungen bezeichnet werden, das beim Kunden eine Vielzahl von zusammenhängenden Sinneseindrücken erzeugt. Es gibt keine Distanz zum Angebot, die Erfahrung ist persönlich, der Mensch wird emotional, physisch, intellektuell oder sogar spirituell erreicht.

Der Louvre in Paris hat grandiosen Erlebnischarakter: Als eines der größten und ältesten Museen der Welt bietet es durch seine Ausstellungen, durch das Gebäude selbst, seine Architektur und durch seine Museumsshops erstens Bildung, zweitens Unterhaltung und drittens Ästhetik. Und viertens ermöglicht die geistige Reise in die Vergangenheit dem Besucher, für einen Tag aus der Realität zu flüchten und in eine idealisierte Welt einzutauchen. Das Erlebnis eines Louvre-Besuchs fasziniert immer wieder nachhaltig.

Jeder Kunde wird sein Erleben anders schildern. Das Ergebnis ist immer subjektiv, jede Person hat ihr eigenes Erlebnis erfahren – welches aus dem Wechselspiel zwischen dem inszenierten Ereignis und dem vorherigen Bewusstseinszustand und dem Erfahrungshintergrund des Einzelnen entspringt. Es geht beispielsweise der Kaffeebar-Kette Starbucks überhaupt nicht darum, dass sich der Kunde an das Trinken guten Kaffees erinnert, sondern darum, dass er sich daran erinnert, wie er sich dabei gefühlt hat, als er guten Kaffe trank. Starbucks verkauft Emotionen, keinen Kaffee.

Der wirtschaftliche Nutzen der Erlebniswirtschaft lässt sich sehr gut am Beispiel des Kaffees beschreiben. Unternehmen, die den Rohstoff Kaffee anbauen, können ca. 1 bis 2 Cent an jeder verkauften Tasse Kaffee umsetzen. Handelsunternehmen, die die gleiche Menge Kaffeebohnen frisch gemahlen und attraktiv verpackt anbieten, und damit den Zusatzwert leichter Handhabbarkeit, frischen Geschmacks und guten Geruchs verkaufen, erzielen einen Preis von 5 bis 25 Cents pro Tasse. Werden die Bohnen in einem Kaffeeladen oder einer Bäckerei aufgebrüht und ausgeschenkt, erreichen sie durch die zusätzliche Annehmlichkeit der Dienstleistung einen Wert von 50 Cent bis 1 Euro. Wird der Kaffee nun aber beispielsweise bei Starbucks konsumiert, dann sind die Gäste gerne bereit, für das Erlebnis wunderbaren Geruchs, schöner Tassen, angenehmer Atmosphäre, Jazzmusik und Barristas zwischen 3 und 5 Euro zu bezahlen.

Spätestens hier zeigt sich aber auch, dass Erlebnismarketing komplexes bzw. integriertes Marketing ist, das über die Bereiche des klassischen Marketings hinweg greift. Um die gewünschten Emotionen zielgerichtet zu erzeugen, müssen die klassischen Marketinginstrumente perfekt zusammenspielen:

- Produktgestaltung, Design und Verpackung als Teil der Angebots- bzw. der Produktpolitik
- Präsentation der Waren, Gestaltung der Verkaufsräume und Auftreten des Personals als Teil der Distributionspolitik
- Werbung und Verkaufsförderung als Teil der Kommunikationspolitik

Das Kauferlebnis

Viele Unternehmen bieten ihre Produkte bereits zum „Erlebniskauf“ an, wobei Dienstleistungsunternehmen den großen Vorteil haben, direkt auf die Kaufumgebung einwirken zu können. Durch die unmittelbare Nähe zum Kunden können sie diesen besser in ein Ereignis integrieren. Informationen, Produkte und Marken werden emotional aufbereitet, in Geschichten eingebettet, räumlich erfahrbar gemacht und sinnlich inszeniert. Ein

Beispiel ist der Manufactum-Katalog, der sein hochwertiges Papier, seine brillanten Fotografien, sein edles Layout und seine kunstvollen Katalogtexte dazu nutzt, auf verschiedenste Weise eine einzige Geschichte zu erzählen: Es gibt sie noch, die guten Dinge!

Auch in Bezug auf das Markenimage wird das Erlebnis, das der Kunde rund um das Produkt erwirbt, zum zentralen Punkt. Coca-Cola und Pepsi liefern sich ein ewiges Duell, die Kunden mit ihrer Werbung zu überzeugen, ihr Produkt biete das bessere Trinkerlebnis.

Volkswagen landete mit seinem Nostalgie-Käfer New Beetle einen enormen Erfolg in den USA. Das Auto beschert dem Fahrzeuglenker zusätzlich zur Zeitreise in die fünfziger Jahre das Erlebnis, im Straßenbild aufzufallen und von jedermann beachtet zu werden. Nach dem Erfolg des Käfer-Rivivals lassen nun auch andere Autohersteller Legenden wieder auferstehen: Ford ließ mit der „Living Legends" Serien- und Konzeptausführung beispielsweise eine ganze Serie von Automobil-Legenden wieder in altem Glanz erstrahlen; darunter den Ford Mustang im 60er-Jahre-Design.

Harley-Davidson verkauft eigentlich gar keine Motorräder und schon gar keine zweirädrigen Transportmittel, sondern ein Lebensgefühl. Wer eine Harley fährt, wird Teil eines Mythos und demonstriert als Mitglied einer weltweiten Gemeinde von Gleichgesinnten eine bestimmte Lebenshaltung. Die gesamte Unternehmenskommunikation von Harley-Davidson ist perfekt darauf abgestimmt und fördert insbesondere den emotionalen Zusammenhalt seiner Community.

Die Nachfrage nach Erlebnissen wird weiter steigen, und damit steigt auch die Nachfrage nach jenen Gütern, die Erlebnisse ermöglichen, indem sie auf die Sinne wirken wie Haptik, Beleuchtung, Duft, Geschmack und Sound. Aber auch Souvenirs sind von zentraler Bedeutung, um einen Anker der Erinnerung an das Erlebte zu bieten bzw. das Erlebnis stolz zu verkünden. Man denke an die T-Shirts, die lauthals von Erlebnissen zeugen: „I climbed Ayer's Rock!", „Hard Rock Café London", „Bungee-Jumping – I did it!"

Unternehmen, denen es künftig nicht gelingt, wirklich fesselnde Erlebnisse zu bieten oder die zu hohe Inszenierungskapazitäten und -kosten aufbauen, werden unter großen Druck geraten. Die Restaurantkette Planet Hollywood kämpfte beispielsweise mit enormen Umsatzrückgängen, als es ihr nicht mehr gelang, frische Erlebnisse zu inszenieren, um die Gäste zur Wiederkehr zu bewegen. Auch „Tomorrowland" von Disney geriet unter Druck, als das Angebot veraltete und die Gäste fern blieben. Dies zeigt die Crux der Erlebniswirtschaft: Unternehmen müssen ständig Neues und Besonderes bieten und die gebotenen Erlebnisse permanent weiterentwickeln.

Instrumente

Erlebnismarketing bedient sich mehrerer Instrumente, die in verschiedener Weise einzeln oder kombiniert einzusetzen sind.

- **Think Big:** Als Beispiel kann die Mall of America in Minneapolis dienen, das größte Einkaufszentrum der Welt. Dieser Komplex ist selbst für amerikanische Verhältnisse riesig: Auf einer Gesamtfläche von 390 000 qm sind über 400 Geschäfte, 60 Restaurants, mehrere Kinos, Unterhaltungskindergärten und sogar eine Hochzeitskapelle untergebracht.
- **Thematisierung:** Ein zentrales Thema durchdringt als Leitidee das gesamte Darstellungskonzept. Grundlagen zur Ideenfindung lassen sich in den Bereichen Geschichte, Religion, Mode, Politik, Psychologie, Philosophie, physische Welt, populäre Welten oder den Künsten finden. Für die Thematisierung gibt es kein besseres Beispiel als die Erlebnisparks, die man ja auch als Themenparks bezeichnet. Neben den allgemein bekannten Parks wie Disney-World gibt es „SeaWorld", einen gigantischen Aquazoo, „Wet'n'Wild", einen Erlebnispark rund um das Thema Wasser, oder „The Holy Land Experience", den ersten Bibel-Themenpark der Erde, der in Florida zu finden ist. Beliebte Themen sind außerdem das Mittelalter, wie zum Beispiel im Excalibur Casino in Las Vegas, Science Fiction oder die natürliche Umwelt wie im Rainforest Café. Hier werden die Besucher mit einer raffinierten Kombination aus lebenden und animierten wilden Tieren und Spezialeffekten in einen tropischen Regenwald versetzt. Auch in kleinem Rahmen lassen sich Themen nutzen: die Anwaltskanzlei als Kunstgalerie, die Kinderbuchabteilung als Spielplatz, der Teeladen im Stil eines hundert Jahre alten Kolonialwarengeschäfts. Aktuelle aber leicht vergängliche Themen können sich an Buch- oder Kino-Welterfolgen orientieren wie Harry Potter oder der Herr der Ringe.
- **Inszenierung und Dramaturgie:** Bühnen werden geschaffen, auf denen sich Handlungen entfalten können. Erlebnisse werden strukturiert und gestaltet durch einen Anfang, ein Ende und einen oder mehrere Höhepunkte. Der Besuch beim Friseur kann zur Begrüßung mit einer Shiatsu-Massage beginnen. Ein Abend im italienischen Restaurant kann einen Höhepunkt erfahren, wenn der Kellner eine Arie aus einer Verdi-Oper singt. Viele Rechtsanwälte inszenieren jede ihrer Handlungen vor Mandanten oder im Gerichtssaal auf sorgfältigste Weise: wie sie über das Parkett gehen, wo sie stehen, welche Signale ihre Körpersprache aussendet – Art und Zeitpunkt der Augenkontakte, die Wahl der Stimmlage, die Gestik beim Aktenblättern oder bei der Benutzung des Notebooks, ja sogar wie sie Ad-hoc-Bemerkungen und vorbereitete Bonmots einbauen.

- **Körpererfahrung:** Empfindungen der unterschiedlichsten Formen können erzeugt werden. Die Spanne reicht von der Erfahrung des nahen Todes beim Bungee-Sprung im Urlaub bis hin zur aktiven Entspannung zwischen den Sitzungspausen auf dem Golfplatz neben dem Tagungshotel. Oder nehmen Sie die Erfahrung, geschützt und in Sicherheit gebracht zu werden: Der amerikanische Autoversicherer Progressive Insurance steckte seine Servicemitarbeiter in Minivans, die mit PC, Satellitenverbindung und allen anderen Hilfsmitteln ausgestattet sind, die zur effizienten Bearbeitung eines Ersatzanspruchs direkt vom Unfallort aus benötigt werden. Während der Unfallgegner womöglich Tage oder Wochen warten muss, bis sein Sachbearbeiter einen freien Termin hat, wird die Angelegenheit des Progressive-Kunden unmittelbar vor Ort abgewickelt. Er erhält nicht nur den Scheck, sondern auch noch eine Tasse Kaffee. Und falls nötig, kann er sich einige Zeit in den Minivan zurückziehen, um sich nach dem Schock ein wenig zu beruhigen und seine Angehörigen über das Handy des Servicemitarbeiters zu benachrichtigen.
- **Sensualisierung:** Für den erfolgreichen Einsatz aller Instrumente des Erlebnismarketings ist die multisensuale Ansprache des Konsumenten entscheidend. Durch die gleichzeitige Ansprache mehrerer Sinne ist es möglich, das gewünschte Erlebnis mehrfach und damit wirksamer zu vermitteln und zu verankern. Dem Einsatz nonverbaler Kommunikation bei der Produktgestaltung oder der Einrichtung von Verkaufsräumen kommt hierbei eine wichtige Bedeutung zu:
  - visuelle Gestaltung durch Farb- und Lichtsignale, z.B. warmes Licht beim Abendessen im Restaurant
  - auditive Gestaltung wie Musik oder sonstiges akustisches Design, z.B. ein plätschernder Brunnen im Wartezimmer des Zahnarztes
  - Gestaltung durch Düfte, so genanntes Air-Design, z.B. wirksam beim Probesitzen im Neuwagen
  - Gestaltung der Haptik von Produkten, z.B. durch die Materialwahl für den Einband eines Geschäftsberichts
  - gustatorische Gestaltung, z.B. durch die Auswahl eines bestimmten Fast-Food-Stils für den Imbiss-Stand auf dem Gelände eines Möbelhauses

Worauf es ankommt: 7 Grundsätze für Erlebnisanbieter

1. Das Produkt zum Erlebnis machen. Produktentwickler sollten sich auf das Erlebnis konzentrieren, das ihre Kunden haben oder haben könnten, während sie ihr Produkt benutzen. Die Aufmerksamkeit bei der Konzeption sollte auf den Gebrauch des Produkts gelenkt werden. Dadurch wird der Fokus automatisch auf den Benutzer verlagert. Es gilt, sich bewusst zu machen, auf welche Sinne es dem Kunden beim Gebrauch des Produkts am meisten ankommt. Und dabei handelt es sich immer um mehr als nur um einen einzigen Sinn. Auf diese und die damit verbundenen Empfindungen konzentrieren sich die Produktentwickler und gestalten das Produkt auf eine eindrückliche und besondere Weise. Das gilt für das Kernprodukt genauso wie für Zusatznutzen.

2. Dienstleistungen individualisieren. Anbieter von Dienstleistungen sollten verinnerlichen, dass eine Dienstleistung am einfachsten in ein Erlebnis umgewandelt wird, indem man ungewöhnlich schlechten Service bietet. Der sicherste Weg dazu ist die Behandlung des Kunden auf eine routinemäßige, unpersönliche Weise, ohne auf seine Person oder seine Wünsche einzugehen. Um einen gegenteiligen Effekt zu erzielen und ein positives Erlebnis zu inszenieren, verlangt es nach dem gegenteiligen Prinzip: eine Behandlung des Kunden außerhalb der Routine, auf eine persönliche Weise, die auf die individuellen Wünsche des Kunden eingeht.

3. Die richtige Mischung finden. Erlebnisse sind ein Mix aus vier Bereichen: Unterhaltung, Bildung, Realitätsflucht und Ästhetik. Bei jedem Erlebnis, das kreiert werden will, sollte man nach der richtigen Mischung dieser vier Bereiche forschen. Viele Erlebnisveranstalter konzentrieren sich hauptsächlich auf einen Bereich, besser konzipierte Erlebnisse umfassen jedoch alle vier Bereiche.

4. Das Erlebnis in ein Thema kleiden. Die Wirkung eines Erlebnisses hängt davon ab, wie gut es in ein klar definiertes Thema eingebettet ist. Schlecht umrissene Themen geben dem Kunden nichts an die Hand, an dem er seine Impressionen ausrichten kann, und das Erlebnis hinterlässt keinen bleibenden Eindruck.

5. Das Positive betonen, das Negative eliminieren. Während das Thema die Grundlage bildet, benötigt ein Erlebnis zusätzlich unvergessliche Eindrücke. Um die richtigen Eindrücke zu schaffen, müssen Unternehmen Anhaltspunkte und Hinweise für das Gedächtnis des Kunden liefern, die das gewünschte Erlebnis unterstützen. Jeder Anhaltspunkt muss das Thema tragen und keiner darf ihm zuwiderlaufen. Um Kundenerlebnisse zu gewährleisten, ist jedoch mehr als die Anhäufung positiver Signale notwendig. Erlebnisanbieter müssen ebenso alles eliminieren, was das Thema abschwächt, diesem widerspricht oder von ihm ablenkt.

6. Die Angestellten zum Schauspielen anleiten. Eine Dienstleistung anbieten heißt eigentlich Theater spielen. Die Mitarbeiter sind die Schauspieler, doch meistens sind sie sich dessen nicht bewusst. Sie sollten jedoch verstehen, dass sie ein Schauspiel darbieten, und sich der Wirkung ihrer Aktivitäten bewusst werden. Jeder Augenblick wird zu einer bedeutungsvollen Handlung, wenn er sorgfältig und mit klarer Absicht gestaltet ist. Das hinterlässt beim Kunden einen unvergesslichen Eindruck, und nicht zuletzt steigt das Vergnügen der Mitarbeiter an ihrer eigenen Arbeit.

7. Eintritt verlangen. Unternehmen von heute müssen ihre Erlebnisse explizit verrechnen, das heißt: Eintritt verlangen wie im Kino, wie im Konzert oder wie in einem Themenpark. Dies sollte ein wichtiges Kriterium sein, denn dadurch sind Unternehmen gezwungen, immer wieder neue Ideen zu produzieren, die den Eintrittspreis rechtfertigen – der Neuigkeitswert wird gezwungenermaßen hoch gehalten. Eigentlich ist es einfach: Ein Erlebnis wird so lange keinen Eintritt wert sein, bis das Unternehmen herausgefunden hat, wie es damit aufhören kann, es weiter gratis anzubieten.

Noch ein Beispiel: Wenn Planet Hollywood versucht, seine Investitionen damit zu refinanzieren, dass es 8,95 Dollar für den Hamburger verlangt, erscheint den Gästen die Qualität des Hamburgers zwangsläufig weniger vortrefflich. Wie wäre es aber, wenn das Unternehmen für den Hamburger nur 3,95 Dollar verlangte, damit auf einen Schlag das Preis-Leistungs-Verhältnis verbesserte und stattdessen 5 Dollar Eintrittsgebühr kassierte? Damit würde die Preisstruktur der Wertschätzungsstruktur der Kunden angepasst, und vor allem wäre eine andere Erlebnisgestaltung die Folge, um die Eintrittsgebühr zu rechtfertigen.

Zu den US-Handelsketten, die eine Eintrittsgebühr für Teile ihrer Geschäfte verlangen, gehören z.B. American Girl Place, REI, Vans Skatepark und Universal CityWalk. Aber auch die Volkswagen AG verlangt für den Besuch in der Autostadt Wolfsburg 14 Euro pro Person.

Fallstudie: Swarovski Kristallwelten

1895 gründete Daniel Swarovski in einer kleinen Stadt in Tirol eine Glasschneidefabrik, mit der er seine Vision der maschinengeschnittenen Juwelensteine realisierte. Auf Kristall aufbauend führte der Weg der Diversifikation über den Kreis der Weiterverarbeiter hinaus zum direkten Kontakt mit den Konsumenten: Vor etwa 25 Jahren kamen Miniaturen, Sammlerstücke, Accessoires und Schmuck zur Produktpalette hinzu. Der österreichische Familienbetrieb wuchs und ist heute ein weltweit bekannter Kristallhersteller für Mode, Schmuck- und Lichtindustrie.

Im Jahr 1995, als das Unternehmen seinen 100. Geburtstag feierte, entschloß sich die Unternehmensführung, die Erlebniswelt Swarovski zu verwirklichen.

Abbildung 7: André Heller, Schöpfer der Swarovski Kristallwelten in Wattens, Tirol

Das wunderbare Traumland der Kristallwelten ist in der kleinen Stadt Wattens in Tirol ansässig – dort, wo Daniel Swarovski seine erste Schneidefabrik gründete. Swarovski Kristallwelten zieht ca. 700 000 Besucher pro Jahr an. Die meisten kommen aus Deutschland, Österreich, den Niederlanden, Italien und den USA, obwohl auch Touristen aus allen Ländern der Welt – aus China oder Indien, Rußland oder Australien – vertreten sind. Damit wurden die Kristallwelten für Swarovski zu einem wichtigen Instrument, um die Marke und ihr Image auf der ganzen Welt zu verbreiten.

Das Konzept

Die Kristallwelten wurden von dem bekannten Wiener Multimedia-Künstler André Heller und dessen Team entworfen. Auf dem Gelände wurde ein Hügel in der Form des Gesichts eines Riesen gebaut. Betritt der Besucher diesen Hügel durch eine Glaspassage, taucht er in eine fantastische Welt ein, die alle seine Sinne gefangen nimmt.

Think Big: Im Foyer wird einer der größten Schätze aufbewahrt: Der größte Kristall der Welt ist ein Stein mit 300 000 Karat. Ästhetische Eindrücke liefern die Werke verschiedener Künstler. Dabei wurde auf den

Themenbezug aber auch auf die Bekanntheit und den Wiedererkennungswert der Künstler geachtet. Der amerikanische Graffiti-Künstler Keith Haring schmückte eine Stele mit schwarzem geschliffenen Kristall. Die Nana von Niki de St. Phalle hebt einen Kristall empor. John Brekkes Liebesgedichte sind auf Ringen aus Kristall platziert. Salvador Dalís berühmtes Motiv „Die verrinnende Zeit" wurde aus Kristall gefertigt, und die zwei Bilder Andy Warhols mit dem Titel „Gems" entführen den Besucher in ein kristallines Amüsement.

Wie sorgfältig das Erlebnis konzipiert ist, wird unter anderem an der Tatsache deutlich, dass mit Jane Haidacher eine Duftdesignerin engagiert wurde, die die Kristallwelten in der olfaktorischen Dimension gestaltete.

Von der Eingangshalle werden die Besucher zum ersten Raum, dem Planeten der Kristalle, geführt. Dieser ist der weltweit erste Theaterraum in dreidimensionalen Projektionen, der ohne technische Hilfen wie etwa 3D-Brillen wahrgenommen werden kann. Dort angelangt, erwartet den Besucher der Urknall: Die Entstehung des Planeten Erde wird künstlerisch inszeniert. Lichtinstallationen und kosmische Geräusche erzählen Geschichten über den Kristallplaneten.

Zentrum und Herz der Kristallwelten bildet der Kristalldom. Er ist ein Meditations- und Prunksaal, in dem 590 Spiegel dem Besucher das Gefühl geben, sich in einem Kristall zu befinden. In anderen Räumen stößt man beispielsweise auf das Kristaloscop „Occhi di Cristallo", das die Gedanken eines schwebenden Riesen über dem Eingang darstellt. Der Riese absorbiert, was um ihn herum passiert, und diese Gedanken werden an die Wände des Kristaloskops projiziert. Nicht zu vergessen ist der „Passo di Cristallo", ein Weg, der aus Kristallwürfeln mit 30 verschiedenen Facetten gepflastert ist. Die Bilder verändern sich, wenn man den Boden berührt und wenn die Besucher den Gang entlanggehen, lösen sich die projizierten Bilder wieder auf.

Die Kristallwelten sind nicht nur ein Museum oder „Markenland" für die Marke Swarovski. Es ist ein Ort, an dem der Kristall mit Kunstwerken gefeiert und verehrt wird. Kristall wird als etwas Besonderes, Mysteriöses und Kostbares dargestellt. Und dieser Leitgedanke wird auf vielfältigste Weise vermittelt, wobei alle Sinne der Besucher angesprochen werden. In den Kristallwelten wird die Schönheit und Einzigartigkeit des Kristalls betont – nichts ist gewöhnlich, aber alles ist friedlich und schön. Und die Besucher fühlen sich auf natürliche Weise mit Kristall und natürlich auch mit der Marke Swarovski verbunden.

Doch auch die besten Erlebnisse mögen nach einiger Zeit verblassen, wenn sie nicht aufgefrischt werden können. Dem Konzept müssen ständig neue Facetten hinzugefügt werden, die Veränderung gehört von vorne herein als fixer Bestandteil zum Konzept. Das ist auch der Grund, warum die Kristallwelten 2003 von André Heller und seinem Team neu gestaltet wurden.

Die Möglichkeit, Souvenirs mitnehmen zu können, ist von erheblicher Bedeutung für die langfristige Wirkung des Erlebnisses. Der Einkaufsbereich ist auf zwei Ebenen angesiedelt, und das Kauferlebnis rundet den Besuch wunderbar ab. Wenn die Besucher in den Swarovski-Shop kommen, sind sie vom gerade Erfahrenen überwältigt und beeindruckt. Kein Wunder, dass der Umsatz in diesem Geschäft viel höher ist, als in jedem anderen der Handelskette. Swarovski hat es geschafft, ein Erlebnis zu bieten, das so einzigartig ist, dass die Besucher aus aller Welt nicht nur die Marke im Gedächtnis behalten und die Produkte kaufen, sondern auch bereit sind, dafür Eintrittsgeld zu bezahlen.

Chancen & Risiken

Chancen

- Erlebnisse sind einzigartig, sie bieten Unternehmen die Chance, Alleinstellungsmerkmale im Markt auszubilden.
- Erlebnisse bleiben nachhaltig in den Köpfen der Kunden und bieten damit ein hohes Potenzial der Kundenbindung.
- Erlebnisse sprechen zwangsläufig individuelle Emotionen an und bieten damit die Chance der effizienten Mass-Customization, der individuellen Massenproduktion von Erlebnissen.
- Der Wert von Erlebnissen wird von Konsumenten hoch eingeschätzt. Der Verkauf von Erlebnissen bietet deshalb die Chance hoher Gewinnspannen und einen Ausweg aus dem allgemeinen Preiskampf, der durch die Ubiquität und Vergleichbarkeit vieler Produkte entsteht.

Risiken

- Unternehmen der Erlebniswirtschaft müssen ihr Produkt immer wieder neu erfinden, ständig Neues und Besonders bieten, um ihre Kunden aufs Neue anzuziehen. Das verursacht hohe Entwicklungskosten und erhöht das Risiko von Fehlentwicklungen, die vom Markt nicht angenommen werden. Bei hohem Inszenierungsaufwand reicht die Dauer des Produktlebenszyklus unter Umständen nicht aus, um die Investitionen zu refinanzieren, bevor schon wieder ein frisches Erlebnisprodukt entwickelt und in den Markt eingeführt werden muss.

- Erlebniskonzepte sind kopierbar. Das Besondere gehört aber per Definition zum Erlebnis. Geht die Alleinstellung durch Nachahmer verloren, verlieren die Produkte an Attraktivität.
- Setzen Erlebniskonzepte auf schnelllebige Trends, kann das Verschwinden oder Abebben der Trends auch zum Ende des Produkts führen. Unternehmen geraten so leicht in Abhängigkeiten.
- Erlebnismarketing ist ein komplexes Konzept, das alle Marketingbereiche über Abteilungsgrenzen hinweg integriert. Das birgt unter Umständen auch organisatorische bzw. unternehmenskulturelle Probleme.

Fazit

Unternehmen stehen heute angesichts gesättigter Märkte und angesichts des globalen Verdrängungswettbewerbs vor der Herausforderung, immer wieder neue Möglichkeiten zu finden, sich von ihren Mitbewerbern zu differenzieren. Das Konzept des Erlebnismarketings verhilft Unternehmen dazu, ihren Kunden einen zusätzlichen neuen Wert anzubieten, nämlich den eines neuen Erlebnisses, einer neuen Erfahrung. Sorgfältig inszenierte Erlebnisse haben das Potenzial, die Kunden durch lange erinnerbare Eindrücke nachhaltig an sich zu binden. Die Schwierigkeit liegt in der Komposition unterschiedlicher Maßnahmen und Instrumente, um das Erlebnis auf vielfältige Weise erfahrbar zu machen. Eine Gefahr liegt im Zwang zur permanenten Erneuerung und Auffrischung des Konzepts, damit der wiederkehrende Kunde, der ja neugierig, also auf der Suche nach neuen Eindrücken ist, nicht zweimal das Gleiche erlebt. Die Kreativität und der Ideenreichtum, den die Unternehmen in der Entwicklung, im Vertrieb und in der Kommunikation ihrer Produkte entfalten, sowie die Fähigkeit, bereichs- und abteilungsübergreifend Gesamtkonzepte zu realisieren, werden zu bedeutenden Erfolgsfaktoren für die Zukunft werden. Denn nichts spricht gegen ein Abflauen des Trends: In Zukunft werden sich die Kunden noch mehr der Erlebniswirtschaft zuwenden. Deshalb ist es für jedes Unternehmen wichtig, unabhängig von der Branche, ein Erlebniskonzept rund um sein Produkt zu entwickeln, mit dem der ökonomische Wert des Angebots langfristig gesteigert werden kann.

Quellen

Bücher und Zeitschriften

Horx, Matthias: Konsument 2010. Bonn 2001

Mikunda, Christian: Der verbotene Ort oder Die inszenierte Verführung. Frankfurt 2005

Mikunda, Christian: Marketing spüren. Willkommen am dritten Ort. Frankfurt 2002

Opaschowski, Horst W: Kathedralen des 21. Jahrhunderts. Erlebniswelten im Zeitalter der Eventkultur. Hamburg 2000

Pine, Joseph II; Gilmore, James: „Welcome to the Experience Economy" in *Harvard Business Review,* Juli 1998

Pine, Joseph II; Gilmore, James: „What business are you really in?", in: *Chief Executive,* Oct 1999, S. 62–66

Pink, Daniel: „Is your Business a Show Business?", in: *Fast Company* Issue 23. April 1999, S. 84

Salomon, Bernhard: „Shopping in a Better World", in: *Format*, Februar 2002, S. 62–63

Schmitt, Bernd und Mangold, Marc: Kundenerlebnis als Wettbewerbsvorteil. Wiesbaden 2004

Schulze, Gerhard: „Die Zukunft der Erlebnisgesellschaft", in: Nickel, Oliver: Eventmarketing. Grundlagen und Erfolgsbeispiele. München 1998

Steinecke, Albrecht: Erlebnis- und Konsumwelten. Wien 2000

Weinberg, Peter: Erlebnismarketing. München 1992

Zarem, Jane: „Experience Marketing", in: *The Magazine for Management*, Herbst 2000

Internet

Marketing-Marktplatz: „Erlebnismarketing",
URL: http://www.marketing-marktplatz.de/Grundlagen/Erlebnismarketing.htm

Schulz, Simone: „Themenwelten", URL: http://www.themenwelten.de/

Thomas Vehmeier: „Erlebnisorientierung – Erlebniskauf",
URL: http://www.vehmeier.com/glossar/erlebniskauf.htm

Managementclub: „The Experience Economy",
URL: http://www.managementclub.at/pine.htm

Swarovski Kristallwelten Homepage, URL: http://www.kristallwelten.com/
bzw. http://www.swarovski.com/

Teil 3: Individualisierung

Es wird immer schwieriger, einzelne Personenkreise mit einem gemeinsamen Set von Bedürfnissen und Ansprüchen zu identifizieren, denn die Segmente werden immer zahlreicher und gleichzeitig immer kleiner. Aus Sicht der Marktforscher zersplittert die Gesellschaft in immer kleinere Fragmente. Die Massenmärkte der 70er- und 80er-Jahre sind seit den 90er-Jahren in ein „Mosaik von Mini-Märkten" zerbrochen. Setzt sich diese Entwicklung weiter fort, ist am Ende die größte Markteinheit gleichzeitig auch die kleinste: das Individuum. Dieser Trend zur Individualisierung bereitet den Marktforschern erhebliches Kopfzerbrechen, denn wenn den Konsumenten die Gemeinsamkeiten fehlen, die festen Lebens- und Orientierungsmuster, dann lassen sie sich auch nicht in Kategorien einteilen, um das Marketing darauf auszurichten.

Die Wünsche und Bedürfnissse der Kunden sind sehr heterogen, teilweise divergierend. Trotzdem muss ein Unternehmen diese unterschiedlichen Wünsche verstehen und erfüllen können, will es seine Kundschaft nicht an die Konkurrenz verlieren. Heute gilt es mehr denn je, durch die kreative Anwendung neuer Technologien und Managementtechniken jeden Kunden individuell zu bedienen. In aller Munde sind deshalb: Customer Relationship Management (CRM), One-to-One-Marketing und Mass Customization.

So lauten auch die nächsten drei Kapitel: Uns interessiert besonders, was die Chancen aber auch die Grenzen der Konzepte sind, die hinter den Schlagwörtern stehen. Und vor allem geht es um Ihren Gewinn: Wie können Sie diese Konzepte für Ihr Unternehmen nutzbar machen?

Customer Relationship Management (CRM): Kunden binden ist billiger als Kunden finden – und zwar erheblich billiger. Pflegen Sie also Ihren Kundenstamm und bauen Sie zu möglichst vielen Ihrer profitablen Kunden eine dauerhafte Beziehung auf. Der Schlüssel dazu: Vertrauen.

One-to-One-Marketing: Wenn es dem Anbieter gelingt, unterschiedliche Kunden unterschiedlich zu behandeln, erhöht sich der Nutzen für den einzelnen Kunden. Die Kundenbindung steigt, und die Profitabilität des einzelnen Kunden für das Unternehmen nimmt zu. Der Grad der Individualisierung orientiert sich an der zu erwartenden Profitabilität des einzelnen Kunden. Das kann sehr aufwändig werden, aber dieser Aufwand kann sich trotzdem lohnen.

Mass Customization: Zurück zur Manufaktur – für jeden Kunden wird genau das Produkt hergestellt, das er wünscht, allerdings zum Preis eines vergleichbaren Standardprodukts. Gelingt es dem Unternehmen, die Vorteile einer massenhaften Produktion mit denen einer kundenindividuellen Einzelfertigung zu verbinden, dann kann es gleichzeitig Kostenführerschaft und Differenzierung vom Wettbewerb erringen. Es winkt die Marktführerschaft, denn einem solchen Angebot können sich Ihre Kunden nicht entziehen.

Lesen Sie weiter, wir haben die nächsten drei Kapitel für niemand anderen als Sie geschrieben!

9. Customer Relationship Management

Über den Wert persönlicher Beziehungen

Wir brauchen keine Kunden, wir brauchen Fans!
(Hartmut Rösch, deutscher Handwerksmeister)

Wer Menschen zu Fans machen will, muss Botschaften an ihre Herzen senden und eine langfristige Beziehung mit ihnen aufbauen. Doch wie geht das? Ist Customer Relationship Management, kurz CRM, die Antwort?

Man möchte es fast glauben, denn es gibt kaum ein Wirtschaftsmagazin, das nicht über CRM schreibt, kaum einen Berater, der nicht darüber doziert, und kaum einen Manager, der nicht schon darüber nachgedacht hat, ob er nicht auch so rasch wie möglich ein CRM-System einführen sollte. Von dem Gedanken, dass man ohne ein solches System womöglich gar nicht mehr wettbewerbsfähig sei, profitieren vor allem die Berater selbst: Verspricht doch jedes CRM-Projekt ein sattes Honorar. Kein Wunder, dass das Schlagwort in den vergangenen Jahren so richtig „en vogue" war: Und wie hoch die Erwartungen in den Himmel stiegen ... CRM sollte wie der Geist aus der Flasche alle dringlichen Wünsche der Unternehmen in Bezug auf ihre Kundenbeziehungen lösen!

Die nackte Wahrheit aber ist: Das meiste, was über CRM verbreitet wurde, ist falsch – und doch hat dabei niemand gelogen! Es ist nur so, dass erstaunlich viele Experten überhöhte Erwartungen hatten, und niemand war immun dagegen. Wir denken, es ist nun an der Zeit, die Übertreibungen hinter uns zu lassen, tief Luft zu holen und das Konzept in all seinen Vorteilen, die es zweifelsohne besitzt, aber auch in seinen Grenzen neu zu beleuchten.

Fangen wir von vorne an: Was überhaupt ist Customer Relationship Management? Die Antwort, die Sie nicht überraschen wird: Auch für diesen Begriff gibt es keine allgemein verbindliche Definition. Je nach Umfeld wird unter CRM eine ganze Menge verstanden: vom unternehmensweiten strategischen Ansatz über ein IT-System für Call Center bis hin zur Software für die Vertriebsunterstützung. Hören Sie sich die CRM-Definition eines IT-Experten an und dann die eines Management-Beraters: Sie werden kaum glauben, dass es sich um ein und dieselbe Sache handelt.

Wie so oft ist die Wahrheit irgendwo in der Mitte zu finden. Oder besser gesagt: Alle haben Recht. Jenseits aller Etiketten jedenfalls ist das Zusammenspiel vieler Komponenten die wichtigste Voraussetzung für erfolgreiches CRM: Von der Strategie bis zum Kundenkontakt müssen alle „Zahnräder" nahtlos ineinander greifen. Ein wichtiger Punkt für den Erfolg von

CRM ist die Integration von Kundeninformationen. Der Manager will auf Mausklick aufrufen können, was Vertrieb, Marketing und Service über die einzelnen Kunden wissen, und der Vertrieb wiederum will wissen, wann der Kunde die bestellte Ware erhält. Das Marketing interessiert sich für die Kaufhistorie des Kunden, um besser einschätzen zu können, welche Angebote ihn besonders interessieren könnten, usw. Das Data Warehouse macht das alles möglich. Das ist aber nur die eine Seite der Medaille, und zwar die technische. Das Stichwort lautet hier: Integration aller vorhandenen Daten.

CRM ist außerdem eine Strategie mit dem Ziel, alle Unternehmensprozesse konsequent auf die profitablen Kunden auszurichten. Die Bedürfnisse und Erwartungen dieser wichtigsten Kundengruppe sollen erkannt werden, um individuell darauf reagieren zu können. Diese Kunden gilt es, langfristig an das Unternehmen zu binden. Je länger die Partnerschaft, desto wertvoller der Kunde für das Unternehmen. Das Stichwort lautet hier: Fokussierung.

Für die Praxis bedeuten Integration und Fokussierung konkret drei Dinge:

- Alle Abteilungen, die im Unternehmen Kundenkontakt haben, müssen involviert werden, also Marketing, Vertrieb, Kundenservice, Call Center, etc. Dabei sollten alle Kontaktpunkte zum Kunden betrachtet werden, also alle Möglichkeiten, die der Kunde hat, eine Frage, einen Auftrag, einen Wunsch oder auch eine Beschwerde an das Unternehmen zu übermitteln.

- Sämtliche Kommunikationskanäle zum Kunden müssen zusammengeführt werden. In den meisten Fällen sind das der persönliche Kontakt, Schriftverkehr, Telefon, Fax und E-Mail.

- Kunden und Interessenten sollten nach ihrem Wert für das Unternehmen klassifiziert und entsprechend behandelt werden. Das bedeutet nicht, dass weniger ertragreiche Kunden nicht bedient werden. Denn schließlich können sie sich noch zu ertragreichen Kunden entwickeln. Sie erhalten jedoch zunächst, und solange es sich für das Unternehmen rechnet, nur den Standardservice und die Standardangebote. Das impliziert gleichzeitig, dass für Premiumkunden auch Premiumangebote geschaffen werden müssen.

Das hört sich kompliziert an – es ist auch nicht gerade einfach, und es ist nicht gerade billig. Sie werden sich vielleicht fragen, ob das wirklich nötig ist. Ist es nicht vielleicht doch die bessere Strategie, zu warten, bis die ganze Aufregung sich wieder gelegt hat? Wird der Trend CRM nicht auch wieder genauso schnell verschwinden, wie er aufgetaucht ist? Einfach weitermachen wie bisher? Den Kopf in den Sand stecken und abwarten?

Das halten wir für keine gute Idee! Denn unserer Meinung nach führt langfristig für kaum ein Unternehmen der Weg an CRM (oder Kundenbeziehungsmanagement oder Loyalitätsmanagement oder wie auch immer Sie das nennen wollen) vorbei. Warum?

- **Ein sich veränderndes Wettbewerbsumfeld macht vielen Unternehmen zu schaffen:** Globalisierung, Liberalisierung, aggressive neue Wettbewerber, die in den Markt eindringen und immer anspruchsvollere Kunden. Unternehmen, die ihre Wettbewerbsposition sichern oder ausbauen möchten, bleibt oft nur der Weg der konsequenten Kundenorientierung: der Versuch, mit den gleichen Kunden mehr Umsatz zu machen, um ihre Profitabilität zu steigern.
- **Die Beziehungen zwischen Kunden und Unternehmen verändern sich:** Die Kunden gewinnen immer mehr Macht. Dank hoher Transparenz auf den Märkten und einer zunehmenden Wissensparität zwischen Unternehmen und Kunden, können Kunden die Initiative übernehmen. Das klassische Absatzmarketing der Anbieter wird zunehmend ersetzt durch ein aktives Beschaffungsmarketing der Nachfrager.
- **Die Ertragssituation der Unternehmen muss verbessert werden:** Die langfristige Bindung profitabler Kunden kann die Erträge deutlich verbessern. Nur ein Beispiel: Untersuchungen haben gezeigt, dass die Kosten für die Gewinnung eines Neukunden etwa sieben- bis zehnmal höher sind als die Kosten für das Halten von bestehenden Kunden. Da verlorene Kunden durch Neukunden ersetzt werden müssen, kann ein Unternehmen umso profitabler wirtschaften, je größer der Anteil seiner Stammkunden ist.

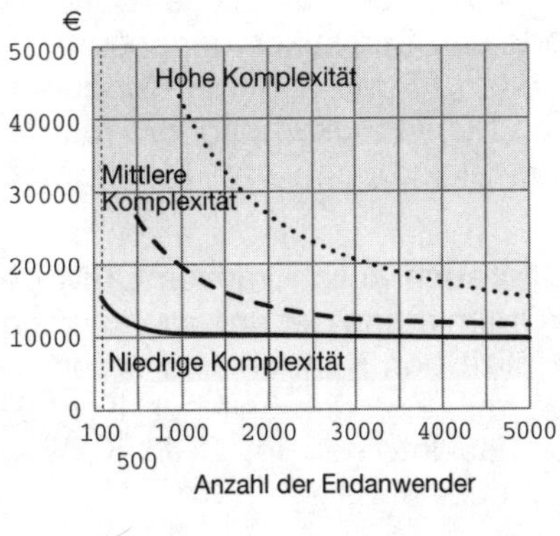

Hohe Komplexität
- Deckt Vertrieb, Marketing und Kundenservice ab
- Hoher Anpassungsbedarf der Applikationen
- Mehr als 70 Bildschirmmasken
- Mehr als zehn schwierige Integrationen

Mittlere Komplexität
- Deckt zwei der drei Bereiche (Vertrieb, Marketing und Kundenservice) ab
- Mittlerer Anpassungsbedarf der Applikation
- 30–70 Bildschirmmasken
- Zwei bis sechs schwierige Integrationen

Niedrige Komplexität
- Deckt Vertrieb oder Marketing oder Kundenservice ab
- Wenig Anpassungsbedarf der Applikation
- Weniger als 30 Bildschirmmasken
- Nur zwei oder zumindest weniger schwierige Integrationen

Abbildung 8: Was CRM-Projekte wirklich kosten: eine Berechnung von Deloitte Consulting

Konzept

CRM ist nicht gleich CRM. Wenn wir genauer hinschauen, sehen wir operatives CRM, analytisches CRM und kommunikatives CRM. Alle drei Aufgabenbereiche ergänzen sich. Sie können deshalb nicht etwa eine operative CRM-Lösung anstelle einer analytischen CRM-Lösung einsetzen.

- **Operatives CRM** unterstützt vor allem die Vertriebs-, Marketing- und Serviceautomation.

  Die Vertriebsautomation nutzt detaillierte Informationen und Kontakthistorien, Prioritätenlisten und Potenzialbewertungen von Kunden zur Steuerung des Vertriebs. Dies ermöglicht beispielsweise das so genannte Opportunity Management, mit dem Verkaufschancen aktiv bearbeitet werden können.

  Die Marketingautomation unterstützt beispielsweise das Kampagnenmanagement oder die Marketing-Enzyklopädie, ein Wissensarchiv, in dem alle verfügbaren Informationen über Produkte, Werbematerialien, Marktsituation, Trainingsunterlagen etc. abgelegt sind. Ein weiteres Element der Marketingautomation sind spezielle Planungs- und Analysetools (z.B. Segmentierungstools).

  Die Serviceautomation unterstützt die Servicesteuerung und Serviceplanung. Aufträge werden auf den Kundendienst oder das Help Desk verteilt, außerdem wird ein effizientes Problemmanagement zur Aufnahme, Verfolgung und Lösung der häufigsten Kundenprobleme möglich.

- Beim **analytischen CRM** steht die Auswertung der vorhandenen Daten im Vordergrund. In einem zentralen Data Warehouse werden alle kundenspezifischen Informationen aus den unterschiedlichen operativen Systemen gesammelt, aufbereitet und verdichtet. Aus dieser Datenbasis lassen sich aussagekräftige Reports und Statistiken generieren, die wichtige Entscheidungsgrundlagen liefern für die künftige Kundenbetreuung oder für die Durchführung von Marketingkampagnen. Mit den gespeicherten Kundenprofilen werden Zielgruppen und Marktpotenziale festgelegt.

- Das **kommunikative CRM** wird häufig auch kollaboratives CRM genannt. Es fokussiert nicht nur auf die Optimierung der unternehmensinternen Prozesse, sondern bezieht explizit den Kunden und damit die Kommunikationskanäle zum Kunden mit ein: persönlicher Kontakt, Schriftverkehr, E-Mails, Telefon oder das Internet. Im CRM-Konzept stehen alle Kanäle gleichberechtigt nebeneinander.

Mal ganz ehrlich: Was Sie bis zu diesem Absatz über das Konzept gelesen haben, klingt doch eigentlich ganz einleuchtend, oder? Die Vorteile eines solchen Vorgehens liegen auf der Hand, und am Ende sollten eigentlich alle Beteiligen, einschließlich der Kunden, rundum zufrieden sein. Belauscht man den einen oder anderen Projektleiter, der wortgewaltig in seinem Unternehmen den Start eines CRM-Projekts verkündet, so mag man fast geneigt sein zu glauben, dass mit der Implementierung des CRM-Tools alle Probleme gelöst wären. Und doch geschehen in manchen Unternehmen sehr werkwürdige Dinge, nachdem das CRM-Projekt erfolgreich beendet wurde: Kunden erhalten plötzlich nervende Anrufe von Telemarketing-Leuten, die ihnen immer neuere und bessere Produkte andrehen wollen ... und dabei war der Kunde doch mit der alten Lösung eigentlich ganz zufrieden. Und wendet der Kunde sich eines schönen Tages an das Unternehmen, weil es doch einmal ein kleineres oder größeres Problem gibt, muss er sich zunächst durch ein 14-stufiges Sprachantwortsystem hangeln, das einen PIN-Code, seine Kundennummer und einen zusätzlichen Identifier-Code von ihm abfragt, bevor er auf der Mailbox des verantwortlichen Mitarbeiters eine Nachricht hinterlassen darf.

Kundenorientierung wird zur Kundebelästigung. Wie kann so etwas passieren? Weil auch ein hervorragendes CRM-System, das technologisch auf dem letzten Stand ist und viele effiziente, wundervolle und erstaunliche Dinge bewerkstelligt, dennoch keine Wunder vollbringen kann: Mit Technologie allein können Sie keine Kundenbeziehung aufbauen, das können Sie nur mit Menschen!

Erfolgsfaktoren für die Einführung von CRM

Angesicht der vielen verschiedenen und teilweise sehr komplexen Aufgabenstellungen sollte ein Unternehmen schrittweise vorgehen. Wir schlagen Ihnen sieben Schritte vor:

1. Lernen Sie soviel über CRM, wie Sie nur können: Lesen Sie Bücher und andere Fachpublikationen, besuchen Sie Seminare, Messen und Konferenzen, sprechen Sie mit anderen Unternehmen über deren Erfahrungen und lassen Sie sich ausführlich von Beratungsunternehmen und Softwarehäusern informieren. Die Verantwortung liegt bei Ihnen, die Entscheidungsbefugnis ebenso. Sie müssen begründet entscheiden und brauchen deshalb alle verfügbaren Informationen.

2. Formulieren Sie klare Ziele: Eine klare Zielformulierung und die Definition von Erfolgsmaßstäben sind wichtig, um entscheiden zu können, welche Art von CRM-Konzept den größten Erfolg für Sie verspricht. Mogeln Sie sich also nicht an dieser Übung vorbei. Widmen Sie ihr die Zeit, die ihr gebührt.

3. CRM kann man nicht kaufen, sondern nur aufbauen: Aufgrund des umfassenden Ansatzes gibt es keine fertige Lösung für CRM. Auch im Hinblick auf die Integration bestehender Systeme ist die Implementierung eines „fertigen“ Systems unwahrscheinlich. Realistische Erfolgsaussichten bringt ein schrittweiser Auf- und Ausbau vor dem Hintergrund einer integrativen Gesamtstrategie.

4. Analysieren Sie die Erwartungen: Fragen Sie Ihre Kunden, den Vertrieb, den Kundenservice, was verbessert werden muss und was sie sich davon erwarten. Dämpfen Sie unrealistische Erwartungen, und vermeiden Sie die Definition von allumfassenden Systemen mit endloser Funktionalität.

5. Starten Sie mit einer Ist-Analyse der bestehenden Verkaufs- und Kommunikationsprozesse: In welchem Zustand befinden sich die Kundendaten? In wie vielen verschiedenen Systemen und Datenbanken sind Informationen über die Kunden und Interessenten verteilt? Wenn Sie sich einen Überblick über den Ist-Zustand gemacht haben, können Sie entscheiden, ob Sie für CRM genügend Know-how im eigenen Haus haben oder ob Sie einen Berater brauchen. Denn der nächste Schritt ist die Entwicklung eines Soll-Profils. Wichtige Fragestellungen sind hier: Wie wollen wir in Zukunft mit unseren Kunden kommunizieren? Welchen Informationsbedarf hat der Kunde in welcher Entscheidungsphase?

6. Schulen Sie Ihre Mitarbeiter: Einer der wesentlichen Aspekte für den Erfolg von CRM-Systemen sind gut vorbereitete Mitarbeiter. Das bedeutet, dass den Mitarbeitern die Fähigkeit für den Umgang mit dem neuen Werkzeug vermittelt werden muss und nicht erwartet werden kann, dass das notwendige Know-how von den Mitarbeitern im Alleingang erlernt wird.

7. Sichern Sie sich einen Partner mit Erfahrung: Jedes Unternehmen hat seine spezifischen Stärken und seine eigenen Vorgehensweisen. Vorgefertigte Lösungen im Bereich CRM sind meist nur unvollständig in der Lage, die bestehenden Prozesse produktiv zu unterstützen. Sichern Sie sich deshalb einen Partner Ihres Vertrauens, der Sie bei der Auswahl der geeigneten Komponenten berät und Sie bei der Implementierung und Integration unterstützen kann.

Fallstudie: Canon Österreich

Die Canon GmbH in Österreich ist einer der führenden Anbieter von Druck- und Kopiersystemen in Österreich. Das Unternehmen setzt seit mehreren Jahren eine CRM-Lösung ein. Ziel der Einführung war neben der Neukundengewinnung auch die Erhöhung der Kundenloyalität. Für seine kundenorientierte Ausrichtung wurde das Unternehmen mit dem „CRM Best Practice Award" ausgezeichnet.

„Volle Information bedeutet Vorsprung." Mit diesem Motto begann das Unternehmen seine Suche nach einer Software-Lösung, die einen reibungslosen Informationsfluss zwischen Vertrieb, Marketing, Service und dem eigenen Call Center sicherstellen sollte. Das Ziel bestand darin, durch eine hundertprozentige Kundenorientierung Umsatz und Produktivität der Mitarbeiter zu steigern und die Loyalität bestehender Kunden zu erhöhen.

Canon wandte sich zunächst einer software-gestützten Lösung für die Kunden- und Vertragsverwaltung zu, die von einem selbst entwickelten Service-Management-System unterfüttert wurde. Damit konnten die involvierten Mitarbeiter neben Kundenstamm- und Kontaktdaten erstmals auch Service-Information eingeben und abrufen. Zwar konnten nun mehr Informationen gesammelt und genutzt werden, allerdings fehlte noch immer eine logische Klammer, die ein gezieltes und strukturiertes Vorgehen ermöglichte, das auf Basis von Analysen die Aktivitäten von Marketing, Call Center und Vertrieb aufeinander abstimmte.

Canon wollte auch von Anfang an, dass alle betroffenen Mitarbeiter jederzeit Zugriff auf diese Informationen haben – auch von unterwegs. Zudem sollten die internen Strukturen so gestaltet werden, dass die Kundenorientierung überall durchscheint. Dennoch kommt natürlich dem Werkzeug eine entscheidende Rolle zu, da es den gesamten Lebensweg eines Kunden so umfassend wie möglich abbilden soll und damit zugleich Arbeitsgrundlage wie auch Arbeitsmittel ist.

Nach einer ausgiebigen Evaluation entschied sich Canon Österreich für eine professionelle CRM-Software, die sowohl den operativen als auch den analytischen Aspekt des Kundenbeziehungs-Managements abdeckt. Ergänzend führte das Unternehmen eine Software zur telefonischen Einsatzlenkung ein, die jeden Kundenanruf registriert, klassifiziert und mit zugehöriger Maschinennummer und Kennung des Servicevertrags in die CRM-Datenbank einspeist.

Heute nutzen über 130 Mitarbeiter die installierte Software. Die Mitarbeiter, die den direkten Kundenkontakt pflegen, sind so immer auf dem aktuellen Stand, was dazu führt, dass Kunden individuell betreut werden können. Gleichzeitig lassen sich aus diesen Informationen auch Hinweise auf gezielte Marketing- oder Vertriebsaktivitäten ablesen. Zum Beispiel lassen sich mithilfe der Software-Lösung Rückschlüsse ziehen, wann Produkterneuerungen zu erwägen sind oder sich der Verkauf von Folge- oder Ergänzungsprodukten anbietet.

Das trifft besonders für den Telesales-Bereich von Canon in Wien zu, der die Verbrauchsmaterialien für Drucker, Fax und Kopierer direkt vertreibt. Die im Telesales-Center eingesetzte Telefonanlage ist mit der installierten Software synchronisiert, sodass der Agent direkt aus der Anwendung heraus den Kunden kontaktieren kann. Alle erforderlichen Informationen wie Ansprechpartner, Kontakthistorie und eingesetzte Produkte werden ihm am Bildschirm angezeigt. Über 5000 Inbound- und Outbound-Calls werden hier monatlich abgewickelt, deren Ergebnisse direkt in die CRM-Software einfließen.

Der Einsatz der Software-Lösung und die Ausrichtung auf ein kundenorientiertes Geschäftsmodell hat sich bei Canon Österreich bezahlt gemacht, denn bei annähernd konstanter Mitarbeiterzahl konnte der Umsatz jährlich um mehr als fünf Prozent gesteigert werden. Canon Österreich konnte außerdem durch Umfragen belegen, dass auch ein weiteres Ziel erreicht wurde: die Erhöhung der Kundenloyalität. So ist die Stammkundentreue um 18 Prozentpunkte gestiegen, und 97 Prozent der Kunden empfehlen Canon weiter.

Chancen & Risiken

Chancen

- Nachhaltiges Umsatzwachstum: Erfolgreiche CRM-Projekte können langfristig helfen, den Umsatz und somit langfristig den Unternehmenswert zu steigern.
- Hohe Kundenbindungsrate: Mithilfe von CRM werden Daten über Kunden systematisch gesammelt, analysiert und ausgewertet. Dadurch hat ein Unternehmen die Chance, besser auf die individuellen Kundenbedürfnisse einzugehen und damit die Kundenzufriedenheit und Kundenbindung zu erhöhen.
- Aufbau einer intelligenten Kundensegmentierung: Mithilfe von CRM lassen sich wertvolle Kundendatenbanken aufbauen, mit denen die Kundensegmentierung systematisch verfeinert werden kann. Dadurch ist das Unternehmen in der Lage, profitable von weniger profitablen Kun-

den zu unterscheiden und seine Marketingbemühungen entsprechend auszurichten.

- Integration der Kundenkontaktpunkte: Der Kunde wählt selbst, wie er mit dem Unternehmen in Kontakt treten will (z.B. Außendienst, Call Center oder Internet). In einem CRM-System können all diese Kanäle integriert werden. CRM kann so eine Optimierung von Verkauf und Service über das gesamte Vertriebsnetz hinweg ermöglichen.

Risiken

Nach Angaben der Forrester Group scheitern rund 60 Prozent der CRM-Projekte. Verantwortlich sind vor allem Strategiefehler bei der Einführung sowie die mangelnde Akzeptanz im Unternehmen. Um die Risiken zu minimieren und die erheblichen Potenziale zu nutzen, sollten Sie folgende Erfolgsfaktoren für Ihre Konzeption beachten:

- CRM sollte nicht zu einem reinen IT-Projekt werden. Bei der Planung und Projektierung von CRM sollten alle relevanten Abteilungen, mindestens aber Vertrieb, Marketing und Kundenservices miteinbezogen werden.
- Prozesse sollten vorab optimiert werden. Die Implementierung von CRM-Software, die bloß vorhandene Prozesse nachbildet, ist riskant und selten erfolgreich.
- Das Verantwortungsspektrum der Mitarbeiter sollte erweitert werden. CRM bedeutet weitaus mehr als nur die Einführung einer neuen Software. Das verlangt insbesondere, dass Vertriebsmitarbeiter zum eigenverantwortlichen Manager einer umfassenden Kundenbeziehung werden statt zum verlängerten Distributions- und Absatzkanal ihrer Unternehmen.
- Die große Strategie sollte mit kleinen Schritten beginnen. Obwohl grundsätzlich immer das Gesamtkonzept im Auge behalten werden sollte, muss ein CRM-Projekt pragmatisch und in kleinen Schritten begonnen werden. Deshalb sollte zunächst der Bereich ausgewählt werden, der für das Unternehmen den größten Nutzen verspricht.
- CRM ist Chefsache. Wie so viele Maßnahmen, die den Erfolg des Gesamtunternehmens beeinflussen, benötigt CRM die volle Unterstützung der obersten Führungskräfte eines Unternehmens.
- Die Betroffenen involvieren. Nur wenn alle Gruppen, die von CRM betroffen sind, in den Prozess involviert werden, kann das Projekt erfolgreich sein. Mit bereichsübergreifenden Teams wird gewährleistet, dass

die Erwartungen und Bedürfnisse der unmittelbar Betroffenen frühzeitig identifiziert und berücksichtigt werden können.

- CRM ist ein Gesamtkonzept. Für den Vertrieb mag CRM Sales Force Automation bedeuten, für die EDV-Abteilung IT-Service und Support. Das Marketing mag in CRM eine Möglichkeit sehen, bessere Leads zu generieren. Richtig ist, dass CRM sich mit all diesen Themen beschäftigt. Richtig ist aber auch, dass CRM weitaus mehr ist.
- Veränderung der Kundensicht im Unternehmen. Schulung, Software und ein fester Wille allein reichen nicht aus. CRM nützt nichts, wenn Kundenorientierung nicht auch in den Köpfen stattfindet. Daher sollte die Kundensicht der Mitarbeiter verändert werden und erstklassiger Kundenservice zum Selbstverständnis im Unternehmen werden.

Fazit

CRM kann gute Unterstützung dabei leisten, erfolgreiche Kundenbeziehungen auf Dauer zu etablieren. Und das bedeutet wiederum einen strategischen Wettbewerbsvorteil gegenüber der Konkurrenz. Das Konzept basiert auf einer kundenorientierten Sicht und integriert unternehmensweite Prozesse. Kommunikationskanäle werden synchronisiert, Informationskanäle koordiniert. Die im gesamten Unternehmen verteilten Kundeninformationen werden im Customer Data Warehouse zusammengeführt und analysiert, um Kundenpotenziale zu ermitteln. Die neuen Technologien machen eine bereichsübergreifende zielgruppenspezifische Bearbeitung der Kunden möglich.

Um die Chancen, die CRM eröffnet, auch wirklich nutzen zu können, gilt es, ein wesentliches Missverständnis gleich von Anfang an zu vermeiden: Ein Verständnis von CRM als IT-Tool alleine greift zu kurz. Im gleichen Atemzug sei auch vor allzu großer Technologie-Gläubigkeit gewarnt. Wenn Leidenschaft für Technologie zum Mittelpunkt eines CRM-Projekts wird, haben Sie ein Problem! Denn Ihre Kunden werden die menschliche Komponente vermissen. Bevor Sie auch nur darüber nachdenken, welche Technologie Sie für das Management Ihrer Kundenbeziehungen einsetzen wollen, sollten Sie sich zuvor vergewissern, dass die Basis Ihres Kundenservice stimmt!

Wenn Sie sich zur Einführung eines CRM-Systems entschlossen haben, denken Sie unbedingt daran, Ihre Mitarbeiter in alle Aspekte des Projekts einzubeziehen. So können Sie ein wachsendes Verständnis der Mitarbeiter für die CRM-Anwendung an sich und deren Vorteile entwickeln. Das

System wird später nur dann wirklich eingesetzt werden, wenn den Mitarbeitern die daraus resultierenden Vorteile bewusst sind. Deshalb müssen Sie alles daran setzen, dass bei Mitarbeitern nicht der – wie auch immer begründete Verdacht – entsteht, dass der wahre Zweck des CRM-Systems der besseren und effizienteren Kontrolle der Mitarbeiter dienen könnte! Setzt sich diese Befürchtung in den Köpfen Ihrer Mitarbeiter fest, werden Sie sie niemals dazu bewegen, mit dem CRM-Tool wirklich zu arbeiten. Von der wirklichen Nutzung des Tools hängt wiederum dessen Erfolg ab. Und der Erfolg wird sich letztlich an der Amortisation der Implementierungskosten messen lassen.

Quellen

Bücher und Zeitschriften

Bach, Volker; Österle, Hubert: Customer Relationship Management in der Praxis. Erfolgreiche Wege zu kundenzentrierten Lösungen. Berlin 2000

Buchecker, Michael: Customer Relationship Management. Ein Überblick. Wien 2000

Deloitte Consulting (Hrsg.): Wie Sie den CRM-Dschungel lichten, 2001

Ematinger, Reinhard; Sommer, Renate; Stengl, Britta: CRM mit Methode. Bonn 2001

Gawlik, Tom; Kellner, Joachim; Seifert, Dirk: Effiziente Kundenbindung mit CRM. Wie Procter&Gamble, Henkel und Kraft mit ihren Marken Kundenbeziehungen gestalten. Bonn 2002

Helmke, Stefan; Dangelmaier, Wilhelm: Marktspiegel Customer Relationship Management. Wiesbaden 2001

Hippner, Hajo; Martin Stefan; Wilde Klaus: „Customer Relationship Management“, in: *WiSt – Wirtschaftswissenschaftliches Studium,* Heft 8, 2001; S. 417–422

Kreuz, Peter; Förster, Anja: „Was Sie schon immer über Customer Relationship Management wissen wollten“, in: Customer Relationship Management im Internet. Grundlagen und Werkzeuge für Manager. Wien 2002

Link, Jörg: Customer Relationship Management. Erfolgreiche Kundenbeziehungen durch integrierte Informationssysteme. Berlin 2001

Muther, Andreas: Customer Relationship Management. Berlin, Heidelberg, New York 2002

Rapp, Reinhold und Schindler, Corinna: Customer Relationship Management. Frankfurt 2005

Reichheld, Frederick: Der Loyalitäts-Effekt. Frankfurt 1997

Schulze, Jens; Schamberger, Andreas: „Customer Relationship Management bei der Neuen Züricher Zeitung“, in: Bach, Volker; Österle, Hubert: Customer Relationship Management in der Praxis. Erfolgreiche Wege zu kundenzentrierten Lösungen. Berlin 2000

Schwetz, Wolfgang: Customer Relationship Management. Mit dem richtigen CAS/CRM-System Kundenbeziehungen erfolgreich gestalten. Wiesbaden 2000

Wessling, Harry: Aktive Kundenbeziehungen mit CRM. Wiesbaden 2001

Wilde, Klaus; Hippner Hajo: CRM 2000. So binden Sie Ihre Kunden. Düsseldorf 2000

Winkelmann, Peter: Marketing und Vertrieb. München 2002

Yu, Larry: „Successful customer relationship management", in *Sloan Management Review,* Cambridge, 2001

Internet

Brendler, William F.: „The Human Dimension: The Key to Success of Failure", in: The Customer Relationship Primer. Published by CRMGuru, Front Line Solutions, December 2001, S 12–13, [WWW Dokument], URL: http://www.crmguru.com/

Fung, Mei Lin: „Measuring the Value of CRM", in: The Customer Relationship Primer. Published by CRMGuru, December 2001, S. 7–9, [WWW Dokument], URL: http://www.crmguru.com/

Thompson, Bob: „What you need to know to get started", in: The Customer Relationship Primer. Published by CRMGuru, Front Line Solutions, December 2001. [WWW Dokument], URL:http://www.crmguru.com/

Wirtschaftsblatt Online: „Faktoren für erfolgreiches Kunden-Management". 24. April 2000, [WWW Dokument], URL: http://www.wirtschaftsblatt.at/

Update.com Software AG: „Canon – den Kunden auf der Spur", [WWW Dokument], URL: http://www.update.com/company/casestudies_de.html

10. One-to-One-Marketing

Jedem das seine!

1. *Die wertvollen Kunden sind die Stammkunden. Siehe Kapitel 9 über CRM.*
2. Der Kunde definiert sich über Einstellungen und Verhalten. Siehe Kapitel 12 über Szenenmarketing.
3. *Die Kunden entscheiden selbst. Siehe Kapitel 1 über Permission Marketing.*
4. *Märkte sind Gespräche. Siehe „Cluetrain Manifest".*
5. *Also, warum bieten Sie nicht echten Dialog an? Siehe dieses Kapitel.*

Plumpe Massenabfertigung ist out. Der Tante-Emma-Laden ist in. Wie, das glauben Sie nicht? Gut, wir geben zu, der Tante-Emma-Laden ist nicht wirklich wieder in Mode. Er ist vielmehr ein Auslaufmodell der Wirtschaftsgeschichte, weil er zu klein ist, weil er mit den Skalenvorteilen des Einkaufs einer Supermarktkette oder eines Kaufhauses nicht mithalten kann. Aber ein Aspekt des Einkaufens im Tante-Emma-Laden erweist sich heute immer noch – oder besser: wieder – als sehr modern:

> *Guten Morgen, Herr Meier, wie geht's Ihrem Hund? Hat er sich wieder erholt von seinem Schwächeanfall? Ach, übrigens, die eine Apfelsorte, die Sie letztes Jahr um diese Zeit so gut fanden, haben wir wieder vom Oskar Bauer aus Obstingen hereinbekommen. Ja, die Brettacher, eine wertvolle alte und seltene Hochstammsorte, sagt der Oskar. Er meinte aber auch, die kann man nicht lange lagern. Deshalb können wir sie auch nur vier Wochen lang verkaufen. Möchten Sie ein oder zwei Kilo mitnehmen?*

Sie sehen, was wir meinen. Kunden wollen individuell angesprochen werden – gemäß ihren persönlichen Vorlieben und Bedürfnissen. Und sie wollen mehr wissen, sie wollen etwas erfahren vom Produkt und seiner Herkunft. Herr Meier wird wiederkommen, da können Sie sicher sein. Das nennt man heute landläufig Kundenbindung, und die lohnt sich: Nach einer in der *Harvard Business Review* publizierten Studie von Frederick Reichheld lässt sich aus einer um fünf Prozent verbesserten Kundenbindung (mit anderen Worten einer Reduktion der Zahl der verlorenen Kunden um fünf Prozent) 25 bis 95 Prozent zusätzlicher Profit generieren.

One-to-One-Marketing, also kundenindividuelles Marketing, ist so alt wie der Handel selbst. Die Kunst des persönlichen Verkaufens bestand und besteht früher wie heute darin, den Kunden und seine Bedürfnisse zu kennen. Mit diesem Wissen ist das Unternehmen in der Lage, eine maßgeschneiderte Leistung zu erbringen, die durch einen Konkurrenten nicht beliebig substituiert werden kann.

Um den Kunden und seine Bedürfnisse zu kennen, muss das Unternehmen in einen echten Dialog mit seinen Kunden treten. Nichts anderes meint das Cluetrain-Manifest mit seiner These: „Märkte sind Gespräche". Und was das Unternehmen im Gespräch herausgefunden hat, muss es sich gut merken, bis zum nächsten Gespräch. Mit dem Auftreten der Massenmedien Radio und Fernsehen verschwand im vergangenen Jahrhundert vorübergehend die enge Bindung zwischen dem Verkäufer und seinen Kunden. Klassische Massenwerbung wurde zu einer kommunikativen Einbahnstraße, der Dialog brach ab. Die Kunden brauchten den Rat ihres Einzelhändlers vor Ort nicht mehr, denn die Werbung übernahm diese Rolle: Die Kunden sahen „Meister Proper" im Fernsehen und wussten, dass kein anderer Reiniger ihre Küche so zum Strahlen bringen würde.

Das Bedürfnis der Kunden nach individueller Behandlung steigt aber in letzter Zeit wieder stark an, der Kunde sehnt sich nach Individualität. Das hängt auch mit einem veränderten Selbstverständnis zusammen: Der Kunde sieht sich selbst nicht mehr als kleines, folgsames Element des Massenmarktes, als braves Rädchen einer riesigen Maschinerie, sondern als selbstbewusstes Einzelwesen – das eine entsprechend individualisierte Behandlung vom Anbieter einfordert.

Oh je, das könnte schwierig werden, denn Unternehmen haben heute nicht mehr einen Kundenstamm, der so übersichtlich ist wie zu Tante Emmas Zeiten. Da konnte man sich die individuellen Vorlieben noch ohne große Probleme merken. Wie aber soll das funktionieren bei einem Kundenstamm, der mehrere tausend oder gar hunderttausend Kunden umfasst?

Hier kommt die Computer- und Kommunikationstechnologie ins Spiel: Sie hat das Potenzial, das Bild wieder komplett zu verwandeln. Heute stehen die technischen Möglichkeiten bereit, das Erinnerungsvermögen des Ladenbesitzers bzw. Unternehmers zu unterstützen. Die Fortschritte in der Informationstechnologie machen es erstmals möglich, Kundenwissen über Tausende oder gar Millionen einzelner Kunden systematisch zu speichern. Erst dies erlaubt es, die Vorteile großer Kundenstämme und der individuellen Kommunikation und Behandlung jedes einzelnen Kunden miteinander zu verbinden. Die Zeit für das moderne One-to-One-Marketing ist angebrochen.

Konzept

One-to-One-Marketing basiert auf einer einfachen Idee: „Behandle unterschiedliche Kunden auf unterschiedliche Weise!" Anstatt nur Produkte, Vertriebskanäle und Absatzprogramme zu verwalten und die Marktforschung zu bemühen, wird der Dialog mit dem Kunden gesucht, um von ihm selbst zu erfahren, was er wirklich will.

Ein weiterer wichtiger Aspekt ist die Lebensdauer der Kundenbeziehung. Nicht mehr der kurzfristige Umsatz ist erfolgsentscheidend, sondern der gesamte bereits realisierte und der zukünftige Umsatz über die Dauer der Beziehung zum Kunden, der so genannte Customer Lifetime Value. Mit dieser langfristigen Sicht auf den Kunden kann es sich ein Verkäufer leisten, in der Anfangsphase des Dialogs mehr zu investieren, als er mit dem Kunden umsetzen kann. Später, so die Annahme, wird der Stammkunde dieses in ihn gesetzte Vertrauen buchstäblich zurückzahlen.

Mit dieser Perspektive starrt das Marketing nicht mehr auf den Marktanteil, sondern kümmert sich pflegend um den Kunden, mit dem Ziel, den Anteil an seinem Geldbeutel, seinen „Share of Wallet", schrittweise zu vergrößern. Das kann erreicht werden, durch so genannte „Cross-Sales-Potenziale" wie beispielsweise beim Autohersteller, der dem Kunden auch gleich noch die passende Finanzierung zum neuen Wagen, das entsprechende Versicherungspaket und sogar die passende Kleidung und farblich abgestimmtes Reisegepäck verkauft.

Der weltweit führende Online-Buchhändler Amazon.com hat in sein Angebot die Funktion „Persönliche Empfehlungen – Produkte speziell nach

Abbildung 9: Beispiel für gelungenes One-to-One-Marketing: persönliche Begrüßung und Musikempfehlungen bei Amazon.de

Ihren Wünschen" integriert. Dort erhalten Kunden Buchempfehlungen, die genau auf sie zugeschnitten sind. Amazon kann aus den bisherigen Bestellungen jedes einzelnen Kunden nachvollziehen, was dessen spezielle Interessengebiete sind. Mit jedem Kauf liegen mehr Informationen vor, die Personalisierungsstufe wird erhöht und damit der Wert der Empfehlungen verbessert. Für Kunden entsteht so im Lauf der Zeit ein echter Nutzen, den Wettbewerber nicht direkt bieten können. Da Wettbewerber den Kunden und seine Präferenzen nicht so gut kennen, haben sie einen entscheidenden Wettbewerbsnachteil. Und der Kunde hat sich – sozusagen durch eigenes Zutun – eine hohe Wechselhürde errichtet.

Genau das ist das Ziel einer One-to-One-Beziehung mit dem Kunden: Es geht nicht darum, möglichst viele Kunden für ein Produkt zu finden, sondern möglichst viele Produkte für einen Kunden. Das Beispiel von Amazon zeigt, dass eine gut gemachte One-to-One-Ansprache dazu führen kann, dass der Kunde freiwillig mehr bei einem Anbieter kauft. Er kauft dort nicht nur seine Bücher, sondern auch CDs, Videos und DVDs, Elektronik- und Fotoprodukte, Software, Computer- und Videospiele und neuerdings auch Produkte für Küche und Haushalt.

One-to-One-Marketing kann als ein Prozess gesehen werden, der die Bildung einer langfristigen Kundenbeziehung zum Ziel hat. Und wie jede andere zwischenmenschliche Beziehung ist auch die Kundenbeziehung dadurch geprägt, dass beide voneinander lernen, dass sie sich gegenseitig beeinflussen und verändern.

Die vier wichtigen Aktivitäten in diesem Prozess sind:

- den Kunden identifizieren,
- einen intelligenten Dialog mit dem Kunden führen,
- den Kunden anhand der vorliegenden Informationen bewerten,
- den Marketing-Mix personalisieren und individuell zuschneiden.

1. Den Kunden identifizieren: Um einen Dialog mit einem bestehenden oder potenziellen Kunden aufzubauen, muss das Unternehmen zunächst Informationen sammeln. Neben den allgemeinen Daten (Name, Adresse, Alter, etc.) sollten auch Daten über das Verhalten, die Vorlieben und Wünsche des Kunden erhoben werden. Dies ist gerade bei Gütern des täglichen Bedarfs nicht einfach. Für den ersten Schritt können Instrumente des Massenmarketings wie Preisausschreiben, Coupons oder Kundenkarten zur Anwendung kommen.

Dabei ist es völlig falsch, alle Information bei der ersten Interaktion aus dem Kunden „herausholen" zu wollen. Websites, die den Websurfer auffordern, sich zunächst einmal unter Angabe der eigenen Anschrift und E-Mail-Adresse zu registrieren, bevor man auf die eigentliche Homepage des Anbieters weitergeleitet wird, schlagen gleich zu Beginn den potenziellen Kunden in die Flucht. Erinnern Sie sich an den Heiratswilligen aus dem ersten Kapitel über Permission Marketing? Gefragt ist der behutsame Aufbau von Vertrauen. Potenzielle Kunden möchten sich zunächst ein Bild von dem Anbieter machen, bevor sie bereit sind, persönliche Informationen über sich preiszugeben. Üben Sie also Geduld!

In diesem Zusammenhang gilt es außerdem zu beachten, dass viele Kunden sich zunehmend Sorgen um die Sicherheit ihrer Online-Daten machen. In vielen Ländern gibt es darüber hinaus eine Gesetzgebung, die die Datensammlung ohne Wissen und Erlaubnis des Kunden sehr stark einschränkt oder sogar untersagt. Deshalb müssen die Kunden unbedingt darüber informiert werden, welche Informationen über sie gesammelt werden und was deren Verwendungszweck ist. Das gilt insbesondere für Informationen, die an Dritte weitergegeben werden.

2. Einen intelligenten Dialog mit dem Kunden führen: Bauen Sie einen permanenten Dialog mit Ihren Kunden auf! Die Initiative darf dabei aber nicht immer nur von Ihnen ausgehen. Die Kunst liegt darin, einen Anreiz für den Kunden zu schaffen, dass er mit Ihnen in Kontakt tritt. Denn wenn Sie es nicht schaffen, dass sich Ihr Kunde selbst bei Ihnen meldet und Sie etwas fragt, sind Sie noch keinen Evolutionsschritt aus der Eiszeit des Massenmarketings herausgetreten. Der Kunde wird letztlich selbst entscheiden, ob er mit Ihnen in Dialog treten will. Geben Sie ihm einen Grund dafür!

Voraussetzung für den Dialog mit vielen Menschen sind interaktive Medien. Das Telefon, das Internet, E-Mail und IT-unterstützte Call Center geben mittlerweile jedem einzelnen Kunden eine Stimme. Und beachten Sie: Welches Dialogmedium der Kunde nutzen möchte, entscheidet er selbst.

Was macht den Dialog intelligent? Aus Sicht des Kunden wird er intelligent, wenn er bequem und nützlich ist. Wenn er zum Beispiel ein individuelles Problem löst, wenn er zur richtigen Zeit stattfindet, wenn er kostengünstig ist, wenn er Zufriedenheit schafft. Aus Sicht des Unternehmens wird der Dialog intelligent, wenn er weitere Informationen über die Präferenzen des Kunden liefert, wenn er kostengünstig ist und wenn er Kundenzufriedenheit schafft.

Dialog bedeutet hier nicht, den Kunden von einem Produkt zu überzeugen und ihn dazu zu bringen, es sofort zu kaufen. One-to-One-Dialog erfordert die Bereitschaft des Anbieters, auch selbst zu lernen.

Ein Beispiel für den Aufbau eines intelligenten Dialogs mit Lerneffekt ist der Computerhersteller Dell. Das Unternehmen mit Sitz in Austin, Texas, hat schon früh auf den Direktvertrieb seiner Systeme über das Internet gesetzt und hat eine Menge Erfahrung über den Aufbau von One-to-One-Beziehungen mit seinen Kunden gesammelt. Je öfter ein Kunde bei Dell kauft, umso einfacher ist der nächste Kauf für ihn, weil Dell ihm beim nächsten Mal von Anfang an die richtigen Angebote unterbreiten kann. Dell hat nämlich beim letzten Mal dazugelernt. Der Kunde muss beim wiederholten Kauf nichts mehr eingeben, was er schon beim letzten Mal eingegeben hat. Er muss nur noch die Anwendung spezifizieren, für die diesmal ein System benötigt wird, und Dell kann das passende Angebot zusammenstellen.

Für das Sammeln und Verwalten dieser Daten braucht das Unternehmen eine umfangreiche und gut gepflegte Datenbank. Ziel aus technischer Sicht ist es, alle eingehenden Daten aus häufig unterschiedlichen Bereichen zusammenzuführen und miteinander zu verknüpfen. Gleichzeitig müssen die Daten so aufbereitet werden, dass sie allen Mitarbeitern mit Kundenkontakt jederzeit zur Verfügung stehen.

3. Den Kunden anhand der vorliegenden Informationen bewerten: Beim One-to-One-Ansatz werden die Kunden differenziert: Der Kunde kann nach unterschiedlichsten Kriterien in verschiedene Gruppen eingeteilt werden. Da nicht jeder Kunde für das Unternehmen den gleichen Wert (Customer Lifetime Value) besitzt, versucht das One-to-One-Marketing, wertvolle und potenziell wertvolle Kunden zu bevorzugen. Auf Datenbankebene wird hierzu jede Menge komplizierter Mathematik eingesetzt. In ihrer einfachsten Form kann man sich eine solche Berechnung als Set von Wahrscheinlichkeiten vorstellen, so etwa die Wahrscheinlichkeit des Wiederkaufs, die prognostizierte Häufigkeit von Käufen und der wahrscheinliche Wert des nächsten Kaufs. Diese werden mit dem voraussichtlichen Aufwand für die Pflege des Kunden, abdiskontiert auf den Zeitwert, verrechnet. Anhand dieser Daten ist dann eine Entscheidung über die Einstufung des Kunden anhand seines Wertes möglich.

4. Den Marketing-Mix personalisieren und individuell zuschneiden: Dank der Informationen über den Kunden kann bei allen Bestandteilen des Marketing-Mixes, also Produkt, Preis, Distribution und Kommunikation, das Angebot auf den einzelnen Kunden zugeschnitten werden. Der berechnete Kundenwert bestimmt den Grad der Personalisierung mit Blick auf die dadurch entstehenden Kosten. Es ist also eine Frage des geschickten Abwägens.

- **Produkt:** Die Individualisierung des Produkts wird auch Mass Customization genannt. Dem haben wir ein ganzes Kapitel gewidmet, nämlich das folgende. An dieser Stelle nur in aller Kürze: Die Produkte bestehen aus verschiedenen Modulen, die entsprechend der Kundenwünsche kombiniert werden. Der Kunde erhält dann ein Produkt, das mittels verschiedenartig anmutender, funktionell jedoch komplett austauschbarer Module nach seinem Geschmack zusammengestellt ist. Der Textilhändler Dietrich Maßhemden in Aachen bietet seinen Kunden beispielsweise die Möglichkeit, über das Internet maßgeschneiderte Hemden zu bestellen. Dazu übermittelt der Kunde seine Hemdenmaße und spezifiziert seinen Stoffwunsch. Außerdem kann er zwischen verschiedenen Kragen- und Manschettentypen wählen und auf Wunsch auch ein Monogramm eintragen lassen, das dann kostenlos aufgestickt wird. Die Bestellung wir per E-Mail in Auftrag gegeben, und schon bald bringt die Post das Maßhemd.

- **Preis:** Der Preis kann in unterschiedlicher Weise individualisiert werden. Es können diverse Finanzierungsvarianten angeboten werden wie beispielsweise Ratenzahlungen. Eine weitere Möglichkeit sind Rabatte wie Treue- und Mengenrabatte. Es können aber auch komplett individuelle Preise vereinbart werden. Während dies im Endkundengeschäft noch eher die Ausnahme ist, hat die individualisierte Preisfestlegung im Industriegüterbereich ihren festen Platz.
- **Distribution:** Durch die gesammelten Kundendaten können Kunden, die ein zweites Mal bei einem Unternehmen bestellen, auf die Angaben einer Lieferadresse verzichten, da diese Angaben gespeichert sind. So entsteht eine Wechselbarriere, da die Kunden bei einem anderen Unternehmen diese Informationen erneut angeben müssten.
- **Kommunikation:** Eine direkte und individuelle Ansprache der Kunden reduziert die beim Massenmarketing üblichen Streuverluste, zudem erhalten die Kunden weniger für sie nicht-relevante Werbung. Gerade in der Kommunikation liegt ein hohes Potenzial zur Individualisierung. Bei Newslettern beispielsweise, die in ihrer einfachsten Form Massenmails ohne differenzierte Inhalte sind, lässt sich eine Entwicklung verfolgen hin zu personalisierten Elementen. Neben der individuellen Anrede können Newsletter die speziellen Interessensgebiete des Kunden berücksichtigen und die einzelnen Mails entsprechend aus Bausteinen zusammenstellen. Bei der kundenindividuellen Kommunikation ist es wichtig, den potenziellen Wert des einzelnen Kunden möglichst genau einzuschätzen, da ansonsten unnötig hohe Kosten entstehen können.

Die Personalisierung hört allerdings nicht beim Marketing-Mix auf. Streng genommen muss das gesamte Unternehmen auf eine One-to-One-Strategie ausgerichtet werden. Die Idee eines One-to-One-Unternehmens muss in das Bewusstsein jedes einzelnen Mitarbeiters gerückt werden. Strukturen, Prozesse und die Unternehmenskultur müssen kompatibel zum One-to-One-Marketing werden. Im Gegensatz zu einem klassischen produktfokussierten Unternehmen, bei dem in der Regel die Produktmanager die Absatzverantwortung tragen, werden bei einem „One-to-One-Unternehmen" anstelle von Produktmanagern Kundenmanager eingesetzt, die ein Kundenportfolio verwalten. Und zwar nicht nur bei den großen Schlüsselkunden (Key Accounts), wie es heute weit verbreitet ist, sondern beim gesamten Kundenstamm.

Fallstudie: Novartis Seeds

Novartis ist ein Global Player im Bereich Pharma und Getreideschutz. Das Unternehmen entstand 1996 durch die Fusion von Sandoz und Ciba. Novartis Seeds, Inc., ist ein US-amerikanisches Tochterunternehmen, das im Bereich Forschung und Entwicklung von Agrarprodukten führend ist. Über sein Markenzeichen NK verkauft Novartis Seeds erfolgreich die Feldfrüchte Mais, Winterraps, Sonnenblumen und Wintergetreide. Die weltweiten Aktivitäten von NK umfassen die Züchtung, Vermehrung, Aufbereitung und den Vertrieb dieses Saatgutes. Dabei behauptet sich das Unternehmen in einem stark umkämpften Markt.

Durch konsequentes One-to-One-Marketing ist es Novartis gelungen, sich vom Wettbewerb abzuheben. Das Konzept wurde vor allem im Bereich „Promotion" angewandt. Hier wurde die Kommunikation des Unternehmens in mehrfacher Hinsicht individualisiert und personalisiert.

Folgende drei Ziele sollten dadurch erreicht werden: Erstens sollten die Großhändler, die die Produkte vertreiben, mehr Novartis-Produkte verkaufen. Zweitens sollte der „Haul Back" verringert werden. „Haul Back" bezeichnet eine gängige Praxis in dieser Branche, nämlich dass die Landwirte ihre Meinung darüber, was sie anpflanzen wollen, ändern und somit auch einen Teil ihrer Bestellungen stornieren. Diese Stornierungen können eine Größenordnung von 20 Prozent der Gesamtbestellung ausmachen. Zum dritten Ziel hat Novartis die Umsatzsteigerung auf Kosten anderer Marken erklärt.

Um diese Ziele erreichen zu können, startete Novartis eine personalisierte Mailing-Kampagne. Der erste Schritt dazu war die Erstellung einer Kundendatenbank. Zunächst wurden die Daten der Landwirte erfasst, die bereits eine Bestellung aufgegeben hatten. Diese Daten wurden von den Großhändlern zusammen mit Informationen über die jeweilige Bestellung und mögliche Zusatzprodukte, die für den Landwirt von Interesse sein könnten, an Novartis Seeds weitergegeben.

Daten, die erfasst wurden, waren unter anderem die Größe und Art des landwirtschaftlichen Betriebs und eine genaue Aufstellung der Geräte, die von den Landwirten verwendet wurden. Diese und weitere Daten wurden nicht nur bei den aktuellen Kundeninteraktionen erfragt, sondern über einen längeren Zeitraum angesammelt.

Mithilfe der Daten wurde für jeden Landwirt eine personalisierte Broschüre erstellt, die Informationen über genau diejenigen Produkte enthielt, die für ihn von Interesse waren. Digitale Druckmaschinen machten es einfach und relativ kostengünstig möglich, Einzeldrucke zu erstellen. Allerdings war der Preis pro Broschüre immer noch doppelt so hoch wie bei einem Massendruck. Diese hohen Kosten konnten, abgesehen von dem hohen Nutzen für den Leser, auch durch geringere Lagerkosten (bei Null, da jede Broschüre einen Empfänger hatte) und keine Fixkosten (Platten für den Druck etc.) relativiert werden. Man könnte dieses Vorgehen vermutlich noch effizienter gestalten, indem man elektronische Broschüren erstellt, die per E-Mail versendet werden. Es entzieht sich unserer Kenntnis, ob in der Zielgruppe dieses Medium heute schon eine entsprechende Verbreitung hat – offensichtlich war das nicht der Fall, als Novartis diese Kampagne startete.

Im Rahmen der Kampagne wurden innerhalb von zwölf Monaten zwei personalisierte Broschüren versendet. Die erste Aussendung im Herbst nach der Ernte mit Produkten für die neue Aussaat. Die zweite kurz vor der Aussaat mit einer Erinnerung an die Bestellung und eine Bestätigung durch den jeweiligen Großhändler, dass die getätigte Bestellung eine exzellente Wahl war. Dadurch sollte der „Haul Back“-Effekt gemindert und Stornierungen der Bestellungen vermieden werden.

Neben den Produkten, die vom Landwirt schon bestellt worden waren, wurden andere, passende Produkte angeboten. Diese wurden dabei auch an die geographische Lage und die Wetterbedingungen angepasst. Durch dieses gezielte Angebot wurde ein Cross-Selling ermöglicht, was den Umsatz weiter steigerte.

Die Personalisierung der Broschüren und Anschreiben ging so weit, dass die Abbildungen in der Broschüre auf die einzelnen Landwirte zugeschnitten wurde. So war in der Abbildung für Landwirte, die die Geräte einer bestimmten Marke benutzen, genau ein solches Gerät zu sehen und für Landwirte mit Tierhaltung wurden Abbildungen mit Vieh ausgewählt. Durch diese Mailing-Aktion konnten die Umsätze um circa 20 Prozent gesteigert werden. Zudem wurde das Verhältnis zu den Großhändlern verbessert, welche ebenfalls ein besseres Verhältnis zu den Farmern entwickelten. Der „Haul Back“ ging gegen Null zurück.

Chancen & Risiken

Chancen

- Mit One-to-One-Marketing kann der Markt gezielter bearbeitet und Streuverluste können minimiert werden.
- Unternehmen können Kunden enger und langfristiger an sich binden und durch diese individualisierte Anbieter-Kunden-Beziehung einen schwer zu imitierenden Wettbewerbsvorteil aufbauen. Sie können sich von ihren Mitbewerbern differenzieren und damit einem reinen Preiswettbewerb entkommen.
- Je nach Präferenz können zusätzlich zum Kernprodukt auch noch weitere Produkte oder Services angeboten werden (Cross-Selling). Geschickt ausgewählt, wird der Kunde vom „zufällig" perfekten Angebot beeindruckt sein und erwägen, die Leistung als Gesamtpaket zu beziehen.
- Mittels exakter und umfangreicher Kundendaten können Produkte entweder öfter oder zu einem teureren Preis verkauft werden. One-to-One-Marketing verspricht langfristig höhere Gewinne und profitablere Kunden.
- Gut gemachtes One-to-One-Marketing führt zu loyalen Kunden, die wiederum ausgezeichnete Referenzen und Werbeträger für das Unternehmen sind.

Risiken

- Zwischen den entstehenden Kosten für die Personalisierung und dem Nutzen muss sorgfältig abgewogen werden. Kommt es hier zu Unsicherheiten in der Bewertung, können die Investitionen in die Kundenbeziehung die langfristigen Gewinne übersteigen.
- Nicht jedes Produkt ist gleich gut für One-to-One-Marketing geeignet. Hier helfen nur exaktes Konzpieren und ehrliche Berechnungen.
- Ein große Hürde bei der Umsetzung können die hohen Kosten der Einführung des One-to-One-Konzepts sein, da erheblicher Aufwand für die notwendige Software, die Umstellungen in der Produktion bis hin zu Mitarbeiterschulungen anfällt.
- Die größte Herausforderung für Unternehmen auf dem Weg zum One-to-One-Marketing ist die Überzeugungsarbeit beim Kunden. In vielen Fällen sind Kunden einfach nicht bereit, Informationen über sich preiszugeben. Insbesondere die zu frühe Frage nach zu vielen Informationen weckt Misstrauen und kann Kunden abschrecken oder verärgern.

Fazit

Das Konzept „Unterschiedliche Kunden auch unterschiedlich behandeln" hat nicht nur zu Zeiten der Tante-Emma-Läden eine bedeutende Rolle gespielt, sondern ist heute wichtiger denn je. Allerdings ist One-to-One-Marketing kein Konzept, das ohne technische Unterstützung realisierbar ist: Internet und E-Mail, Softwareunterstützung, eine fortlaufend aktualisierte Datenbank, entsprechende Voraussetzungen im Unternehmen und anderes mehr sind unabdingbar, um eine individuelle Interaktion mit dem Kunden zu realisieren.

Das Konzept ist eng verwandt mit den Konzepten Mass Customization, Customer Relationship Management, Customer Lifetime Value und Loyalitätsmanagement. Das Konzept des One-to-One-Marketings umzusetzen erfordert eine Neuausrichtung der unternehmensinternen Strukturen und Prozesse und möglicherweise sogar der Unternehmenskultur unter Einbeziehung dieser genannten Konzepte.

Entschließt sich ein Unternehmen, diesen Weg zu beschreiten, so müssen sich alle Verantwortlichen darüber im Klaren sein, dass es sich dabei um keine einmalige Aktion mit schnellen Erfolgen handelt, sondern um eine langfristig angelegte Perspektive: um den vertrauensvollen Dialog zwischen Kunde und Unternehmen.

Quellen

Bücher und Zeitschriften

Christiani, Alexander: Magnet Marketing. Erfolgsregeln für die Märkte der Zukunft. Frankfurt a. Main 2002

Fultz, Patrick: „One-to-One-Marketing – for real", in: *Direct Marketing,* Aug. 1999, S. 63–65

Greenberg, Paul: CRM at the speed of light. Berkeley 2001

McLaughlin, Rachel: „Making it personal", in: *Target Marketing,* Jan.1999, S. 51–54

Peppers, Don; Rogers, Martha: Die 1:1-Zukunft. Freiburg 1994

Peppers, Don; Rogers, Martha: „Is your company ready for One-to-One-Marketing?" in: *Harvard Business Review,* Jan./ Feb. 1999, S. 151–161

Peppers, Don; Rogers, Martha: One-to-One, B2B: Customer development strategies for the Business to Business world. New York 2001

Reichardt, Christian: One-to-One-Marketing im Internet. Wiesbaden 2000

Reichheld, F; Schefter P. (2001): „Warum Kundentreue auch im Internet zählt", in: *Harvard Business Manager,* Nr. 1, S. 70–80

Theobald, Axel; Stehle, Robert: „One-to-One-Marketing und Electronic Commerce", in: *Kaiserslauterer Schriftreihen Marketing,* 1998

Töpfer, Armin: „Grundlagen und Medien für erfolgreiches Directmarketing", in *Thexis* 4/87, S. 16–20

Wietlisbach, Guido: „Branding goes direct", in: *Marketing & Kommunikation,* Juli/ Aug. 2000, S. 72

Internet

Cohen, Andreas: M3 Aricle on One-to-One-Marketing, [WWW Dokument], URL: http://www.m3newmedia.com/cnmarononmar.html

Frenko, Andreas T.: One-to-One-Marketing im Internet-Kontext, in: Online Marketer Know How, [WWW Dokument], URL: http://www.onlinemarketer.de/know-how/hintergrund/one-to-one-marketing.htm

KPMG Studie: „Electronic Commerce – Status Quo und Perspektiven, 1to1 Marketing", [WWW Dokument], URL: http://www.kpmg.de/services/consulting/ebusiness/docs/electroniccommercestatusquo-00_1to1_marketing.pdf

Managing Change 1–3: „One-to-One-Marketing –What is One-to-One-Marketing?", [WWW Dokument], URL: http://www.managingchange.com/

Peppers, Don; Rogers, Martha: „One-to-One-Marketing im Internet-Kontext", [WWW Dokument], URL: http://www.onlinemarketer.de/know-how/hintergrund/one-to-one-marketing.htm

Peppers, Don: „Tante Emma und ihre 10.000 Angestellten", [WWW Dokument], URL: http://www.base.ch/

Peppers, Don; Rogers, Martha: „One-to-One-Marketing is a journey, not a destination", [WWW Dokument], URL: http://www.1to1.com/

Novartis Seeds, [WWW Dokument], URL : http://www.nk-us.com/

11. Mass Customization

Maßarbeit für alle

Sie brauchen ein neues Parfum. Wohin gehen Sie? Am besten zur Parfümerie mit der größten Auswahl. Sobald Sie dann vor den riesigen Regalen stehen, fragt Sie eine attraktive junge Dame, welchen Duft Sie denn bevorzugen: sinnlich und sonnig oder gelassen und lebensfroh, oder doch lieber rein und leidenschaftlich oder klar und leicht? Alles da, kein Problem. Doch mit jedem Duft, den Sie probieren, wird Ihre Stirnfalte ausgeprägter: Es gibt so viel Auswahl ... Sie sind verwirrt, und alles riecht irgendwie ganz gut. Doch die nette Verkäuferin hätte da noch einige Vorschläge: Ein paradiesischer Duft – wie Naomi Campbells Paradise Passion – entführt Sie mit einer geheimnisvollen Melange aus Mango und Papaya-Blüte in ein Wunderland der Liebe, Leidenschaft und Lebensfreude. Oder Sabatini von Gabriella Sabatini berauscht Ihre Sinne mit gefühlvoller Vanille und edlen Hölzern, während das raffinierte Glow von Jennifer Lopez mit seinem exotisch-frischen Cocktail aus Orangenblüte und rosa Grapefruit die weibliche Abenteuerlust weckt …

Wie schön wäre es, wenn Sie ebenso wie Naomi Campbell, Gabriella Sabatini oder Jennifer Lopez Ihren eigenen Duft zusammenstellen könnten. Genau diese Idee setzt Procter & Gamble in seinem Online-Shop Reflect.com um. Interaktive Technologien helfen dabei, den Wunsch nach Einzigartigkeit in Produktform zu bringen. Über ein ausgeklügeltes Fragesystem wird herausgefunden, welche Inhaltsstoffe, Farben und Düfte am besten zum Kunden passen. Als Ergebnis erhält der Kunde ein auf ihn oder sie optimal abgestimmtes, individualisiertes Produkt. 50 000 Artikel mit unterschiedlichen Kombinationen können auf diese Weise realisiert werden. Die Zeiten, als das persönliche Parfüm nur für Berühmtheiten aus Film und Fernsehen kreiert wurde, sind also vorbei. Darüber hinaus besitzen die reflect.com-Produkte ein großes Kundenbindungspotenzial, da einmal bei reflect.com geschaffene Produkte nirgendwo anders vom Kunden nachbestellt werden können.

Der Konsument will in der Regel nicht zwischen Produkten auswählen. Er will genau das Produkt, das er will.
(Joseph Pine, Managementberater und Bestseller-Autor)

Mass Customization – die kundenindividuelle Massenproduktion – ist eine Strategie, die für jeden Kunden genau das Produkt fertigt, das er wünscht. Und zwar in etwa zum Preis eines vergleichbaren Standardprodukts. So können die Vorteile einer massenhaften Produktion mit denen einer kundenindividuellen Einzelfertigung verbunden werden.

Wie schon an anderen Stellen in diesem Buch erwähnt: Die Individualisierung der Nachfrage in vielen Märkten nimmt stetig zu. Die Hersteller und Händler reagieren darauf zwangsläufig mit einer Individualisierung des Marketing-Mixes. Produkt, Preis, Promotion und Platzierung (bzw. Distribution) werden differenziert und auf den einzelnen Kunden zugeschnitten. In Bezug auf die Individualisierung des Produkts bedeutet das: Die Hersteller müssen immer mehr Produktvarianten bereitstellen, um die zersplitterten Marktsegmente zu bedienen. Das Konzept der kundenindividuellen Massenproduktion ist die radikalste Reaktion auf diese Veränderung der Märkte: Das mit dem Produkt angepeilte Marktsegment besteht aus genau einer Person.

Abbildung 10: Hier können Frauen ihren Schuhtick ausleben: individualisierte Schuhe bei selve.net

Konzept

„Wenn wir eines fernen Tages die letzten Jahrzehnte des 20. Jahrhunderts Revue passieren lassen, dann wird dieses Zeitalter als die Ära der großen Ich-Entdeckung in die Geschichte eingehen." Diese Aussage des deutschen Zukunftsforschers Matthias Horx spiegelt eine ganz wesentliche Entwicklung der heutigen Zeit wider, die auch in den kommenden Jahren ein bestimmender Trend bleiben wird: die Entstehung der Individualgesellschaft. Längst ist die Wirtschaft auf diesen Zug aufgesprungen und kreiert fleißig Produkte und Services für die Gesellschaft, in der Individualität als Kernwert die Klassen- und Schichtenorientierung aufgelöst hat.

So bietet beispielsweise der amerikanische Konsumgüterhersteller Procter & Gamble unter Reflect.com personalisierte Pflegeprodukte an. In dem virtuellen Shop kann sich der Kunde Parfüms und Cremes nach seinem individuellen Hauttyp und persönlichen Vorlieben selbst zusammenstellen.

Individualisierte Boxershorts aus dem Internet für ihn, individualisierte Schuhe für sie und individualisiertes Spielzeug für die Kleinen ... Die Individualisierung macht vor nichts und niemanden halt – und sie beschränkt sich nicht nur auf Produkte. Experten sehen für die nächsten Jahre ebenfalls einen verstärkten Trend zur individualisierten Dienstleistung, die ganz auf die Wünsche und Bedürfnisse des einzelnen Kunden zugeschnitten ist.

Der „Hertz #1 Club Gold" ist so ein Beispiel für eine individualisierte Dienstleistung. Hinter diesem Namen steht ein Servicekonzept, das die Standardleistung Autovermietung individualisieren soll. Dabei bleibt das eigentliche Grundprodukt „Vermietung eines Autos einer bestimmten Klasse für eine bestimmte Zeit" unverändert. Individualisiert werden die vorgelagerten Leistungen. So kann der Kunde mit einer speziellen Kundenkarte sehr schnell und ohne Papierkram seinen gewünschten Wagen erhalten. An großen Flughäfen bringt ein Bus den Kunden direkt zum Parkplatz, wo der telefonisch reservierte Wagen bereitgestellt ist – ohne Umweg über den Hertz-Schalter.

In der Individualisierung steckt auch die Chance für Anbieter, sich vom Wettbewerb durch die Varietät ihrer Produktpalette zu differenzieren. Immer variantenreichere Produktprogramme bis hin zur Einzelfertigung sind die Konsequenz. Die betriebswirtschaftliche Forschung, und hier insbesondere der Marketingpapst Philip Kotler, formuliert vor diesem Hintergrund den Abschied vom Massenmarketing: *„The mass market is dead."*

Dabei ist das Mass-Customization-Konzept nicht einfach gleichzusetzen mit Maßfertigung. Der Schneider nimmt seit Jahrhunderten bereits das Maß seiner Kunden. Aber Mass Customization ist mehr. Es wird durch folgende Eigenschaften charakterisiert:

- Mass Customization erfordert die Kommunikation mit dem Kunden. Nur wenn das Unternehmen die Bedürfnisse des Kunden in Bezug auf bestimmte Produkteigenschaften kennt, können passende Produkt gefertigt werden. Dies kann bedeuten, dass jedes gefertigte Produkt ein einmaliges Unikat ist, kann aber auch heißen, dass ein homogenes Produkt massenhaft gefertigt und nachträglich vom Kunden selbst angepasst wird.

- Der erste Schritt ist immer die Erhebung der Kundenwünsche, erst der zweite die Überführung dieser Wünsche in das kundenindividuelle Produkt. Ein gelungenes Mass-Customization-Geschäft zeichnet sich auch dadurch aus, dass dieser erste Schritt für den Kunden so einfach wie möglich abläuft.
- Der Preis, zu dem das kundenindividuelle Produkt am Markt angeboten wird, entspricht ungefähr dem Preis eines vergleichbaren Standardprodukts. Dies wird nicht dadurch erreicht, dass ein Hersteller aus Marketinggründen die individuellen Produkte subventioniert, sondern vielmehr durch eine effiziente Fertigung und den kostengerechten Vertrieb der Produkte.
- Mass Customization zielt auf einen großen Absatzmarkt. Die Marktgröße ist dabei relativ zu sehen: In der Bekleidungsindustrie kann der relevante Markt viele Millionen Menschen umfassen. Für den Hersteller eines Fertighauses ist schon ein Markt von einigen Hundert Abnehmern ein großer Massenmarkt.
- Ein Mass Customizer nutzt die während der Interaktion zwischen Abnehmer und Hersteller bzw. Händler gewonnenen Informationen zum Aufbau einer dauerhaften Kundenbeziehung, von der auch der Abnehmer profitieren kann (mehr über eine solche „Learning Relationship“ lesen Sie in den Kapiteln über CRM und One-to-One-Marketing).
- Die kundenindividuelle Massenproduktion baut auf stabilen und standardisierten Prozessen und einer vorhandenen Produktspezifikation auf. Daher werden nur solche Komponenten angeboten, die aus Kundensicht den wesentlichen individuellen Produktnutzen ausmachen. Diese werden dann dem Kunden als Auswahlmöglichkeit angeboten.

Ein Beispiel: Dell Computer bietet seinen Kunden die Möglichkeit, über das Internet einen PC ganz individuell nach den persönlichen Wünschen zusammenzustellen. Schritt für Schritt wird der Kunde durch den Prozess begleitet. In einem der ersten Schritte erkundigt sich das System nach den Anwendungsgebieten, für die der Computer hauptsächlich genutzt werden soll. Basierend auf diesen Angaben schlägt das System geeignete Komponenten vor. Unabhängig von diesen Empfehlungen kann der Nutzer seinen PC so konfigurieren, wie er es möchte. Das System führt im Hintergrund immer eine Plausibilitätsprüfung durch und lässt nur technisch sinnvolle Konfigurationen zu. Nachdem die Konfiguration abgeschlossen ist, kann der Kunde die Bestellung aufgeben. Dieser Vorgang wird durch zahlreiche Servicefunktionen unterstützt, und auf Wunsch kann der Kunde auch ein Online-Training oder einen Installations-Service kaufen. Ein Ordertracking-System zur Kontrolle des Bestellstatus vervollständigt das umfassende Serviceangebot von Dell.

Ein derartiges Konfigurationssystem wird dann besonders wertvoll, wenn das Produkt Wiederholungskäufe ermöglicht. Die gespeicherten Daten können dann dazu verwendet werden, den erneuten Kaufvorgang für den Kunden bequemer zu gestalten. Der Effekt: Für den Kunden wird es immer mühsamer, den Anbieter zu wechseln, es werden so genannte Wechselhürden aufgebaut. Das bedeutet, dass der Nutzen, den ein Anbieterwechsel dem Kunden bringen könnte, zu gering ist, um die Mühe aufzuwiegen, die für ihn mit dem Wechsel verbunden ist. Ein gutes Beispiel für diese Wechselhürden sind die individuellen Vitamintabletten von Acumins, die entsprechend der Vorgaben des Kunden hergestellt werden. Ein Wechsel zu einem anderen Anbieter würde für den Kunden bedeuten, dass er zunächst wieder in einem zeitaufwändigen Prozess seine Daten eingeben müsste, damit der neue Anbieter die Vitaminpräparate entsprechend seiner Präferenzen zusammenstellen kann.

Die vier Arten von Mass Customization

Generell kann man vier Arten der kundenindividuellen Massenproduktion unterscheiden, wobei entweder das Produkt selbst oder die Produktdarstellung individualisiert wird. In den meisten Fällen wird eine Kombination der vier Ansätze realisiert.

1. Collaborative Mass Customization: Der Anbieter gibt dem Kunden Raum für intensive Kommunikation. Der Kunde kann seine Wünsche genau artikulieren und das Angebot identifizieren, das seinen Bedürfnissen exakt entspricht. Eine besondere Intensität der Kommunikation ist immer dann erforderlich, wenn es dem Kunden schwer fällt, seine Bedürfnisse zu präzisieren oder wenn er aus einer Fülle von Komponenten wählen muss, um die gewünschte Funktionalität zu bekommen. So hat beispielsweise der potenzielle Käufer, der sich für ein Smart Fortwo Coupé interessiert, die Qual der Wahl zwischen vier verschiedenen Ausstattungsvarianten, drei unterschiedlichen Interieurs, vier Motoren, acht Bodypanels und zwei Tridion-Sicherheitszellen. Der Smart-Konfigurator im Internet führt den Kunden in einfachen und logischen Schritten durch den Prozess der Konfiguration. Wenn der Kunde die menschliche Interaktion vorzieht, kann er aber genauso gut beim Händler vor Ort seinen Wunsch-Smart zusammenstellen lassen.

2. Adaptive Mass Customization: Ein standardisiertes Produkt wird so gestaltet, dass der Kunde selbst die Funktionalität des Produkts bei der Verwendung anpassen, verändern oder umgestalten kann. Besonders dann, wenn ein Produkt bei verschiedenen Anlässen unterschiedlich funktionieren muss, ist diese Methode sinnvoll. Die amerikanische Firma Lutron Electronics zum Beispiel stellt Beleuchtungssysteme her, die auf

Knopfdruck verschiedene vom Kunden programmierte Stimmungen im Raum erzeugen können (Party, Romantik, etc.).

3. Transparente Mass Customization: Dabei wird ein Produkt kundenindividuell angepasst, ohne dass der Kunde ausdrücklich ein individualisiertes Produkt anfordert. Dem Kunden ist es lediglich wichtig, dass das Produkt seinen Anforderungen entspricht. Das funktioniert nur, wenn Kundenwünsche vorhersehbar und beobachtbar sind und der Kunde wiederum seine individuellen Bedürfnisse nicht beschreiben muss. Chem Station zum Beispiel, ein amerikanischer Hersteller von Industrieseifen, analysiert die Bedürfnisse seiner Kunden genau und mischt jede Seifenlieferung den jeweiligen Bedürfnissen des Kunden (Autowaschanlage, Reinigung von Büroräumen, etc.) entsprechend zusammen.

4. Kosmetische Mass Customization: Dieser Ansatz ist sinnvoll, wenn das standardisierte Produkt jeden Kunden zufrieden stellen kann und nur die Form der Produktpräsentation kundenindividuell gestaltet werden muss. Das Produkt wird beispielsweise speziell verpackt, der Name des Kunden steht darauf oder die Promotion-Kampagnen werden für verschiedene Personen unterschiedlich kommuniziert.

Eine der Hauptanforderungen an den Hersteller für eine erfolgreiche Umsetzung des Konzepts ist ein hoher Grad an Flexibilität bei der Leistungserstellung. Diese Flexibilität kann durch die Modularisierung des Produkts gewährleistet werden. Wie in einem Baukasten lassen sich so die verschiedenen Module beliebig miteinander kombinieren und ermöglichen so eine Vielzahl an Produktvarianten.

Ein weiterer wesentlicher Faktor für den Erfolg des Mass-Customization-Konzepts ist die Kundenintegration. Der Kunde kann entweder vor Fertigungsbeginn oder in der Endphase der Produktion oder erst beim Vertrieb mit einbezogen werden. Welche Strategie die richtige ist, hängt im Wesentlichen von zwei Faktoren ab: einerseits von den Kundenanforderungen, die wenig bis sehr individuell ausgeprägt sein können, andererseits von den Fähigkeiten eines Unternehmens, individuelle Produktlösungen anzubieten.

Das Beispiel der interaktiven Version des *Wall Street Journal* aus dem Hause Dow Jones zeigt ein Mass-Customization-Konzept, das den Kunden von Anfang an involviert: Rund um die Uhr können sich die Abonnenten dieses Journals mit stets aktualisierten Wirtschaftsnachrichten und ausgewählten Artikeln aus anderen Bereichen versorgen. Die Nachrichten erreichen den Leser in Form eines „Personal Journals". Für diese individualisierte Zeitung stellen die Leser ein eigenes Informationsbedarfsprofil zusammen, das dann wiederum die Auswahl der Artikel automatisch steuert.

Der Spielzeughersteller Mattel, der unter barbie.com die Möglichkeit anbietet, eine eigene Barbie-Puppe zu kreieren, sammelt sämtliche Informationen aus den Personalisierungsvorgängen. Durch die Auswertung der Daten, die die Kinder über ihre Wunsch-Barbies übermitteln, lassen sich gute Erkenntnisse über Vorlieben und Abneigungen der jungen Kunden ermitteln, die in die Entwicklung neuer Produkte einfließen.

Fallstudie: Paris Miki

Mit über 1000 Filialen in Japan ist Paris Miki seit fast 20 Jahren schon der größte Optiker des Landes. Außerhalb von Japan besitzt Paris Miki über 100 Filialen. Wenn man eine Paris Miki-Filiale betritt, findet man – wie bei jedem anderen großen Optiker – eine breite Auswahl an unterschiedlichen Brillengestellen. Doch Paris Miki bietet mehr: Das Unternehmen fertigt ein individuelles Design einer Brillenform innerhalb von einer Stunde – exakt nach den Wünschen und Vorgaben des Kunden.

Mithilfe einer Softwarelösung, eines so genannten Expertensystems, können die Kunden sehr schnell ihre ideale Brille aus einer breiten Auswahl von Fassungs-Modellen herausfinden. Zunächst lässt sich der Kunde mit einer digitalen Spezialkamera fotografieren. Die Software berechnet dann innerhalb kürzester Zeit die markanten Formelemente des Gesichts und des Kopfes und stellt das Ergebnis auf dem Monitor zusammen.

Im anschließenden Beratungsgespräch wird nicht nach der gewünschten Brillenform, sondern nach den individuellen Vorlieben wie beispielsweise der Lieblingsfarbe gefragt. Anschließend wählt der Kunde aus verschiedenen Begriffen diejenigen aus, die zu ihm – und seiner neuen Brille – passen („klassisch" oder „sportlich", „aktiv" oder „natürlich" etc.). In einem weiteren Durchgang zeigt der Bildschirm dann eine Anzahl von Fotos oder Gemälden, die der Kunde bewertet. Mit dem im Expertensystem integrierten Optiker- und Designwissen ermittelt Paris Miki so den individuellen Geschmack, um Form und Farbe für funktionelle und gleichzeitig modische Brillen passend zum Stil des Trägers anzubieten. Das System arbeitet mit Künstlicher Intelligenz, indem es konkrete Begriffe und Wünsche in eine Brillenform „übersetzt".

Auf Tastendruck des Verkäufers macht das Expertensystem, entsprechend der Angaben des Kunden, einen Vorschlag für die Brillenform – immer ein echtes Unikat für jeden Kunden. Das Gesicht wird dann mit der vorgeschlagenen Brille auf dem Bildschirm des Rechners abgebildet. Das Expertensystem schlägt dem Kunden ein Brillengestell vor, das zu seinem Aussehen (Kopfform, Proportionen etc.) passt. Dabei bestimmt es nach der Eingabe der benötigten Glaswerte und Brillenstärke die Maximalgröße der Brille, um „Flaschenböden" bei großen Gläsern zu vermeiden.

Ausgehend von diesem Basismodell kann nun interaktiv gemeinsam mit dem Berater das neue Design der Brille bestimmt und individuell angepasst werden. Auf Kundenwunsch oder Beratervorschlag lassen sich die Größe der Gläser ändern, die Form abflachen und die Glasfarben einstellen. Wenn die Form gefällt, geht es an die Auswahl der zugehörigen Fassung. Der Kunde kann dadurch aus den einzelnen vorgegebenen Brücken und Bügeln eine individuelle Kombination erstellen. Alle Formen sind auch in verschiedenen Materialien erhältlich – von der preiswerten Variante aus Plastik bis zum Brillengestell aus 18-karätigem Massivgold.

Will der Kunde aber zuerst noch die Familie oder Freunde zur Wahl befragen, kann er einen Farbausdruck mitnehmen. Ist er mit der virtuellen Brille zufrieden, werden die Daten der Bestellung automatisch über das lokale Rechnernetz an den Automaten in der Werkstatt des Optikers weitergeleitet. Aus Glasrohlingen, die in hoher Variantenzahl standardmäßig vorgefertigt werden und in jeder Filiale gelagert sind, wird die Form der Gläser geschliffen. Anschließend werden die Teile der Fassung angeschraubt, die ebenfalls vorgefertigte Module sind. Kehrt der Kunde nach einem einstündigen Shopping ins Geschäft zurück, liegt sein Brillenunikat zur Abholung bereit. Der Preis der Brille bleibt dabei im Rahmen standardmäßig hergestellter Fassungen von Paris Miki.

Das Konzept ist ein Musterbeispiel für kollaborative Mass Customization. Paris Miki löst ein wichtiges Problem des Kunden, denn dieser ist häufig damit überfordert, die Brille zu finden, die genau zu seiner Geschichtsstruktur und dem gewünschten Look passt. Dem Unternehmen gelingt es mithilfe der kollaborativen Mass Customization nicht nur, eine einzigartige Brille für jeden Kunden anzubieten, sondern auch langfristige Kundenbeziehungen durch Begeisterung und hohe Kundenzufriedenheit aufzubauen.

Chancen & Risiken

Chancen

- Mass Customization ermöglicht eine Differenzierung gegenüber dem Wettbewerb sowie die Möglichkeit, sich einen Namen als Innovationsführer zu machen.

- Beim Aufbau der Kundenbeziehungen kann ein Vorsprung gesichert werden: Das Unternehmen, das zuerst in einer Branche die Position des Mass Customizers besetzt, besitzt einen deutlichen Vorsprung gegenüber den Wettbewerbern beim Aufbau dauerhafter Kundenbeziehungen.
- Die Kommunikation mit dem Kunden während der Konfiguration individueller Produkte liefert wertvolle Informationen über die Kundenwünsche und -bedürfnisse. Diese Informationen können der Produktentwicklung bei künftigen Innovationen dienen, sodass ein geschlossener Kreislauf der langfristigen Kundenorientierung installiert werden kann.
- Der Anbieter kann über Learning Relationships bei seinen Kunden Wechselhürden aufbauen: Das bedeutet, dass Loyalität für Kunden einfacher und bequemer wird als Nicht-Loyalität. Warum sollte ein Kunde zu einem Konkurrenten wechseln, wenn der Innovator bereits alle Daten besitzt, um bei einem Wiederholungskauf schnell und einfach ein neues individuelles Produkt zu fertigen?
- Unternehmen können den „First Mover Advantage“ ernten: Aufgrund des hohen Innovationsgrads sind bei einem Mass-Customization-Konzept steile Lernkurven zu erwarten. Das Unternehmen, das die kundenindividuelle Massenfertigung als erstes zur Serienreife bringt, erreicht weit vor seinen später nachfolgenden Konkurrenten eine günstige Kostenposition, die Raum für Preissenkungen oder zusätzliche Verbesserungsoptionen bei aufkommender Konkurrenz bietet.

Risiken

- Die Investitionen im Zusammenhang mit der Entwicklung der Produkte und dem Aufbau stabiler Prozesse und Technologien sind teilweise erheblich. Unter Umständen lässt der Markt dem Unternehmen zu wenig Zeit, um diese hohen Kosten zu refinanzieren.
- Die Unternehmensorganisation und die Infrastruktur ist den Anforderungen des Mass-Customization-Konzepts eventuell nicht gewachsen. Notwendig ist ein durchgängiger Informationsfluss über alle Wertschöpfungsstufen mithilfe funktionsübergreifender Teams und neuer Informationstechnologien. Die individuelle Kundenansprache, die fehlerfreie Übermittlung der Kundenspezifikationen und die entsprechende Steuerung der Fertigung müssen reibungslos und effizient funktionieren. Die zu verbreitenden Informationsmengen für Mensch und Maschine können dabei beachtliche Ausmaße annehmen.
- Der langfristige Erfolg der Strategie ist abhängig von der Fähigkeit der Mitarbeiter, sich ständig neuen Umweltbedingungen anzupassen. Denn

möglicherweise mündet der Markt in einen Innovationswettlauf. Das bedeutet stetes Lernen durch laufende Erneuerung des Leistungsprogramms, um immer individuellere Produkte immer effizienter zu fertigen.

Fazit

Sowohl in den Investitions- als auch in den Konsumgütermärkten nimmt die Individualisierung der Nachfrage stetig zu. In der Folge sind immer mehr Unternehmen gezwungen, eine große Anzahl von Produktvarianten anzubieten, um die individuellen Wünsche ihrer Kunden zu erfüllen. Doch trotz vermeintlich flexibler Systeme steigen die Anpassungskosten drastisch, und oftmals fehlt die notwendige Flexibilität in den Unternehmen.

Die Lösung heißt kundenindividuelle Massenproduktion oder Mass Customization: Diese Strategie stellt für jeden Kunden genau das Produkt bereit, das er wünscht – ob es sich nun um Hemden, Brillen, Barbie-Puppen, Autos oder Zeitschriften handelt – und das zum Preis eines vergleichbaren Standardprodukts.

Quellen

Bücher und Zeitschriften

Adcock, Dennis: Marketing Strategies for Competitve Advantage. Chichester 2000

Anderson, David M.; Pine, Joseph: Agile Product Development for Mass Customization. London 1998

Becker, Jochen: Der Strategietrend im Marketing. Vom Massenmarketing zum kundenindividuellen Marketing. München 2000

Franke, Nikolaus und Piller, Frank: Toolkits for user innovation and design, in: *Journal of Product Innovation Management*, November 2004, S. 401–415

Gilmore, James H.; Pine, Joseph B.: Markets of one. Creating Customer Unique Value through Mass Customization. Boston 2000

Kotler, Philipp: From mass marketing to mass customization, in: *Planning Review,* 18. Jg. (1989), Heft 5, S. 10–13 u. 47.

Piller, Frank Thomas: Mass Customization. Ein wettbewerbsstrategisches Konzept im Informationszeitalter. Wiesbaden 2000

Piller, Frank Thomas: Kundenindividuelle Massenproduktion. Die Wettbewerbsstrategie der Zukunft. München 1998

Piller, Frank und Stotko, Christof: Mass Customization und Kundenintegration. Düsseldorf 2003

Internet

Behrens, B.; Bierach B.: „Theorien: Managementlehren ändern sich wie die Jahreszeiten", [WWW Dokument], URL: http://www.wiwo.de/wiwowwwangebot/ fn/ww/sfn/buildww/cn/cn_artikel/id/62612!163251/layout/58327/index.html

Esslinger, Harmut: „Zu viel Marketing-Müll", Ausgabe 10, [WWW Dokument], URL: http://www.brandeins.de/magazin/archiv/2000/ausgabe_10/ schwerpunkt/2_3_frame_rechts.html

Forsman, Theresa: „Service so good it's an Experience", Business Week Online, [WWW Dokument], URL: http://www.businessweek.com:/print/smalbizz/content/dec2000/sb2000/sb20001214_572.htm

McManus, Sean: „As you like it", [WWW Dokument], URL: http:// www.sean.co.uk/a/science/customisation.shtm

Piller, Frank: „Fallstudie zur Mass Customization: Levi's Personal Pair: Massgeschneiderte Damenjeans – von der Stange", [WWW Dokument], URL: http://www.mass-customization.de/download/levicase.pdf

Piller, Frank Thomas: „Fallstudie zur Mass Customization: Hertz Gold Club, [WWW Dokument], URL: http://www.mass-customization.de/case_ser.htm

Seelmann-Eggebert, Ralph: Mass Customization, Homepage, [WWW Dokument], URL: http://www.mcustomization.de/

Wall Street Journal: Homepage, [WWW Dokument], URL: http://www.online.wsj.com/public/us

Tennant, Roy: „Personalizing the Digital Library", 1. Juli 1999. In: Library Journal Digital http://www.ljdigital.com/articles/infotech/digitallibraries/19990701_4881.asp

Willenbrock, Harald: „Der Frosch-König", Ausgabe 10, [WWW Dokument], URL: http://www.brandeins.de/magazin/archiv/2000/ausgabe_10/ schwerpunkt/2_2_frame_rechts.html

12. Szenenmarketing

Wie Unternehmen sich in Szene setzen können

Liebe Kolleginnen und Kollegen, unser Kunde ist weiblich, 25 bis 40 Jahre alt, besitzt einen Hochschulabschluss, wohnt in einer der zehn größten Städte Deutschlands, verfügt über ein gehobenes Einkommen, ist karriereorientiert. Außerdem haben wir dank unserer Marktforschung eine exakte Vorstellung davon, wie viele Kunden unsere Zielgruppe umfasst. Wenn wir jetzt mit unserem Marketingkonzept eine Marktdurchdringung von X Prozent erreichen, können wir in den nächsten zwölf Monaten y Einheiten absetzen. Legen wir los!

Gut geplant ist halb gewonnen, aber eben nur halb ... Mithilfe soziodemographischer und psychographischer Merkmale versucht das Marketing hartnäckig, einen unüberschaubaren Markt in überschaubare homogene Zielgruppen zu zerlegen. Dennoch möchten wir hier die ketzerische Frage stellen: Sind die herkömmlichen Segmentierungskriterien wie Alter, Einkommen, Schulabschluss, Wohnort und Kaufkraft noch zeitgemäß?

Zukunftsforscher wie Matthias Horx oder Vertreter des Szenenmarketings wie Till Nöthel sind davon überzeugt, dass neue Segmentierungsmerkmale notwendig sind, um Unternehmen und Marken markt- und konsumentengerecht ins 21. Jahrhundert zu führen. Sie argumentieren, dass die postmoderne Informationsgesellschaft nach völlig anderen Gesetzmäßigkeiten funktioniert als nach der Lehre der klassischen Segmentierung. Das hat folgende Gründe:

- Trends und Moden werden immer flüchtiger.
- Produktzyklen werden immer kürzer.
- Die Fragmentierung der Zielgruppen wird immer kleinteiliger und unüberschaubarer.
- Kunden bleiben Marken nicht mehr treu.
- Das Marktgeschehen wird immer dynamischer und unberechenbarer.

Mit dem Konzept des Szenenmarketings versucht man, diesen Herausforderungen zu begegnen. Szenen sind kein neuartiges Phänomen im Marketing, sie wurden aber erst in den achtziger Jahren als Strategie in die Segmentierung und Produktpositionierung aufgenommen. Szenen sind in einer Zeit des Zusammenbruchs klassischer Werte entstanden. Betrachtet man es von der soziologischen Seite her, hängen Szenen eng mit dem Verlust traditioneller Bezugssysteme zusammen: Familie, Kirche oder Arbeitsplatz können nicht mehr ausreichend Geborgenheit bieten und Anziehungskraft erzeugen und machen Platz für eine Zusammengehörigkeit in Szenen.

Aus der Sicht des Unternehmens bieten Szenen also genau das, was klassische Segmente nicht (mehr) bieten: sehr ähnliche Präferenzen, Interessen, Kommunikationscodes, Sichtweisen, Handlungsmuster, teilweise auch ähnliche Einkommensniveaus. Das vereinfacht grundsätzlich die Handhabung der vier klassischen Marketinginstrumente: Kommunikationspolitik, Preispolitik, Produktpolitik und Distributionspolitik.

Konzept

Bei der Einteilung in Szenen finden klassische soziodemographische und psychographische Merkmale kaum Verwendung. Stattdessen werden nur solche Merkmale berücksichtigt, die die Einstellungen und das Verhalten der Verbraucher beschreiben. Szenen definieren sich zum Beispiel über gleiche Werteorientierungen, eigene Sprach- und Zeichencodes, gleiche Kleidung, gleiche Locations und – jawohl: sehr ähnliches Konsumverhalten. Und genau das macht Szenen für das Marketing hochinteressant.

Es handelt sich in der Regel um vergleichsweise homogene Gruppen, deren Zusammenhalt aber oftmals zeitlich limitiert ist: Blumenkinder, Popper und Punker sind heute einfach nicht mehr aktuell. Nach außen hin, in die (Medien-)Gesellschaft hinein, kommunizieren Szenen ein klar formuliertes Gruppenprofil. Dadurch werden sie oftmals überproportional beachtet, gewinnen gesellschaftlichen und medialen Einfluss. So können sie als Trendsetter für breitere gesellschaftliche Schichten agieren, was sich zum Beispiel auf Bildende Kunst, Literatur, Musik, Mode, Kino und sonstigen Konsum niederschlägt.

Man denke in diesem Zusammenhang beispielsweise an die vielzitierte „Generation X". Der Begriff wurde 1992 von Douglas Coupland mit seinem gleichnamigen Buch geprägt. Die „Generation, die keinen Namen haben will", nannte Coupland die Generation der „Twentysomethings" und versuchte, ihre ganz bestimmten charakteristischen Eigenschaften zu beschreiben. Eine ganze Generation als Szene? Der „Generation X" wurden Merkmale wie individualistisch, verwöhnt und vergnügungssüchtig zugeschrieben und die „Abwesenheit von Idealen" konstatiert. Die Breite dieser Attribute lässt vermuten, dass es durchaus schwierig ist, Szenen zu durchleuchten und zu kategorisieren.

Trotzdem werden Medien und Sozialforscher nicht müde, ständig neue „Generationen" auszurufen. In der Presse folgte der „Generation X" die „Generation Y" (optimistisch und konsumfreudig), dann die „Net-Generation" auf die „Fun-Generation" und die „@-Generation". Jüngst setzte Florian Illies' Bestseller „Generation Golf" noch Einen drauf. Diese „Generationen" sind Ausdruck einer gemeinsam erlebten Welt und Kultur. Die Bücher von Copeland oder Illies waren unter anderem deshalb so erfolgreich, weil sie auf geschickte Weise kollektive Bilder heraufbeschworen, die nostalgische Erinnerungen an kürzlich vergangene Zeiten erweckten und ein unbestimmtes gemeinsames „Lebensgefühl" evozierten: Ach ja, damals war uns alles egal, wir kauften Levi's und Adidas, richteten unsere Buden mit Ikea und Weinkisten ein, sahen die „Sportschau" und „Wetten, dass ...?", machten unseren Zivildienst und gingen gemeinsam gegen den Golfkrieg von Bush senior auf die Straße – also war uns doch nicht alles egal. Dennoch wirft sich die kritische Frage auf: Sind diese „Generationen" Abbilder der Wirklichkeit oder doch eher Abziehbilder?

Auch Trendforscher müssen zugeben, dass es sich bei näherer Betrachtung dieser „Generationen" höchstens um Avantgarden handelt, die einen bestimmten „Zeitgeist" durch Musik, Kleidung oder Literatur auf den Punkt bringen. Selbst in den wilden 68ern war nur ein Teil der Jugend vom Aufbruchsgeist erfasst. Andererseits zeigt gerade das Beispiel der 68er, wie eine Minderheit die Sehnsüchte einer ganzen Epoche quasi mit dem Brennglas konzentrieren und echte Modernisierungsschübe auslösen kann. Aber nicht nur die spektakulären Jugendszenen sind aus Marketingsicht bedeutsam. Man kann auch bei Senioren fündig werden, von den Business-Angels über die Opernfans bis hin zu den Butterfahrern.

> *Szenen sind nicht nur ein Phänomen des Jugendmarktes, ihre Bedeutung für die Unternehmen wurde hier nur zum ersten Mal erkannt.*
> (Michael Merks, Autor des Buchs „Szenen statt Zielgruppen")

Die Theorie der in Szenen verfeinerten Zielgruppen kam zum ersten Mal Anfang der achtziger Jahre auf. Damals untersuchten Soziologen die SINUS-Lebenswelten, teilten die Menschheit in Cluster und Milieusysteme ein. Allein in Deutschland wurden durch zahlreiche empirische Studien etwa 100 Szenen identifiziert. Wir wollen uns auf die zehn wichtigen Konsumenten-Typologien beschränken, die von Matthias Horx identifiziert wurden:

1. Urban Villagers – Die Neuen Landbewohner: „Take your money and run for the hills" lautet das Motto dieser Szene. Das sind Menschen, die sich nicht nur im Urlaub nach Sylt oder in die Toskana zurückziehen, um den Stress der Stadt zu fliehen. Sie wohnen dezentral, arbeiten von zu Hause aus und treffen sich einmal in der Woche zum Business Lunch, um sich mit Kollegen auszutauschen. Sie fahren Geländewagen und nutzen iMacs.

2. Business Nomads – Die Neuen Nomaden: Das sind die Mitarbeiter von globalen Firmen oder die neuen Selbstständigen, die ihr Leben zwischen VIP-Lounges, Business-Class-Flügen und Hotelbars verbringen.

Das soziale Leben besteht aus Business Meetings, E-Mails mit Freunden und flüchtigen Beziehungen oder aus „living-apart-together-Familien". Sie nutzen Laptops, Organizer und Handys und tragen Joop.

3. Home Managers – Die Neuen Hausfrauen: Die neue Frau lebt für die Selbstverwirklichung, man könnte es auch „Post-Emanzipation" nennen. Das heimische Leben wird professionalisiert und so das Dilemma zwischen Kindern und Karriere gelöst. Ihre Energien konzentrieren sich auf die „Ästhetisierung des Alltags", in dem Feste, wohltätige Nebenjobs, Kinder und Wohnungsdesign zu einem „Gesamtkunstwerk" verschmelzen. Laura Ashley, Schöner Wohnen und Elle Decoration gehören dazu.

4. Hypersmart Shoppers – Die Einkaufs-Virtuosen: Eine „neue Cleverness" im Einkaufsverhalten entsteht nicht nur bei den unteren Schichten (Stichwort Aldi am Auszahlungstag der Sozialhilfe). Günstiges Einkaufen wird zu einer kollektiven Obsession. Aus dem Schnäppchenkauf entwickelt sich ein allgemeines Konsumverhalten: Einkaufsgemeinschaften im großen Stil entstehen, Kombi- und Treuerabatte häufen sich, und man bestellt in Gruppen im Netz. Die Einrichtung stammt von IKEA, der alltägliche Bedarf von Aldi und alles weitere wird bei eBay ersteigert.

5. Telewomen – Die Neuen Power-Frauen: Gebildete Frauen zwischen 20 und 35 sind die „Pioniere der neuen Selbstständigkeit". Sie arbeiten von zu Hause aus, und ihr zentraler Wert besteht in ihrer Autonomie gegenüber der Arbeitswelt und gegenüber Männern. Mischformen von Kosmetik- und Hausdienstleistungen und neue Katalogformen prägen ihre Märkte. Die Mode stammt von Prada, ihr iBook von Apple.

6. Master Consumer – Die Neuen Senioren: Der Wunsch der Generation der Baby-Boomer ist, „nie alt zu werden". Mit 60 beginnen sie eine neue Freizeit- und Konsumorientierung. Die Senioren haben, schon aufgrund ihrer großen Zahl und ihres Vermögens, einen hohen Macht- und Kultureinfluss. Sie fragen Gesundheitsdienstleistungen und Luxusgüter nach, fahren BMW und Mercedes, haben ihren Kundenberater bei der Deutschen Bank.

7. Uprising Foreigners – Aufsteigende Ausländer: Die Türken und Italiener der zweiten und dritten Generation stellen im deutschsprachigen Raum die Bevölkerungsgruppe mit den höchsten beruflichen Aufstiegschancen dar. Sie übernehmen Schaltstellen im Handel, in der Gastronomie und auf dem Dienstleistungssektor. Ihre Kaufkraft ist dynamisch und ihre Haushalte sind noch nicht konsumgesättigt. Sie fahren Mercedes und tragen Ebel am Handgelenk.

8. Affluent Kids – Die kaufbewussten Kinder: 2010 wird, wer zwölf Jahre alt ist, ein „kompetenter Konsument" sein, der über das gesamte Spektrum der modernen Kommunikationsgesellschaft verfügt. Aber auch „Kidfluence", der Einfluss der Kleinen auf ihre Eltern, prägt die Marken und Moden von Kindern und Erwachsenen immer mehr. Modetrends beginnen bei H&M, Streetwear kommt vom Label Carhartt, und die Playstation von Sony und das Nokia-Handy bestimmen die Kommunikation. Was sich vermutlich nach Drucklegung des Buchs schon wieder geändert haben wird ...

9. Lessness Priests – die neuen Luxus-Asketen: Sie kehren dem Massenkonsum den Rücken zu und bevorzugen generelles Understatement. Ihre Marken sind No-Names oder puristisch, ihre zentrale Sorge gilt der Gesundheit und der Vermeidung von Stress. Das qualitativ hochwertige und dauerhafte Produkt erzeugt einen neuen Boom-Markt: Jil Sander auf der Haut, Bang&Olufsen an der Wand und im Ohr, der Manufactum-Katalog auf dem Wohnzimmertisch.

10. Millenium Babies – Die Neuen Wunschkinder: Kinder entstehen nach dem bewussten Wunsch der Eltern. Sie werden Verwöhnungsopfer, erhalten mehr Aufmerksamkeit als früher und haben von Geburt an die Aufgabe, das Lebensglück ihrer Eltern zu vervollständigen. Eine regelrechte Baby-Kultur entsteht, mit einer boomenden Nachfrage nach haushaltsnahen Dienstleistungen. Alete und Hipp machen Baby und ein wenig auch Mutti satt, Pampers und Fixies sorgen für das Wohlbefinden rundum, Baby-Butt liefert alles Lebensnotwendige ins Haus, MaxiCosi beschützt und schaukelt drinnen und Bébé-Confort draußen.

Wie tritt man mit Szenen in Kontakt?

Auf den ersten Blick ist das Konzept des Szenenmarketings sehr einleuchtend, der Teufel steckt jedoch im Detail. Und eines dieser Details ist, dass Sie auf Szenen anders zugehen müssen als auf traditionelle Zielgruppen.

- Zunächst sollte das Unternehmen versuchen, interessante Szenen zu beobachten und Veränderungen festzustellen. Die Instrumente heißen im neuen Marketing-Deutsch *Scanning*, *Monitoring* und *Trend-Scouting*. Die gewonnenen Erkenntnisse fließen in Szenen-Reports ein – schriftliche Berichte und Video- oder Audiomaterial.
- Unternehmen können sich auch eine Szene ins Haus holen, um deren Bedürfnisse besser zu verstehen. Dazu können Szene-Workshops eingesetzt werden, in denen getestet wird, wie sich Szene und Produkt zueinander verhalten. Im Anschluss daran können Wünsche und Bedürfnisse mit den Szenemitgliedern erarbeitet und gemeinsame Zukunftsszenarien entwickelt werden.

- Die Zusammenarbeit mit der Szene kann auch außerhalb des Unternehmens fortgesetzt werden, beispielsweise durch regelmäßige Treffen oder gemeinsame Projekte. Diese Art von Zusammenarbeit bei der Analyse ist bereits ein wirksames Marketinginstrument, denn sie erhöht die Glaubwürdigkeit des Unternehmens, insbesondere dann, wenn Ideen und Anliegen der Szene gefördert werden.
- Und hier kommen wir zum neuralgischen Punkt des Szenenmarketings: Der Aspekt der Glaubwürdigkeit ist so wichtig wie schwierig. Es genügt nicht, dass Unternehmen sich ehrlich und authentisch zeigen, sie müssen es auch wirklich sein. Alles andere würde binnen kurzer Zeit auffliegen, und die Partnerschaft mit der Szene wäre für immer zerstört.

Es gibt weitere Anforderungen an die Unternehmen:

- Sie müssen Stellung beziehen, sich gesellschaftlich relevanten Themen zuwenden und damit zur moralischen bzw. politischen Instanz werden. Eine Haltung der Beliebigkeit wird nicht mehr funktionieren.
- Sie müssen gute Unterhaltung und Witz bieten und dabei genau den richtigen Humor besitzen. Ein gut gemeinter Gag, von Marketern statt von Szenemitgliedern erdacht, kann schnell um einen halben Ton daneben liegen und das Unternehmen als Opportunisten outen.
- Sie müssen Realitätsbezug zu den Alltagsanliegen Ihrer Kunden haben. Es genügt nicht, das Äußere zu kopieren, ohne zu wissen, was die Szene im Inneren zusammenhält.
- Sie müssen Erlebnisse und Anregungen bieten. Dazu müssen Unternehmen „auf der Straße" aktiv werden.
- Sie müssen sich ständig weiterentwickeln und aktuell bleiben. Das Wissen um die neuesten Codes der Szene ist wie ein Mitgliedsausweis oder eine Losung – wer nicht auf dem neuesten Stand ist, gehört nicht dazu.

Fallstudie: Red Bull

1987 wurde der Energy Drink Red Bull erstmals in den österreichischen Markt eingeführt. Nach der endlosen Warterei auf die Zulassung des Getränks, der Weigerung seitens des Handels, das Getränk zu listen, der schwierigen Suche nach einem Abfüller und weiteren Anfangsschwierigkeiten, schaffte das Produkt dennoch in wenigen Jahren den Durchbruch: 1987 wurden eine Million Dosen verkauft, 1998 waren es bereits über 300 Millionen. Heute ist Red Bull in fast allen europäischen

Ländern, in Teilen Nord- und Südamerikas sowie in Afrika und Australien im Handel erhältlich. Mit rund 70 Prozent Marktanteil ist Red Bull Marktführer im Bereich Energy Drinks.

Red Bull ist als Sponsor bei Fun- und Extremsportveranstaltungen aktiv und unterstützt ausgefallene Szene-Events. Für das Engagement im Sport gilt die Devise: Je extremer die Sportart, umso lieber. Sportler von der Snowboard- bis zur Speedbike-Szene, von der Paragliding- bis zur Speed-Ski-Szene werden durch Red Bull „beflügelt". Die Speed-Ski-Szene besteht aus vorwiegend freakigen und zwangsläufig sehr mutigen männlichen Teilnehmern. Der Auftritt von Red Bull als Sponsor besteht darin, dass die Teilnehmer bei Ausgabe der Startnummern und auch während des Events mit Red Bull versorgt werden. Mit dem finanziellen Beitrag, den Red Bull für Speed-Ski-Events leistet, schafft das Unternehmen eine Plattform für die Mitglieder der Szene, die es ohne das Engagement wahrscheinlich sehr schwer hätten, ihren Sport auszuüben.

Neben dem Engagement für eine breite Palette von Fun- und Extremsportarten, gibt es im Bereich des Sports noch weitere Aktivitäten. Der Gründer des Unternehmens, Dietrich Mateschitz, hat im Jahr 2000 eine Sportstiftung ins Leben gerufen. Die World Sports Awards Foundation wurde mit dem Ziel gegründet, jährlich die weltbesten Sportler und Sportlerinnen in verschiedenen Kategorien (Ballsport, Motorsport, Wintersport etc.) zu wählen. Das Produkt Red Bull wurde bei den Events in Wien und London gut in Szene gesetzt, sei es bei Ankunft der Sportstars am Flughafen, bei diversen Pressekonferenzen, in den Hotelzimmern der Stars oder bei der After-Awards-Party.

Im November 2004 kaufte Red Bull-Chef Dietrich Mateschitz das Jaguar-Racing-Team, das nach dem Rückzug von Ford aus der Formel 1 zum Kauf angeboten wurde. Ein weiteres Engagement des Unternehmens ist die Stunt-Szene. Dietrich Mateschitz rief 2001 den World Stunt Award ins Leben. Jedes Jahr werden in Los Angeles die besten Stuntmen und -women der Welt geehrt. Red Bull erreicht mit diesem Spitzen-Event, bei dem Stars von der Kategorie Arnold Schwarzenegger zu Gast sind, einen hohen Aufmerksamkeitsgrad und einen positiven Imageeffekt für das eigene Produkt.

Um weitere Jugendszenen anzusprechen, schickt Red Bull so genannte „Gastro Scouts" ins Nachtleben. Gemeinsam mit dem Red-Bull-Team vor Ort organisieren sie die angesagtesten Szene-Events, um auf diese Art und Weise der Marke einen guten Auftritt zu verschaffen. Mit der gleichen Marketingstrategie promotet das Haus Red Bull seit 2001 auch sein neues Produkt LunAqua. Es handelt sich dabei um ein

Abbildung 11: Sampling Girls von Red Bull bringen das Kult-Getränk unter die Leute.

natürliches Quellwasser, das nur bei Vollmond – wenn das Wasser angeblich seine höchste bioenergetische Kraft erreicht – abgefüllt wird. Das Angebot wird dadurch künstlich verknappt und mit einem Mythos umgeben. LunAqua ist nämlich nicht über den Handel, sondern nur über die Gastronomie erhältlich, also nur in ausgewählten Discotheken und Bars. Einmal im Monat werden Vollmond-Parties organisiert, die wiederum nur einer bestimmten Szene zugänglich sind.

Chancen & Risiken

Chancen

- Szenemitglieder haben ähnliche Werteorientierungen, Kommunikationscodes, Sichtweisen, Handlungsmuster und Konsumverhalten. Die Marketingaktivitäten lassen sich deshalb recht genau justieren.
- Gelingt es Unternehmen nicht nur, gut in eine Szene hineinzuhorchen, sondern darüber hinaus, sie zu beeinflussen und sich auch von ihr beeinflussen zu lassen, kann eine enorme Identifikation mit der Marke

kreiert werden. Man spricht dann von einer Interfusion zwischen Unternehmen und Szenen. Daraus kann eine sehr lukrative, monopolartige Marktsituation entstehen.

Risiken

- Wer sich für Szenenkommunikation entscheidet, muss gut Bescheid wissen. Eine kleine Unstimmigkeit, ein nur leicht verfehlter Szenecode, und schon verliert man seine Glaubwürdigkeit. In Szenen spricht sich das mit Lichtgeschwindigkeit herum. Das Engagement kann dann schnell im Desaster enden.
- Es reicht nicht aus, einfach nur Anzeigen in Szenemedien zu schalten oder Events zu sponsern. Unternehmen, die auf Szenekommunikationskanäle setzen, benötigen einerseits spezielles Know-how über die Szene, andererseits müssen sie auch Mut zum Unkonventionellen und Kreativität beweisen, um aufzufallen. Fehlt es an Wissen über die Szene oder an originellen Einfällen, wird die Szene das Unternehmen unter Umständen mit Ignoranz abstrafen.
- Szenen ändern sich schnell. Um da mithalten zu können, müssen Unternehmen einen gewissen Aufwand betreiben. Das Verhältnis von Aufwand und Ertrag kann dabei schnell in Schieflage geraten.

Fazit

Die herkömmliche Bearbeitung von Zielgruppen mittels klassischer Segmentierungsmethoden stößt immer mehr an ihre Grenzen. Szenenmarketing bietet einen viel versprechenden Weg, um Zielgruppen effektiv zu erreichen.

Szenenmarketing, richtig verstanden, bedeutet mehr als die bloße Definition einer bestimmten Szene als Zielgruppe. Ähnlich wie beim Cross-Cultural-Marketing, muss man die Kultur, die Kommunikationscodes und die Präferenzen der jeweiligen Szene verstehen. Der dafür nötige hohe Aufwand und das Problem der Glaubwürdigkeit bedingen, dass Szenenmarketing nur dann dauerhaft funktioniert, wenn Unternehmen und Szene zumindest ein Stück weit miteinander verschmelzen und sich gegenseitig beeinflussen. Gut gemachtes Szenenmarketing kann zu großem Erfolg führen.

Quellen

Bücher und Zeitschriften

Deese, Uwe; Hillenbach, Peter; Michatsch, Christian: Jugendmarketing. Das wahre Leben in den Szenen der Neunziger. Düsseldorf 1995

Denzel, Eberhard: Abschied von der Massenwerbung. München 1999

Gerken, Gerd; Merks, Michael: Szenen statt Zielgruppen. Frankfurt am Main 1996

Hamm, Ingo; Meinheit, Andreas: „Nuancen im Jugendmarkt", in: *Marketing Journal* Nr. 5/1999, S. 266–269

Heinzelmaier, Bernhard; Grossegger, Beate: Jugendmarketing. Setzen Sie Ihre Produkte in Szene. Wien 1999

Horx, Matthias: Konsument 2010. Eine Konsumentenstudie des Zukunftsinstituts Matthias Horx. Bonn 2000

Horx, Matthias: Die acht Sphären der Zukunft. Wien 2002

Mason, Kate: „Cultured Consumers", in: *Target Marketing,* Philadelphia, Dez. 2001

Nöthel, Till: Szenenmarketing und Produktpositionierung. Ein Ansatz zur Zielgruppenfragmentierung. Wiesbaden 1999

Ottensen, Otto: Marketing Communication Management. Kopenhagen 2001

Peterman, Mike: „Treasure Hunting", in: *Target Marketing,* Philadelphia, Mai 2001

Sulzer, Harry: „Die Jugendlichen sind die schwierigste Zielgruppe überhaupt", in: *Marketing Journal,* Nr. 4/1998, S. 246–250

Zanger, Cornelia; Griese, Kai-Michael: Beziehungsmarketing mit jungen Zielgruppen. Grundlagen, Strategien, Praxisbeispiele. München 2000

Internet

Der Standard: „Jüngster Spross aus dem Hause Red Bull: Wasser mit Koffein" vom 9. Juli 2001, [WWW Dokument], URL: http://www.derstandard.at

MTV Jugendforschung: Homepage, [WWW Dokument], URL: http://www.mtvjugendforschung.de/

Müllerschein, Prof. Bernd: „Galleria: Mega-Trends in der Welt der Konsumgüter", 2001 [WWW Dokument], URL: http://www.messefrankfurt.com/de/seiten/unternehmen/galleria/archiv/archiv_1/muellerschoen.html

Red Bull Airforce: Homepage, [WWW Dokument], URL: http://www.redbullairforce.com/

Red Bull Huckfest: [WWW Dokument], URL: http://www.redbullhuckfest.com

Red Bull Music Academy: [WWW Dokument], URL: http://www.redbullmusicacademy.com/

Red Bull: Homepage, [WWW Dokument], URL: http://www.redbull.com

Teil 4: Kundennutzen

Für die Denkhaltung, also die Vision des Marketings, brauchen wir ein völlig neues Wort. Uns scheint dafür ein Begriff besonders gut geeignet: Effektives Kundennutzen-Management.

(Anton Meyer und J. Hugh Davidson, Wirtschaftsprofessoren)

Es sind die Kunden, die über den Erfolg Ihres Unternehmens entscheiden. Je mehr die Kunden kaufen und je größer ihre Bereitschaft ist, den geforderten Preis für Ihr Produkt oder Ihre Dienstleistung zu bezahlen, desto größer ist Ihr Erfolg. Bitte glauben Sie nicht, diese Erkenntnis wäre eine Binsenweisheit. Auf den ersten Blick wird jeder zustimmen: Kundenorientiert sind wir schon lange! Haben wir alles längst umgesetzt! Analysiert man aber die Prioritäten von Unternehmen in der Realität, findet man nur selten den Kunden ganz oben auf der Liste. Kundenorientierung beginnt früher als bei dem freundlichen Verkäufer im Laden.

Kunden kaufen nur dann auf Dauer bei Ihnen ein, wenn Ihr Produkt ihnen im Vergleich zu konkurrierenden Angeboten einen größeren Nutzen bringt. Deshalb ist das Denken in Kundennutzen so wichtig. Nicht was Sie können und wie gut Sie es können, entscheidet über den Unternehmenserfolg, sondern Ihre Fähigkeit, die Probleme Ihrer Kunden zu erkennen und besser als andere zu lösen.

Für Unternehmen, die in Kundennutzen statt in Produkteigenschaften denken, gibt es immer wieder neue Chancen, auch in gesättigten Märkten. Denn sie haben im Kunden einen mächtigen Verbündeten. Bevor Günther Fielmann in den Markt für Brillen und Kontaktlinsen eindrang, glich das Geschäft der Optiker einem geschützten Biotop. Für den Kunden war das wenig erfreulich, musste er doch entweder sehr viel Geld für ein modisches und schönes Brillengestell ausgegeben oder aber mit einem hässlichen Kassengestell vorlieb nehmen. Und genau da setzte Fielmann an. Mit seiner Optikerkette bündelte er die Nachfrage und realisierte dadurch verbesserte Einkaufskonditionen, die er in Form von Kostenvorteilen an seine Kunden weitergab. Das Resultat: Auch für wenig Geld konnte der Kunde schöne Brillen kaufen, und er dankte es ihm, indem er Fielmann zu einem erfolgreichen Unternehmen mit über 500 Niederlassungen machte.

Auch Sam Walton verdankt seinen Erfolg der konsequenten Orientierung am Kundennutzen. Als Walton 1962 seinen ersten Wal-Mart Store in dem kleinen Städtchen Bentonville im Bundesstaat Arkansas eröffnete, ging es ihm darum, auch der Landbevölkerung günstige Einkaufsmöglichkeiten zu verschaffen. Bis zum Auftreten von Wal-Mart hatten sich die großen Handelsketten praktisch ausschließlich in den Ballungsgebieten angesiedelt. Wer auf dem Lande wohnte, musste teuer einkaufen – oder weit fahren. Wal-Mart setzte dieser Art von Diskriminierung ein Ende und wurde dabei zu einem der erfolgreichsten Handelsunternehmen der Welt.

Nicht jeder Unternehmer ist ein Günther Fielmann oder ein Sam Walton. Aber jeder Unternehmer sollte verstehen, dass sein Erfolg nur so groß sein kann, wie der Nutzen, den er für seine Kunden stiftet. Das Denken in Kundennutzen bedeutet nicht, dem Kunden jeden Wunsch von den Lippen abzulesen und das eigene Profil bis zur Unkenntlichkeit zu verwässern. Richtig verstandene Kundenorientierung beinhaltet vielmehr das Versprechen, den Kunden im Rahmen der eigenen Kompetenz einen speziellen Vorteil zu bieten – und dies möglichst besser als alle Wettbewerber. Nehmen Sie sich ein Beispiel an Aldi. Deutschlands größter Discounter steht für das Versprechen, Artikel des täglichen Bedarfs in markenadäquater Qualität zu einem konkurrenzlos günstigen Preis anzubieten. Bei Aldi kann man nicht alles kaufen. Aber das, was man bekommt, ist konkurrenzlos günstig. Kundenorientierung heißt nicht, es allen recht zu machen. Wer es allen recht machen will, wird es am Ende niemandem recht machen. Machen Sie es wenigsten einigen recht, dafür aber konsequent!

Welche Methoden und Werkzeuge gibt es für ein konsequentes Kundennutzen-Management? Am Anfang steht die Haltung des Unternehmers und in der Folge die Haltung des Unternehmens: Jeder Mitarbeiter, unabhängig von seiner Position und seiner jeweiligen Aufgabe, sollte eine klare Vorstellung über seine Verantwortung und seinen direkten Beitrag bei der Schaffung von überragendem Kundennutzen haben. Ist diese grundsätzliche strategische Ausrichtung des Unternehmens allen Beteiligten klar, vom Vorstand bis zum Pförtner, dann können Methoden und Tools richtig gehandhabt werden. Dazu gibt es eine Vielzahl von Werkzeugen; aus dieser Vielzahl wollen wir Ihnen in den nächsten Kapiteln drei ausgewählte Tools vorstellen:

Co-Branding – Kundennutzen hoch zwei: Eine starke Marke bietet einen hohen Kundennutzen. Wenn nun zwei starke Marken gemeinsame Sache machen, indem sie eine Markenallianz bilden und ein gemeinsames Produkt auf den Markt bringen, kann Co-Branding den Kundennutzen enorm beflügeln und dazu dienen, das Image noch positiver aufzuladen.

Multi-Channel Management – Kundennutzen durch Wahlfreiheit: Der Kunde wählt, zu welchem Zeitpunkt er welchen Zugangskanal benutzt, um mit Ihrem Unternehmen in Kontakt zu treten. Ob per Telefon, über ein Call Center, per Briefpost oder Fax, per E-Mail, über das Internet, über einen Absatzmittler oder den klassischen Eigenvertrieb. Neu ist, dass nicht mehr das Unternehmen den Kommunikationskanal vorgibt, sondern der Kunde wählt. Er entscheidet je nach Zeit, Ort, Dringlichkeit und persönlichen Präferenzen, wie er mit Ihrem Unternehmen kommuniziert.

E-Mail-Marketing – Kundennutzen durch individualisierte und schnelle Kommunikation: E-Mail-Marketing erfreut sich nicht von ungefähr so starker Zuwachsraten: maßgeschneiderte Angebote und Inhalte für den Kunden, unmittelbare Reaktionen ohne jeden Zeitverlust, Ortsunabhängigkeit und vollständige Automation. Das Konzept des E-Mail-Marketings ist zur Gestaltung von Kundenbeziehungen besonders gut geeignet.

Quellen

May, Peter: „Kundennutzen ist mehr als nur ein Schlagwort", in: *Die Welt,* 28. August 2000, [WWW Document], URL: http://www.welt.de/daten/2000/08/28/0828wi187820.htx

13. Co-Branding

Gemeinsam stark

Markenartikel haben große Ähnlichkeit mit Menschen. Sie haben eine Persönlichkeit, und manchmal wollen sie nicht länger alleine durchs Leben gehen. Bei den Menschen heißt es Ehe. Geben sich hingegen zwei Marken das „Ja-Wort", so heißt das „Co-Branding". Der Gewinn für beide Marken: ein kooperativer Auftritt mit verkaufsfördernder Wirkung.

Während es in menschlichen Partnerschaften besonders dann prickelt, wenn die Charaktere besonders gegensätzlich sind, heißt es in einer erfolgreichen Marketing-Partnerschaft: „Gleich und Gleich gesellt sich gern".

Eine starke Marke ist viel Wert. Wenn nun zwei starke Marken „gemeinsame Sache machen", indem sie eine Markenallianz bilden und ein gemeinsames Produkt auf den Markt bringen, kann dies die Effizienz des Marketings enorm beflügeln und dazu dienen, das eigene Image noch positiver aufzuladen.

Ein Trend mit Zukunft – und Unternehmen werden bei der Entwicklung gemeinsamer Angebote immer kreativer: So suchen beispielsweise Sportartikelhersteller aktiv die Kooperation, um mithilfe anderer starker Marken den eigenen Kultstatus noch zu unterstreichen. Der Sportartikelhersteller Fila hat mit dem Sportwagenhersteller Ferrari einen Sportschuh entwickelt. Puma hat sich BMW ins Boot geholt und einen Mini Cooper im Puma-Design gestaltet.

Co-Branding erobert aber auch den Dienstleistungssektor. Im Hamburger Grandhotel Atlantic hat der Automobilhersteller eine ganze Suite im BMW-Design eingerichtet. Verchromte Möbel und Materialien wie Zebranoholz, Aluminium und Leder, allesamt Materialien, die sich auch in den Autos des bayerischen Automobilherstellers finden, geben der Suite den richtigen Touch. Das gilt ebenso für die Xenon-Leuchten, die den Kamin stilgerecht in Szene setzen. BMW-Magazine und -fotos an den Wänden vervollständigen das exklusive Angebot. Ebenfalls im Hotelgewerbe – allerdings im Niedrigpreis-Segment – hat sich das schwedische Möbelhaus Ikea einen Co-Branding-Partner gesucht. In jedem der 60 deutschen Etap-Hotels richtet Ikea ein Zimmer und eine Ruhe-Oase ein. Damit fühlen sich bekennende Ikea-Kunden auch unterwegs wie zu Hause und Hotelgäste, die (noch) keine Ikea-Möbel oder -accessoires besitzen, sollen auf den Geschmack kommen.

Diese Beispiele zeigen, dass beim Co-Branding der Kreativität fast keine Grenzen gesetzt sind. Es gilt allerdings, einige Spielregeln zu beachten, damit eine solche Kooperation nicht als Flop endet: Die beiden Marken müssen für den Kunden in einem sinnvollen und erkennbaren Zusammenhang stehen. Das kann entweder auf der Produktebene der Fall sein, wenn zum Beispiel beide Marken einem ähnlichen Anwendungsbereich entstammen. Ein anderer sinnvoller Zusammenschluss kann durch eine gemeinsame emotionale Klammer vermittelt werden, wie beispielsweise beim Fila-Ferrari-Sportschuh „Replica“. Ebenfalls wichtig ist, dass Co-Branding zur Strategie beider Marken passt. Ist das nicht der Fall, so kann der Umsatz zwar kurzfristig durch die größere Bekanntheit steigen; langfristig ist aber eine verwässerte Positionierung die Folge. Und: Die beiden Marken sollten in einer vergleichbaren Position sein. Ist einer der Partner deutlich schwächer, nutzt Co-Branding keinem der beiden.

Konzept

Die als Co-Branding oder Markenallianz bezeichnete Markenstrategie ist längst keine Exotenstrategie mehr, sondern ein Konzept, das immer mehr Unternehmen sehr erfolgreich einsetzen. Dabei ist wichtig, dass die Marken, die diese Partnerschaft eingehen, für den Kunden erkennbar bleiben und weiterhin allein bestandsfähig sein müssen.

Besonders clever sind diese Markenallianzen, wenn sie von Unternehmen genutzt werden, um neue Zielgruppen an sich heranzuführen. Doch wie in einer guten Ehe, sind die Markenpartner im Vorfeld mit größter Sorgfalt auszuwählen. Nur wenn beide ihre Kernkompetenz einbringen, ist die Kombination mehr Wert als die Summe ihrer Teile. Natürlich ist ein Hauptziel solch einer gemeinsamen Marketingkampagne, Synergieeffekte zu nutzen, die Kosten zu senken und vor allem neue Käuferschichten zu erschließen. Dabei ist der Schlüssel zum Erfolg eine übereinstimmende Käufergruppe aller Co-Branding-Partner. Deshalb muss man im Vorfeld seine Zielgruppe klar definieren. Wer beispielsweise einen Armani-Anzug trägt, wird sich in der Regel auch für teure Armbanduhren oder Designerhemden interessieren.

Folgende Bausteine sind die entscheidenden Erfolgsfaktoren: Die Markenimages müssen zusammen passen – das „brand fit“ muss sitzen. Die zu vermarktenden Produkte sollten für den Kunden miteinander in Einklang gebracht werden, sonst ist zu befürchten, dass ein Produkt das Image des anderen verwässert, oder ihm sogar schadet. Man spricht hier von „product fit“.

Und noch etwas ist wichtig: Ganz wie in einer guten Partnerschaft müssen auch die Co-Branding-Partner gleichberechtigt sein. Eine gemeinsame Kampagne funktioniert dann nicht, wenn einer der Beteiligten lediglich Erfüllungsgehilfe ist und nur die Interessen des anderen umsetzt. Er muss selber von der Kooperation profitieren. Win-Win, echte Partnerschaft und Kompromissbereitschaft sind in dieser Marketing-Ehe gefragt.

Auf drei Wegen zu gutem Co-Branding

1. Gemeinsame Kommunikation: Der französische Mineralölkonzern „Total" tritt als weltweit einziger Schmierölpartner des Autoherstellers Peugeot auf. Unter dem Werbeslogan „Peugeot steht total auf Total" wurde diese Kooperation erfolgreich dem Kunden vermittelt. Peugeot empfiehlt im Gegenzug all seinen Kunden, die Vorteile der langjährigen Kooperation mit dem Mineralölkonzern zu nutzen, da Total-Schmierstoffe technisch auf die Fahrzeuge von Peugeot abgestimmt sind und somit höchste Leistung bei geringem Verschleiß ermöglichen.

Natürlich können auch mehrere Markenpartner mit im Marketing-Boot sitzen. Ein gutes Beispiel dafür liefert die Fortsetzung des Animationsfilms „Shrek". Der Film erzählt ein Märchen, das man nicht gerade klassisch nennen kann. Zwar muss hier eine Prinzessin aus den Klauen eines Feuer speienden Drachen gerettet werden. Doch der Held ist nicht der hübsche, reiche und heiratswillige Prinz, sondern Shrek, ein hässliches grünes Monster, das eigentlich nur seine Ruhe haben will. „Ariel", „blend-a-med", „Bounty" und „Tempo" starteten parallel zur Kinofortsetzung eine gelungene Co-Branding-Aktion, indem sie mit Elementen des Films auf ihren Produkten und in umfangreichen Marketingaktivitäten sowie gemeinsamen Auftritten warben und damit für zusätzliche Aufmerksamkeit sorgten. Dabei profitierten die vier Marken von dem Transfer des positiven Images der „Shrek"-Figuren. Für den Handel ergab sich daraus eine Vielzahl von Vorteilen durch die große Bekanntheit und Sympathie der Filmmarke „Shrek". So entwickelten die beteiligten Firmen zielgruppengerecht eine „Shrek"-Serie. „Ariel" gab als Produktzugaben „Das Original Shrek Hörspiel" und DVDs mit 30 Minuten Making-of-Material bei Verpackungssondergrößen gratis dazu. Die „blend-a-med"-Promotionpacks mit je zwei Tuben Zahnpasta beinhalten „Shrek 2"-Sammelfiguren der beliebten Hauptakteure. Die „Bounty"-Küchentücher präsentierten sich im Aktionszeitraum mit fünf verschiedenen Druckmotiven von Shrek und seinen Freunden. Auch die „Tempo"-Packungen waren im Rahmen der „Shrek 2"-Promotion mit fünf „Shrek"-Motiven bedruckt.

2. Horizontalkooperationen: Wollen zwei Partner ein gemeinsames Produkt einführen, so muss die Zusammenarbeit stark intensiviert werden.

Sonst besteht die Gefahr, dass es für die Zielgruppe nicht ersichtlich ist, dass hier die Produkteinführung aus einer Hand erfolgt. Derartige so genannte „Composite Brand Extensions" erwecken beim Kunden den Eindruck zusätzlicher Kompetenz des Unternehmens in einem anderen Branchensegment oder bei einem neuen Produkt. Ein gutes Beispiel gibt es in der Sanitärbranche. Die Firmen Duravit (Badkeramik), Hansgrohe (Armaturen und Brausen) und Hoesch (Badewannen) haben in Kooperation mit dem Designer Philippe Starck eine gemeinsame Produktreihe kreiert. So konnte für den Endverbraucher eine ausgefallene Bad-Erlebniswelt entworfen werden, für die alle Marken ihre Kernkompetenz einbrachten. Im Alleingang wäre es sicherlich für die beteiligten Unternehmen sehr viel schwieriger gewesen, solch ein Produkt in einem hochpreisigen Umfeld zu positionieren.

Ein gemeinsames Produkt brachten auch Nestlé und Haribo zusammen auf den Markt. Sie entwickelten die „Fruity Smarties". In den bunten Linsen steckt statt der herkömmlichen Schokolade echtes Goldbärengummi. Hier war der Vater der Idee die blanke Not, denn Nestlé wollte ursprünglich alleine eine Gummibärenmischung entwickeln, bloß schmeckte diese nicht, und so suchte man nach starken Kooperationspartnern.

Der holländische Philips-Konzern gehört zu den Pionieren des Co-Branding-Konzepts. Schon seit Jahren vermarktet das Unternehmen gemeinsam mit „Nivea for Men" einen speziellen Rasierapparat, bei dem während des Rasierens eine Nivea Emulsion auf die Haut aufgetragen wird.

Diese Beispiele zeigen, dass bei Horizontalkooperationen insbesondere die Faktoren Fit und Markenstärke von großer Bedeutung sind. Nur wenn der Kunde subjektiv einen Zusammenhang zwischen den beteiligten Marken erkennen kann, beurteilt er die Co-Branding-Marke positiv. Dabei kann der Fit über emotionale Nähe, gleiche oder ergänzende Leistungsmerkmale oder eine vergleichbare Preispositionierung erreicht werden.

3. Vertikal-Kooperation durch Ingredient Branding: Ingredient Branding funktioniert dann, wenn eine oder mehrere Komponenten des Produkts besondere Aufmerksamkeit bekommen, da sie beispielsweise sehr hochwertig oder exklusiv sind und somit das ganze Produkt aufwerten. GoreTex beweist mit folgendem Beispiel eindrucksvoll, wie Ingredient Branding funktioniert: GoreTex musste feststellen, dass die Textilindustrie die herausragenden Eigenschaften dieser Stoffe beim Verkauf ihrer Bekleidung nicht hervorhob und es somit für den Käufer auch keinen Grund gab, eine teure Wind- oder Regenjacke zu kaufen. Jacke war schließlich Jacke. Erst als GoreTex sich selbst aktiv an den Endverbraucher wandte und diesem die Vorteile der herausragenden Eigenschaften, mit welchen GoreTex die Kleidungsstücke aufwertete, erklärte, bekam der Endkunde ein Wissen über die Funktionsvorzüge von „atmungsaktiv", „wasserdicht" und „winddicht". GoreTex hat sich mit dieser Strategie einen so bekannten Namen gemacht, dass dieser inzwischen schon im Sprachgebrauch des Kunden fest verankert ist. So weiß jeder, was gemeint ist, wenn man sagt: „Ich habe mir eine GoreTex-Jacke gekauft." Ähnlich erfolgreich waren die Hersteller von „Teflon" oder „Tetra Pak". Kaum einer kommt auf die Idee zu sagen, er habe eine antihaftbeschichtete Pfanne, stattdessen ist es schlicht die „Teflon-Pfanne". In all diesen Fällen erscheint die „Ingredient-Marke" für den Kunden wahrnehmbar auf dem Endprodukt. Mehr sogar: ihre Qualitätsmerkmale sind oft Voraussetzung für den Kauf des Produkts.

Fallstudie: Intel Inside

Der Name „Intel" ist aus dem Leben vieler Computer-Anwender nicht mehr wegzudenken. Doch war das schon immer so? Nein, natürlich nicht. Anwender wollen einen Hochleistungs-PC mit viel Speicherplatz und guter Graphik-Karte für einen möglichst günstigen Preis. Ob und was ein Prozessor darin genau macht, wissen die wenigsten Anwender.

Intel entschloss sich, das zu ändern, und machte mit einer genialen Kampagne auf seine Prozessoren aufmerksam. Die Idee: An vielen Produkten kleben Gütezeichen, warum also nicht auch an einem PC? Mit einer groß angelegten Werbekampagne sprach Intel erstmals die Endverbraucher gezielt an. Mit dem Logo „Intel Inside", das in Werbekampagnen, auf Verpackungen und Prospekten der PC-Hersteller eingesetzt sowie auf den Computergehäusen der Rechner gut sichtbar angebracht wurde, verwies Intel darauf, dass im Innern des betreffenden PCs ein original Intel Prozessor die Arbeit verrichtete. So machte Intel auf seine verborgenen High-Tech-Produkte aufmerksam und wertete zugleich das Hauptprodukt, also den PC, auf. Durch „Intel Inside" wurde Intel selbst ein weltbekannter Markenname.

Die Kampagne brachte den gewünschten Erfolg: Zuvor kannten nur die Fachleute den Namen des Chip-Produzenten. Nach eineinhalb Jahren waren es knapp die Hälfte aller gewerblichen und gut 20 Prozent der privaten Käufer, denen der Name ein Begriff war. Inzwischen kennen ihn gut 80 Prozent aller Computerkäufer. Seither drängt sich das „Intel-Inside"-Logo auf allen Kanälen in das Bewusstsein der Verbraucher, wo immer Werbung für PCs zu sehen ist, und das charakteristische Logo mit dem Zusatz „Intel Inside" ist zusätzlich im Bild. Der Endverbraucher verbindet damit gute Qualität.

Die interessante Frage ist: Wie ist es Intel gelungen, dass namhafte Firmen wie IBM oder Dell den kleinen Prozessor bewerben? Ganz einfach – durch Geld. Intel bezuschusst Werbung, die das „Intel-Inside"-Logo zeigt, mit bis zu 75 Prozent. Dabei hat sich das Unternehmen ein raffiniertes Preisgefüge einfallen lassen, von dem die großen Hersteller finanziell profitieren und daher gerne das Logo präsentieren, als sei es ein eigenes Qualitätsprodukt, auf das sie besonders stolz sind. Dabei ist klar: Dieses Konzept würde nicht funktionieren, wenn Intel in Sachen Produktqualität nicht halten könnte, was man verspricht.

Chancen & Risiken

Chancen

- Wenn zwei oder mehr Marken gemeinsame Marketing-Sache machen, hat dies den großen Vorzug der Kosteneffizienz. So können Entwicklungs- und Werbekosten auf die Partner verteilt werden. Darüber hinaus sind die Synergieeffekte vom gemeinsamen Nutzen der unterschiedlichen Kernkompetenzen groß.
- Der stattfindende Image-Transfer kann sehr hoch sein: Eine Studie der „American Marketing Association" besagt, dass Kunden in 80 Prozent der Fälle ein gemeinsames digitales Bildverarbeitungsprodukt der Marken Sony und Kodak kaufen würden, während nur jeweils 20 Prozent eine Kaufabsicht äußerten, wenn das gleiche Produkt entweder nur unter dem Namen Sony oder Kodak angeboten würde.
- Diese Aussage zeigt: Kunden einer Marke kaufen nicht zwangsläufig auch die andere. Ist es hingegen ein gemeinsam entwickeltes Produkt oder wird in Kooperation beworben, kann das den entscheidenden Anstoß zum Kauf geben. Dies gelang Nivea-Hersteller Beiersdorf, als man gemeinsam mit Philips für dessen Rasierset „Philshave Cool Skin Shaver" und seine „Nivea for Men-Emulsion" warb. Dieter Guillard, Internationaler Marketingleiter von Beiersdorf, erklärt, warum: „Was Philips fehlte, war die Pflegeemulsion, während Nivea hingegen etwas Maskulines anbieten wollte."

Risiken

- Die Beispiele des Kapitels zeigen, dass beim Thema Markenallianzen der Kreativität fast keine Grenzen gesetzt sind. Es gilt allerdings einige Spielregeln zu beachten, damit eine solche Kooperation nicht als Flop endet: So macht Co-Branding keinen Sinn, wenn es darum geht, zwei

Marken mit inkompatiblen Markenimages zusammen zu bringen, wie dies beispielsweise bei der Kombination von WC-Reinigern und Zahnpasta der Fall wäre.

- So war eine gemeinsame Kampagne der Parfümerie-Kette „Douglas" mit dem Motorradhersteller Yamaha zwar ein gut gemeinter Versuch, doch die Markenimages waren zu verschieden. Yamaha wurde von den Frauen zu wenig wahrgenommen, Douglas war hingegen bei den Yamaha-Bikern kein wirklich starker Name. Die Zielgruppen-Definitionen waren zu unterschiedlich und nicht miteinander in Einklang zu bringen.
- Ein weiterer wichtiger Aspekt ist, dass die Markenallianz dem Endkunden unverkennbar kommuniziert werden muss. Ist die Botschaft nicht eindeutig oder verwirrend, so ist das für die beteiligten Marken nur schädigend. Darüber hinaus sollten die Co-Branding-Partner in einer vergleichbaren Position sein. Ist eine der Marken deutlich schwächer, nutzt die Markenallianz keinem der beiden. Zudem ist es wichtig, die Unternehmensziele im Vorfeld abzustecken. Wenn ein Markenpartner auf schnellen Gewinn statt auf langfristige Ziele setzt und darunter die Qualität leidet, gefährdet dies den Partner ebenfalls.

Fazit

Drum prüfe, wer sich längerfristig bindet ...Was für eine gute Ehe zutrifft, gilt auch für das Zusammengehen zweier Marken. Und ebenso wie eine Ehe kann Co-Branding unglaublich erfolgreich sein oder sagenhaft scheitern. Die Fähigkeit, ein perfektes Paar zu bilden, ist hüben wie drüben eine Kunst und Wissenschaft für sich. Auf der Markenseite bedeutet eine gelungene Partnerschaft stärkere Marken sowie einen einfacheren Zugang zu neuen Märkten. Aber wie jede Allianz ist auch das Co-Branding nicht ohne Risiken und kann beiden Parteien großen Schaden zufügen, wenn es nicht richtig gemanagt wird.

Egal, ob gemeinsame Kommunikation, Horizontalkooperation oder Vertikalkooperation durch Ingredient Branding, die folgenden beiden Punkte sollten Sie immer im Auge behalten:

1. Gute oder schlechte Partner: Die beiden Marken müssen für die Kunden in einem sinnvollen und erkennbaren Zusammenhang stehen. Sonst hilft kein Pflaster und kein Ehe-/Co-Branding-Berater weiter.
2. Lang- oder kurzfristig: Üblicherweise sind die meisten Co-Branding-Aktionen für einen Zeitraum von rund sechs Monaten ausgelegt. Mög-

lich ist aber alles: von drei Wochen bis zu drei Jahrzehnten. Wichtig in diesem Zusammenhang ist nur, dass beide Partner dasselbe Ziel verfolgen.

Quellen

Bücher und Zeitschriften

Esch, Franz-Rudolf: Strategie und Technik der Markenführung. München 2004

Magerl, Sabine: „Wie Schiffsbrüchige des Pops noch mal Land sehen", in: *Die Zeit*, Ausg. 38/2003

Nunes, Paul F.; Dull, Stephen F.; Lynch, Patrick D.: „When two brands are better than one", in: *Outlook 2003*, Nr. 1, S. 14- 23

o.V.: „Schnell wie eine Wildkatze", in: *Wirtschaftswoche*, 10.7.2003, S. 72

o.V.: „Inside Intel's Image", *Electronic Business Today*, März 1997, S. 41

o.V.: „Escada Rockin'Rio", in: *Wirtschaftswoche*, 7.4.2005, S. 113

Schütz, Peter: „Überleben in der Marken-Wohngemeinschaft", in: *Absatzwirtschaft*, Juli 2003, S. 20

Schütz, Peter; Kroth, Robert: „Neue Kraft für Marken", in: *Absatzwirtschaft*, Oktober 2000, S. 84 – 94

Steins, Thomas M.: „Heil im Co-Branding", in: *Die Welt*, 24. April 2003

Voegle, Christiane und Lufteroth, Johanna: „Gleich und Gleich gesellt sich gern", in: *Financial Times Deutschland*, 22.8.2002

Internet

Baumgarth, Carsten; Kilian, Karsten: Gleichklang im Markenduett, [WWW Dokument], URL: http://www.Markenlexikon.com

Convenience-Akademie: Nahversorgung auf hohem Niveau – Der etwas andere Supermarkt, [WWW Dokument], URL: http://www.convenience-akademie.de/international.php?id=121

Esch, Franz-Rudolf: Referat über Marketing-Allianzen [WWW Dokument], URL: http://www.naturemade.org/common/ Veranstaltung/Referat_Esch.pdf

Kreuz, Peter: 33 Marketing-Trendchancen, [WWW Dokument], URL:
http://www.ihagfk.ch/gfk/Uploads/Shop145.pdf

o.V.: Philishave macht gemeinsame Sache mit Beiersdorf [WWW Dokument], URL: http: //www.philishave.com/coolskin

Pressemeldung von Intel „Rekordauslieferung von Prozessoren für Notebooks", [WWW Dokument], URL:
http://www.intel.com/cd/corporate/pressroom/emea/deu/212626.htm

Pressemitteilung von Procter und Gamble zu Marketing-Allianz-Aktionen, [WWW Dokument], URL: http://www.procterundgamble.de/presse/pressemeldungen/04_06_infoshandel/ShrekPromotion.doc

14. Multi-Channel Management

Kunden wollen wählen können!

Der Kunde entscheidet selbst, welchen Kanal er für welche Transaktion verwendet.
(Gilles Gaspernet, Managing Director Credit Agricole)

Dass Produkte und Dienstleistungen eines Herstellers über verschiedene Absatzkanäle an den Kunden gebracht wurden, gab es schon immer. Ist „Multi-Channel Management" also nichts anderes als alter Wein in neuen Schläuchen? Nicht ganz, denn zu den „klassischen" Absatzkanälen Groß- und Einzelhandel, Außendienst oder eigene stationäre Outlets kommen in jüngster Zeit zahlreiche neue Alternativen hinzu: M-Commerce, E-Commerce, elektronische Marktplätze oder TV-Shopping.

Warum wird Multi-Channel Management für Unternehmen immer wichtiger? Weil der Kunde wählen möchte, auf welchem Weg er das Angebot Ihres Unternehmens in Anspruch nimmt. Wenn er es sich in den Kopf gesetzt hat, Ihr Produkt an einem Sonntag via Internet kaufen zu wollen, dann sollten Sie nicht versuchen, ihn davon zu überzeugen, besser am Montag in den Laden zu kommen. Denn bieten Sie ihm diese Alternative nicht, so gibt es für den Kunden eine einfache Lösung: den Einkauf bei Ihrer Konkurrenz!

Es genügt aber nicht, dem Kunden, der ausgerechnet am Sonntag einkaufen möchte, nur das Internet als Kanal anzubieten, denn schon morgen will er vielleicht doch lieber auf den Montag warten und in den Laden kommen, wer weiß ... Vielleicht will er das Produkt erst einmal in die Hand nehmen und vor Ort in Augenschein nehmen. Übermorgen will er dann eine Produktinformation per Fax abrufen, tags darauf will er eine Bestellung von unterwegs per Handy aufgeben – und die Bestellbestätigung bitte per SMS erhalten. Bezahlen wollte er gestern nur mit Kreditkarte, morgen will er auf Rechnung kaufen, übermorgen will er vielleicht eine Sammelrechnung am Monatsende.

Und was passiert, wenn Ihr Servicetelefon nicht besetzt ist? Wenn Sie keinen komfortablen Internet-Store haben? Wenn Sie nur per Nachnahme versenden? Wenn Ihre Mitarbeiter auf die E-Mails der Kunden nicht antworten? Nun, dann haben Sie ein Problem!

In vielen deutschen Unternehmen werden derzeit Multi-Channel-Management-Projekte vorangetrieben. Die Unternehmen haben erkannt, dass es nicht mehr länger nur ein nettes Zusatzangebot ist, mehrere Vertriebskanäle aufzubauen und deren Mix zu koordinieren. Wir sprechen nicht von der Kür, sondern von der Pflicht. Die Kunden verlangen ein umfassendes Produkt- und Dienstleistungsangebot, auf das sie über verschiedene Kanäle – online und offline – zugreifen können.

Ein weiteres Beispiel: Die Parfümeriekette Douglas möchte sich von der stationären Einzelhandelsmarke zur Multi-Channel-Marke weiterentwickeln. So gibt es beispielsweise einen mehrfach ausgezeichneten Webauftritt (www.douglas.de), ein Douglas Beauty-Magazin beim Fernsehsender Viva, zwei hochwertige Zeitschriften und eine Douglas-Service-Team-Hotline für alle Fragen, Wünsche und Anregungen von Kunden.

Der verstärkte Auf- und Ausbau von Multi-Channel-Strategien ist allerdings nicht nur auf das veränderte Kauf- und Kommunikationsverhalten der Kunden zurückzuführen. Es setzt sich außerdem die Erkenntnis durch, dass jene Kundenschicht, die einen Mix von Vertriebs- und Kommunikationskanälen will, deutlich profitabler ist und zwei- bis viermal mehr Umsatz generiert als diejenigen Kunden, die konstant nur einen Vertriebskanal in Anspruch nehmen (Studie der Unternehmensberatung McKinsey). Wenn das kein Anreiz ist!

Konzept

Multi-Channel Management ist die konsequente Nutzung unterschiedlicher Vertriebskanäle (z.B. Internet, stationärer Handel, Kataloge, Fax oder Telefon), um die Produkte und Dienstleistungen eines Unternehmens zu vertreiben. In den letzten Jahren haben viele Unternehmen die Zahl möglicher Kundenkontaktpunkte deutlich erhöht und dabei insbesondere E-Commerce in den Blickpunkt ihrer Aktivitäten gerückt. Beispiele namhafter Unternehmen wie Douglas oder Tchibo belegen, dass es heute nicht mehr ausreicht, den Kunden nur über das Filialgeschäft erreichen zu wollen.

Ein gutes Beispiel für eine klare Mehrkanal-Absatzstrategie, verbunden mit einer eindeutigen Markenfokussierung, ist die Tchibo Frisch-Röst-Kaffee GmbH. Das Unternehmen vertreibt seine Waren über eine Vielzahl von Vertriebswegen: Neben den eigenen Tchibo- und Eduscho-Filialen finden Kunden das Angebot von Tchibo auch in Bäckereien, Konditoreien, Tabakwaren- und Zeitschriften-Läden sowie Lebensmittelmärkten. Darüber hinaus hat Tchibo auch einen eigenen Katalog, das Tchibo Bestell-Magazin und ist im Internet vertreten. Bestellen kann man per Telefon, Fax oder eben über das Internet. Zudem versendet das Unternehmen einen wöchentlichen Newsletter mit den neuesten Produktangeboten. Das Wachstum des Online-Bereichs liegt bei Tchibo weit über dem des stationären Handels. Die drei Ländersites www.tchibo.de, www.tchibo.at und www.tchibo.ch vereinen inzwischen mehr als 600 000 Kunden, von denen nur ein Bruchteil Kaffee bestellt.

Mit einer konsequenten Multi-Channel-Strategie ist es Tchibo gelungen, neue Kundenschichten zu erschließen. Während 80 Prozent der Kunden in den Läden Frauen sind, halten sich auf tchibo.de die Geschlechter die Waage. Die Online-Kernzielgruppe ist mit einer Altersstruktur von 29 bis 39 Jahren deutlich jünger als die typischen Käufer in den Filialen. Das Erstaunliche daran: Die Kunden in den Filialen und die Online-Kunden bekommen ein identisches Angebot. Von Konkurrenzkämpfen zwischen

Abbildung 12: Tchibo macht es vor: Shopping auf allen Kanälen

Internet und Filialen kann trotzdem keine Rede sein: Viele Kunden informieren sich im Internet und gehen dann in den Shop. Umgekehrt verweisen Filialbetreiber Kunden auf das Internet, wenn ein Artikel im Laden ausverkauft ist, was nicht selten vorkommt. So ergänzen sich beide Vertriebskanäle ideal.

Multi-Channel Management stößt bei Tchibo auf gute Startbedingungen, weil das Konzept auf dem traditionellen Geschäft aufsetzt. Jeden Dienstag gibt es neue Produkte, online wie offline, die genau sieben Tage lang gekauft werden können. Die Auswahl der neuen Produkte ist auf 15 bis 20 Artikel begrenzt. Wer den Artikel in dieser einen Woche nicht kauft, hat Pech gehabt – das alleine schon ist ein enormer Kaufanreiz. Wichtig für den Verkauf über das Internet ist der Newsletter. Er sorgt dienstags und mittwochs, den beiden ersten Tagen des jeweils neuen Sortiments, für einen starken Anstieg des Traffics im Internet. Gegen Ende der Woche flaut der Besuch ab, um am Sonntag wieder anzusteigen: Der Sonntag ist ein beliebter Tag, um im Internet zu surfen und bei Tchibo eine Bestellung aufzugeben – schließlich müssen in Deutschland, Schweiz und Österreich die Ladengeschäfte sonntags schließen.

Wichtig für den Erfolg des Multi-Channel Managements ist die integrierte Kommunikation, in der Marketingmaßnahmen parallel mit Printmedien, Radio oder Fernsehen und im Internet durchgeführt werden. Dazu gehört auch die Angabe der Webadresse des Unternehmens auf allen Produktverpackungen, Marketingmaterialen oder Anzeigen in Printmedien. Auch sollte sich das Erscheinungsbild der Marke über die verschiedenen Vertriebskanäle hinweg nicht unterscheiden.

Diese Grundsätze der integrierten Kommunikation werden auch bei Tchibo befolgt, denn das Marketing der Website ist eng mit dem klassischen Marketing verknüpft. Die Internet-Adresse (URL) wird in den TV-Spots gezeigt, das wöchentlich erscheinende Tchibo Bestell-Magazin lehnt sich an das Design der Homepage an.

Das Tchibo-Konzept beweist:

- Online-Medien sind Bestandteil eines erfolgreichen Multi-Channel Managements und können zu einem Pfeiler des Erfolgs werden.
- Der Vertrieb über das Internet funktioniert, wenn dieser durch klassische Kommunikation unterstützt wird.
- Small is beautiful – übersichtliche Angebote forcieren das Bestellverhalten.
- Konsequente Updates der Inhalte erhöhen die Zugriffszahlen.

Ein schönes Beispiel, wie man mit Multi-Channel Management die Markenpräsenz optimieren und die Kommunikation über alle Kommunikationskanäle fördern kann, zeigt die Print-Marke „Maxim“. Für den Chefredakteur Uwe Killing ist „Maxim“ ein Lifestyle-Magazin für Männer, deren Geisteshaltung sich nicht auf Bier, Bälle und Brüste beschränkt, sondern die nach einer unterhaltsamen Mischung aus schönen Frauen, Humor,

Nachrichten, Reportagen und Modestrecken suchen. Tatsächlich hilft „Maxim“ dem modernen Mann zu überleben: Endlich erklärt mal jemand, wie man einen Knopf annäht, Bierflaschen öffnet oder Flecken entfernt. Unter dem Titel „33 1/2 Dinge, die ein Mann wissen sollte“ erfährt der Leser, wie man eine Leiche erkennt, wie man einen BH mit einer Hand aufmacht oder wie Marilyn Monroe wirklich starb. Ansonsten gibt es natürlich auch leichtbekleidete Frauen, Trendprodukte, Mode und Tipps, wie man sich scheiden lässt, reich wird oder aber eine Frau zum Schweigen bringt.

Maxim verkörpert eine Marketingleistung par Excellence: Für das Ziel, „Maxim“ als innovative Marke für den modernen Mann zu positionieren, wurden die folgenden Medienkanäle – im Sinne eines gelungenen Multi-Channel Managements – gewählt:

Der „Maxim“-Internet-Auftritt (www.maximonline.de) wird mit monatlich etwa sieben Millionen Page-Impressions hervorragend angenommen. Es wurden attraktive Unterhaltungsangebote entwickelt (Spiele, Weblogs, Umfragen, Gewinnspiele, Klingeltöne etc.) und zusätzlich aktuelle Inhalte ins Netz gestellt, die auf hohe Akzeptanz bei den Usern treffen. Unterstützt werden diese Angebote durch interaktive Angebote, wie beispielsweise Abstimmungen über die 50 besten Dinge in diesem unserem Lande, das beste deutsche Bier oder das beste Luder. Die Idee dabei: „Maxim“ gewinnt so Adressmaterial für weitere Aktionen im Direktmarketing. Durch die tägliche Markenpräsenz, die Interaktion mit den Lesern und die zahlreichen Dialogmöglichkeiten werden die Nutzungsdauer und auch die -intensität weiter gepusht.

Ein weiteres Medium im Rahmen der Multi-Channel Strategie von „Maxim“ ist das Fernsehen: „Maxim“ nutzt hier das eigene TV-Format auf DSF. Die Moderatorin Collien Fernandes ist das TV-Gesicht von „Maxim“. Sie präsentiert all das, was Leser und Männer sehen wollen: Vor-Ort-Reportagen über Sport und andere zielgruppenspezifische Events, Einblicke in erotische Fotoproduktionen sowie Kurzbeiträge zu Trends, Produkten und Männeralltag. Natürlich gibt es auch hier attraktive Gewinnspiele, die Zuschauer binden und wertvolle Adressen generieren. Neben „Maxim-TV“ wird auch das Videotextprogramm im DSF genutzt, um zwischen den Sendeterminen zusätzliche Informationen an die „Maxim“-Community weiterzureichen.

Ebenfalls etabliert ist das jährliche Event zur Wahl der „Woman of the Year“ und die 2003 gestartete DVD-Reihe MAXIM „Hot Clips“. Die Idee dahinter ist es, ein in sich rundes Gesamtkonzept zu schaffen, das alle Angebote über alle möglichen Kommunikations- und Vertriebskanäle miteinander vernetzt. Ziel des Multi-Channel Managements ist es, die Marke „Maxim“ dort zu platzieren, wo der Kunde sie erwartet und wo sie ihm attraktive Zugänge zum Produkt verschafft. Neben einer optimalen Kundenbindung bleibt die Multi-Channel-Strategie für „Maxim" nicht ohne wirtschaftlichen Erfolg. Denn die einzelnen Kommunikationskanäle generieren nicht nur Markenbindung, Adressen und neue Leser: Vieles lässt sich auch als nützlicher, aber auch kostenpflichtiger Mehrwertservice vermarkten. Mit Multi-Channel Management konnte der Verlag so auch in Zeiten rückgängiger Anzeigenerlöse neue Geldquellen erschließen.

Für eine gelungene Umsetzung von Multi-Channel Marketing lassen sich vier wesentliche Erfolgskriterien ableiten:

- **Die Marke muss trotz Mehrkanal-Absatz im Mittelpunkt stehen.** Es darf zu keiner Vermengung von Marken und Kanälen kommen. Bei Vorhandensein mehrerer Marken muss für jede Marke des Unternehmens eine eigene Multi-Channel-Strategie entworfen werden. So vertreibt der französische Kosmetikkonzern L'Oreal seine Kosmetiklinie Vichy in Deutschland nur über Apotheken, während das Unternehmen seine Haarpflegeprodukte über Verbrauchermärkte, Drogeriemärkte, Kaufhäuser, Parfümerien und Friseursalons vertreibt. Die Anzahl der ausgewählten Kanäle korrespondiert mit der strategischen Zielsetzung der Markenpolitik: Möchte man eine möglichst hohe Verfügbarkeit der Produkte erreichen, wie im Falle der Haarpflegeprodukte, setzt man viele Absatzkanäle ein. Möchte man dagegen das Image der Exklusivität wahren, so bietet sich eine Politik der eingeschränkten Verfügbarkeit an, beispielsweise der Vertrieb ausschließlich über Apotheken oder ausschließlich über ausgewählte Fachhändler.
- **Die Kommunikation in allen relevanten Kanälen muss integriert werden.** Der Auftritt der Marke in den verschiedenen Medien muss einheitlichen Gestaltungsprinzipien folgen. Das Bild der Marke muss konsistent bleiben. Auf die jeweils anderen Kanäle ist werblich hinzuweisen. Ein exzellentes Beispiel für einen einheitlichen Markenauftritt über alle Vertriebskanäle hinweg ist Martha Stewart, die Ikone der amerikanischen Hausfrauen. Die Moderatorin von Haushaltssendungen und Chefin eines Magazin-, Kochbuch- und Lifestyle-Imperiums, versteht es ausgezeichnet, alle möglichen Kommunikationskanäle für ihre Werbung zu nutzen: Kurz nach dem Start von www.marthastewart.com machte ein Artikel in „Living", ihrer eigenen Zeitschrift, die Leser auf die Website aufmerksam. Im Fernsehen führte Martha Stewart selbst die Zuschauer Schritt für Schritt durchs Internet hin zu ihrer Seite. 60 Prozent ihrer Leser korrespondieren mit dem Unternehmen per E-Mail. Jeden Monat stellt „Living" die rhetorische Frage: „Wie erreicht man Martha?", um darauf gleich die passende Antwort zu geben. Martha Stewart ist das fleischgewordene Multi-Channel Management: Sie gibt

in ihrem Unternehmen nicht nur diverse eigene Magazine heraus, sondern produziert und moderiert sechsmal pro Woche eine Fernsehshow auf CBS, ist verantwortlich für eine wöchentliche Kolumne in 233 Zeitungen namens „Ask Martha“ und die gleichnamige, ebenfalls national verbreitete Radioshow sowie die Quartalszeitschrift „Martha Stewart Weddings“. Die umtriebige Geschäftsfrau betreibt auch einen eigenen Versandhandel mit allem, was in Haus und Garten nützlich sein könnte und von ihr für gut befunden oder gar in ihrem Auftrag entwickelt wurde. Im stationären Handel können die Martha-Stewart-Produkte bei der Filialkette Kmart gekauft werden, und natürlich gibt es das Ganze auch Online auf der Website. Über all diese Absatzkanäle hinweg gelingt es Martha Stewart, einen einheitlichen Markenauftritt sicherzustellen, der eine wesentliche Botschaft vermittelt: die Wertschätzung alter Traditionen und die Sehnsucht nach einem langsameren, ruhigeren Leben.

- **Es genügt nicht, die unterschiedlichen Absatzwege isoliert voneinander zu betrachten.** Für die Kunden muss es möglich sein, die Angebote jedes Kanals in allen beliebigen Kombinationen zu nutzen. Eine Kombinationsmöglichkeit wäre es beispielsweise, dass der Kunde die gewünschten Produkt- und Preisinformationen im Internet recherchiert, anschließend bei dem Anbieter bestellt, der den günstigsten Preis anbietet und am nächsten Tag in dessen Filiale die Ware abholt. Aber auch andere mögliche Kombinationen sind denkbar: So kann sich der Kunde im Fachgeschäft beraten lassen, von dort den Katalog mitnehmen und über den Kauf zu Hause nochmals in Ruhe nachdenken. Ist die Entscheidung gefallen, kann der Kunde dann von zu Hause die Hotline des Anbieters anrufen, um noch eine Rückfrage zu klären und anschließend per Fax bestellen. Die Lieferung erfolgt zum gewünschten Termin nach Hause. Diese Möglichkeit der freien Verknüpfung aller Kanäle stellt besonders hohe Ansprüche an die Informationswirtschaft des Unternehmens. Eine integrierte IT-Infrastruktur ist hierfür unverzichtbar.
- **Multi-Channel-Angebote für den Kunden müssen differenziert und profitabel sein.** Gerade dieser Erfolgsfaktor wird in der Praxis nicht immer genügend beachtet. Einige Multi-Channel-Angebote erwecken den Eindruck, man wolle „Alles-für-jeden-überall“ sein. Deshalb ist besonders darauf zu achten, dass die angebotenen Produkte, die Services, der genutzte Absatzkanal und die Kundenbedürfnisse einander entsprechen. Ein guter Weg, diesen „Fit“ zu erhöhen, besteht darin, Anreize zu setzen, damit die Kunden weniger erklärungsbedürftige und margenschwache Produkte sowie standardisierte Dienstleistungen kostengünstig über Online-Vertriebswege beziehen, komplexere Leistungen aber über stationäre Wege.

Mit dem letzten Punkt wird klar: Zwar wählt der Kunde „seinen“ Kanal, geschickte Marketer aber locken ihre Kunden mit Anreizen dorthin, wo es für das Unternehmen profitabel und für den Kunden sinnvoll ist. Das ist nichts anderes als die Strategie einer Airline, die Kunden mit Preisnachlässen auf die schlecht ausgelasteten Flüge lockt und damit ihre Profitabilität erhöht. Anreizsysteme zur Nutzung der kostengünstigen Online-Kanäle können beispielsweise Webmiles oder ähnliche Online-Bonusprogramme sein. Vorstellbar ist, dass Sie dem Kunden, der auf die für Sie profitableste Weise bestellt, bezahlt oder beliefert wird, die Frachtkosten erlassen, einen Bonus gutschreiben, eine Zugabe beipacken usw. Neben diesen geldwerten Vorteilen können Treueprogramme auch „weiche“ Vorteile gewähren, die für den Käufer subjektiv wertvoll sind.

Verlagert der Anbieter die weniger erklärungsbedürftigen und margenschwachen Produkte auf den Online-Vertriebskanal, dann kann er sich im Gegenzug im direkten Verkauf stärker auf die margenträchtigen, komplexen Produkte konzentrieren. Dieser Aspekt lässt sich gut am Beispiel der Finanzdienstleister aufzeigen. Kundenberater gewinnen wertvolle Zeit für das Verkaufsgespräch, indem sie administrative Tätigkeiten rund um die Produkte (z.B. Kontostandsabfrage, Überweisungen, Produktauskünfte) auf das Internet verlagern. Dadurch können sie sich stärker auf die margenträchtigen Produkte im Finanzbereich konzentrieren, was wiederum positiv zum Gesamtergebnis beiträgt. Effizienzgewinne für die Bank sind die eine Seite der Medaille. Die andere ist die Möglichkeit, den Service aus Kundensicht beispielsweise durch die Verfügbarkeit der Services rund um die Uhr oder durch neue Produkte wie etwa Online-Produkt-Support zu verbessern.

Halten wir fest: Multi-Channel Management bewirkt im besten Fall gleichzeitig zweierlei: Erstens erhöht es die Wirtschaftlichkeit, zweitens verbessert es den Service.

Fallstudie: Conrad

Der Elektronik-Spezialversender Conrad Electronic aus Hirschau in der Oberpfalz hat die Chancen des Multi-Channel Marketings frühzeitig erkannt und konsequent für sich genutzt. Der seit über 70 Jahren bestehende Familienbetrieb betreibt seit 1997 eigene Internet-Shops. Dabei wurden die Online-Stores nicht als interne Konkurrenz zum vorhandenen Filialnetz verstanden, sondern als Erweiterung und Ergänzung der Vertriebswege. Der Vertrieb läuft heute über drei Achsen: (1) Conrad-Filialen: Conrad betreibt 26 Filialen europaweit, davon 21 in Deutschland. Etwa neun Millionen Conrad-Kunden kaufen jährlich direkt in den Filialen ein. (2) Kataloge/Versand: Conrad-Kataloge erscheinen in Millionenauflagen und sind die Spitzenreiter zum Thema Elektronik und Technik. (3) Das Internet: Mit fast drei Millionen Besuchern im Monat gehört www.conrad.de mittlerweile zu einer der erfolgreichsten Technik- und Elektronik-Internetadressen in Deutschland.

Die zukünftigen Chancen des Handels über das Internet werden vom Unternehmen positiv eingeschätzt. Trotzdem geht man davon aus, dass die Kunden auch weiterhin nach Ladengeschäften oder dem Katalog verlangen werden. Denn beispielsweise wollen manche Kunden das Produkt vor dem Kauf in den Händen halten und anschauen, andere benötigen ein Produkt sehr kurzfristig noch am selben Tag. Deshalb ist auch für die Zukunft geplant, neben dem Internet stationären Handel zu betreiben und den Katalog zu versenden.

Im E-Business werden Kooperationen, Allianzen und strategische Partnerschaften immer wichtiger. Conrad geht davon aus, dass es bereits in naher Zukunft kaum mehr möglich sein wird, komplett eigenständig E-Commerce zu betreiben. Partnerprogramme, also der Vertrieb über ein Netzwerk ausgewählter Partner-Websites, erhöhen die Verfügbarkeit der Conrad-Shops an vielen unterschiedlichen Stellen im Internet. All diese Spezial-Shops und aktuellen Angebote werden in enger Abstimmung mit dem Filial- und Versandgeschäft beworben. Durch die sinnvollen und vom Verbraucher gewünschten Verbindungen schafft Conrad einen Mehrwert.

Außerdem bedeuten die Partnerprogramme mehr Reichweite. Durch die höhere Verbreitung der Angebote kauft oder informiert sich der Internet-Nutzer häufiger spontan: Während er beispielsweise aktuelle Sportergebnisse auf einem Sport-Portal abfragt, kann er seinem Kaufimpuls folgen und über die Partner-Site in einem Conrad.com-Shop die neuesten Modellautos der Formel-1 bestellen. Das als zusätzliches Vertriebsinstrument eingesetzte Partnerprogramm verzeichnet inzwischen über 370 Partner, die einen Conrad.com-Shop auf ihren Internet-Seiten führen.

Chancen & Risiken

Chancen

- Das Unternehmen kann sich auf unterschiedliche Märkte besser einstellen und die Kunden differenzierter und zielgenauer ansprechen. Die Ansprache kann dann gezielt über die Vertriebswege erfolgen, die dem Kundenbedürfnis am ehesten entsprechen. Die Servicequalität steigt.

- Eine höhere Wirtschaftlichkeit wird erzielt, da einfache und margenschwache Produkte kostengünstig eher über Online-Vertriebswege und komplexere Leistungen eher über stationäre Wege angeboten werden können.

Risiken

- Der Einsatz verschiedener Vertriebswege kann zu Konflikten der beteiligten Vertriebspartner führen. Wenn der Webshop den Handelspartnern Umsatz wegschnappt, ist Ärger vorprogrammiert. Um diesen Kollisionen möglichst vorzubeugen, sollten die Zielsetzungen, Erwartungen, Rechte und Pflichten des Herstellers und seiner Vertriebspartner im Vorfeld eindeutig geklärt werden.
- Die Kombination verschiedener Vertriebswege kann ein komplexes Geflecht aus Vor- und Nachteilen für Kunden und Anbieter knüpfen. Wird das Zusammenspiel der Möglichkeiten nicht sorgfältig durchdacht und konzipiert, können Investitionen ins Leere laufen. Denn Multi-Channel Management macht nur dann Sinn, wenn die Vertriebswege einen attraktiven Wert für den Kunden schaffen und gleichzeitig dem Unternehmen helfen, überdurchschnittliche Gewinne zu erzielen.

Fazit

Bei einer Multi-Channel-Strategie geht es darum, jedem Kunden die für ihn passende Kombination von Absatzkanälen anzubieten und dabei die jeweiligen Stärken der einzelnen Kanäle miteinander zu verbinden.

Damit reagiert das Management eigentlich konsequent auf den modernen Kunden, der selbst wählen möchte. So ist es beispielsweise heute für ein Versicherungsunternehmen ganz einfach nicht mehr zeitgemäß, seine Produkte einzig über Versicherungsagenturen anzubieten. Im digitalen Zeitalter müssen neben dem Vertrieb über Mehrfachagenten und Makler auch zusätzliche Absatzkanäle wie der Vertrieb am Bankschalter, online im Internet, per Telefon und Fax vorhanden sein.

Die Präsenz in verschiedenen Kanälen bedeutet, dass man für den Kunden jederzeit und (fast) an jedem Ort erreichbar ist, was zur Kundenbindung beiträgt. Aber hier gilt die Weisheit: Die Dosis macht das Gift. Zu viel des Guten bringt Probleme. Ein zu großes Angebot an Vertriebskanälen ohne klare Zuordnung verwirrt nicht nur den Kunden, sondern birgt auch erhebliche Probleme für das Unternehmen.

Es ist durchaus möglich, dass Unternehmen sich scheuen, eine Multi-Channel-Strategie umzusetzen, da zu große Probleme mit den Vertriebspartnern befürchtet werden. Außerdem ist es meistens nötig, die internen Prozesse umzustrukturieren. Für viele Unternehmen kommt das einer Herkulesaufgabe gleich.

Trotzdem liegen künftig die größeren Chancen bei denjenigen Unternehmen, die Absatzwege klug kombinieren, offen sind für neue Wege zum Verbraucher und auf vielen Kanälen einen attraktiven Wert für den Kunden schaffen.

Quellen

Bücher und Zeitschriften

Ahlert, Dieter; Backhaus, Klaus; Meffert, Heribert: „Geschäftsmodelle im e-Business – MCM-Studie zu Deutschen Marketing Tag 2001", in: *Absatzwirtschaft* Sondernummer, Oktober 2001, S. 32–44

Czinkota, Michael; Kotabe, Masaaki: Marketing Management, 2. Auflage. Cincinnati 2001

De Miroschedji, Sania A.; Schick, Steffen; Schumann, Roland; Soliman, Peter: „Hersteller organisieren ihren Vertrieb um", in: *Harvard Business Manager,* 4/2001, S. 24–33

Forsyth Patrick: Channel Management. Oxford, 2002

Förster, Anja; Kreuz, Peter: Offensives Marketing im E-Business. Heidelberg 2002

Grimm, Sebastian; Röhricht, Jürgen: Die Multichhannel Company. Strategien und Instrumente für die integrierte Kundenkommunikation. Bonn 2003

Hobmeier, Mike: „Professionelles Multichannel-Management", in: PriceWaterhouse-Coopers", in: The *McKinsey Quarterly,* number 1, 1998, S. 82–93

Hurth, Joachim: „Multi Channel Marketing und E-Commerce – Zwischen Aktionismus und Mehrwert", *Science Factor,* Ausgabe 1/2002

Hurth, Joachim: „Multi Channel Marketing Novum oder Phrase?", in: *Wirtschaftswissenschaftliches Studium,* 2001, Nr. 9

Kotler, Philip; Armstrong, Gary: Principles of Marketing, 9. Auflage. New Jersey 2001

Meyer, Anton; Davidson, Hugh J.: Offensives Marketing. Planegg 2001

OC&C: Multi Channel Retailing. Der deutsche Einzelhandel steht noch am Anfang. Düsseldorf 2001

o.V.: „Wissen: Zukunft – Wie High-Tech und High-Touch verbindet", in: *Absatzwirtschaft* Nr. 09 vom 01.09.2000, S. 44 f.

o. V. (2000): „Conrad.Com AG – Die Zukunft für den Handel liegt im Internet", in: *Absatzwirtschaft,* 12 / 2000, S. 136–138.

Power, Andrew: „Channel surfing", in: *Accenture Outlook,* 2001, number 1, S. 55–61

Prüß, Katja: „Markenverlängerung über alle Kanäle“, in *Absatzwirtschaft* 4/2004, S. 96–97

Schögel, Marcus; Sauer, Achim: „Multi-Channel Marketing – die Königsdisziplin im CRM“, in: *Thexis* 1-2002, S. 26–31

Shern, Stephanie: Retailing in the multi-channel age, Chain store age. New York 2000

Vishwanath, Vijay; Mulvin, Gerry: „Multi-Channels: The real winners in the B2C Wars“, in: *Business Strategy Review,* Volume 12, 2001, S. 25–33

Vossen M.: „Internet: Der große Umsatzschub bleibt aus“, in: *Lebensmittelzeitung,* Nr. 8, Februar 2001

Wirtz, Bernd W.: „So binden Sie Ihre Kunden auf den richtigen Kanälen“, in: *Absatzwirtschaft* 4/2002, S. 48–53

Internet

AMC Versicherungen: Homepage, [WWW Dokument], URL: http://www.versicherungen.de/amc/Artikel.asp?RubID=14&ArtID=176

Burrows P: „Shopping: Let your fingers do the shopping“, Business Week Online, 1996, [WWW Dokument], URL: http://www.businessweek.com/1996/45/b350027.htm

Deppe, Sebastian: „Multi-Channel Strategy“, [WWW Dokument], URL: http://www.multi-channel-strategy.com/Diplomarbeit/English/english.html

Firma Conrad: Homepage, [WWW Dokument], URL: http://www.conrad.com/

McKinsey & Company: „All visitors are not created equal“, URL: http://www.marketing.mckinsey.com/solutions/McK-E-Consumer.pdf

McKinsey & Company: „Multi Channel Marketing“, 2002, [WWW Dokument], URL: http://www.marketing.mckinsey.com/solutions/McK-Multi-Channel.pdf

McKinsey & Company: „Gearing up for broadband's ‚Prime Time'“, 2001, [WWW Dokument], URL: http://www.marketing.mckinsey.com/solutions/McK-BroadBand.pdf

McKinsey Marketing Solutions 08/2000: Multi-Channel Marketing (Studie in 08/2000). Zu erhalten bei McKinsey über e-mail: mckinsey_marketing_practice@mckinsey.com

Hurth, Joachim: „Multi Channel Marketing and e-commerce – zwischen Aktionismus und Mehrwert“, [WWW Dokument], URL: http://www.absatzwirtschaft.de/pdf/sf/hurth.pdf

Rasch, Stefan; Lintner, Alexander: „The Multichannel Consumer – The need to integrate online and offline channels in Europe“, [WWW Dokument], URL: http://www.bcg.com/publications/publications_splash.asp

Riegg & Partner Intercorp GmbH: „Neueste Studien beschreiben die Zukunft“, [WWW Dokument], URL: http://www.intercorp.de/bibliothek.html?art=12

Yulinsky, Corey: „Multi Channel Marketing – Making Bricks and Clicks Stick“, [WWW Dokument], URL: http://www.marketing.mckinsey.com/solutions/McK-Multi-Channel.pdf

15. E-Mail-Marketing

Das Schweizer Taschenmesser der Kommunikation

Mit dem Satz „Dies ist keine Spam E-Mail …" beginnen unzählige der E-Mails, die täglich ihren Weg in unseren Posteingang finden. Doch so sicher wie das Amen in der Kirche handelt es sich gerade bei diesen um Spam oder Junkmails, also Werbemails, die man niemals angefordert hat und die den eigenen E-Mail-Account zumüllen. Ihr Schicksal wird dann von der „Delete"-Taste besiegelt, und sie enden als Werbemüll im virtuellen Papierkorb. Meistens lässt sich schon anhand der Betreffzeile der E-Mail erkennen, ob es sich mal wieder um diese unerwünschte Art von Nachrichten handelt:

- *Sex-Partner gesucht*
- *Super Nebenverdienst: 1 000 Euro in einer Woche!*
- *Nie mehr alleine …*
- *Jemand der Dich sehr gut kennt, würde gern ein Treffen mit Dir haben …*

Nein, gleich vorneweg: E-Mail-Marketing ist *nicht* gleichzusetzen mit der Zusendung unerwünschter Werbemails! E-Mail-Marketing, richtig verstanden und eingesetzt, ist ein smartes und effizientes Werbetool, das aus dem modernen Kommunikationsmix nicht mehr wegzudenken ist. Und es hat viele Vorteile: E-Mail-Marketing ist schnell, individuell, ortsunabhängig und effektiv. E-Mail-Marketing bedeutet Zwei-Wege-Kommunikation und Kundenorientierung. Und noch mehr Lob: Die notwendige technische Infrastruktur lässt sich rasch und kostengünstig einführen, durch verschiedene Formate lassen sich unterschiedlichste Ziele verfolgen, die Auswertung kann zeitnah erfolgen und ermöglicht schnelle Optimierungen. E-Mail-Marketing funktioniert als eigenständiges Instrument und als Bestandteil integrierter Kampagnen. Der Kreativität sind bei der Gestaltung und Konzeption kaum Grenzen gesetzt, und es eröffnen sich neue Möglichkeiten des Dialogs mit dem Kunden.

Wow, ein Wundermittel also? Der Königsweg der Kommunikation? – Nicht zwingend. Zwischen fabelhaften Response-Raten und absoluter Negativ-Promotion liegt bei E-Mail-Marketing nur ein schmaler Grat. Die wichtigste Regel: Sie dürfen bei jeder E-Mail-Marketing-Kampagne einen fundamentalen Grundsatz niemals außer Acht lassen: Ohne die Zustimmung des Adressaten läuft gar nichts!

Doch auch wenn Sie die Zustimmung des Adressaten haben, ist das bloße Versenden von E-Mails noch lange keine Zauberformel mit automatischer Erfolgsgarantie! Auch David Copperfield kann 70 Tonnen schwere

Waggons des Orient Express nicht einfach so in der Luft verschwinden lassen – er muss dafür auf einige technische Finessen zurückgreifen. E-Mail-Marketing erfordert also Know-how und Technik.

Gut gemachte Mails, die vom Empfänger ausdrücklich erwünscht sind und deren Inhalte ihn interessieren, sind ein exzellentes Werbetool. Denn man kann davon ausgehen, dass sie – anders als Postwurfsendungen oder Anzeigen in Print-Medien – auch wirklich gelesen werden. Das Ende der Streuverluste! Es handelt sich dann nicht mehr um klassisches Interruption Marketing, das den Empfänger der Werbebotschaft beim Fernsehen oder Zeitunglesen unterbricht, sondern um reinrassiges Permission Marketing. Die Kunden haben eine positive Einstellung gegenüber Permission Marketing, wie Sie auch im ersten Kapitel dieses Buches nachlesen können.

Aufgrund des viel versprechenden Potenzials überrascht es wenig, dass E-Mail-Marketing heute als zweitwichtigste Direktmarketingmaßnahme hinter dem herkömmlichen, postalischen Direktmailing gesehen wird. Für die Zukunft werden im Bereich E-Mail die höchsten Zuwachsraten gesehen. Eine Umfrage des Deutschen Direktmarketingverbandes hat ermittelt, dass bereits 36 Prozent der kleinen Unternehmen in Deutschland E-Mail-Newsletter als eine Form des E-Mail-Marketings einsetzen. Bei Großunternehmen liegt dieser Prozentsatz sogar bei 45 Prozent. In den USA wird die Bedeutung von E-Mail-Marketing noch höher eingeschätzt: 32 Prozent der von E-Dialog befragten US-Marketingleiter bezeichneten E-Mail-Marketing als das effektivste Marketinginstrument, bei 82 Prozent war es unter den drei wichtigsten Marketing-Tools.

> *E-Mail-Marketing ist das wachstumsstärkste Direktmarketing-Instrument noch vor Telefonmarketing und Werbebriefen.*
> (Verband der deutschen Internetwirtschaft e.V.)

Konzept

Das Medium E-Mail bietet verschiedene Formen, mit denen unterschiedliche Marketingziele erreicht werden können:

- Der eigene Newsletter
- Anzeigenschaltung in fremden Newslettern
- E-Mailings
- E-Mail-on-Demand (E-Mail-Abruf)

Der eigene **Newsletter** ist ein kostengünstiges und effektives Marketinginstrument, das Ihnen hilft, Ihr Unternehmen und Ihre Produkte bei den Empfängern regelmäßig in Erinnerung zu rufen. Und es gibt noch einen Vorteil: Sie haben die Gelegenheit, Werbung auf unaufdringliche Weise zwischen den redaktionellen Inhalten zu platzieren. Und das sollten Sie wörtlich nehmen: Es geht nicht darum, möglichst viel Werbung mit ein bisschen Inhalt gut zu verpacken, sondern darum, den Lesern echten Wert zu liefern – und der findet sich zu allererst in solchen Inhalten, die für Ihre Zielgruppe einen hohen Nutzwert haben.

Ihrer Natur nach sind Newsletter Massenmails, die in der Regel keine personalisierten Inhalte haben und die ausschließlich an eingetragene Empfänger verschickt werden. Die Einwilligung des Newsletter-Empfängers ist aber nicht nur aus rein rechtlichen Gründen wichtig. Dadurch, dass der Leser einverstanden ist, den Newsletter regelmäßig zu beziehen, besitzt der Werbetreibende die Gewissheit, dass seine Werbung ohne Streuverluste ankommt. Die Leser selbst stehen den Inhalten aufgeschlossen gegenüber, denn schließlich haben sie den Newsletter ja freiwillig abonniert. Das bedeutet für Sie: Ihre Leser bringen einen Vertrauensvorschuss mit – aber auch eine Erwartungshaltung!

Eine in letzter Zeit immer häufiger anzutreffende Variante des Newsletters ist der **personalisierte Newsletter,** dessen Inhalte unter Berücksichtigung der speziellen Interessensgebiete des Kunden zusammengestellt werden. Der Kunde gibt hierzu seine Interessenschwerpunkte an, und der Newsletter wird dementsprechend angepasst. Beim Lufthansa-Newsletter „Ready-to-Fly" kann der Empfänger beispielsweise angeben, welche Reiseziele ihn besonders reizen, welche Abflughäfen für ihn interessant sind und ob er den Newsletter wöchentlich, 14-tägig oder monatlich erhalten möchte.

Wie erfolgreich ein Newsletter ist, hängt von der Beachtung einiger Besonderheiten ab, die im Wesen des Mediums liegen. Das beginnt beim Erscheinungsrhythmus. Ein Newsletter kann täglich, wöchentlich, 14-tägig oder monatlich erscheinen. Wichtig ist, dass er regelmäßig erscheint, am besten sogar immer am gleichen Wochentag. Denn ein regelmäßiger Newsletter vermittelt Konstanz und Langlebigkeit. Manche Website-Besucher zögern beim Entschluss, einen Newsletter zu abonnieren. Bevor sie ihre E-Mail-Adresse bekannt geben, möchten sie wissen, was sie erwartet. Diesen verständlichen Bedenken können Sie sehr einfach begegnen, indem Sie auf Ihrer Webpage ein Archiv der bereits erschienenen Ausgaben anlegen.

Ein oft diskutierter Anreiz ist es, den Newsletter mit Preisnachlässen, Gewinnspielen oder Verlosungen zu koppeln. Bei der US-Textilkette GAP erhalten Kunden, die den Newsletter abonnieren, einen zehnprozentigen

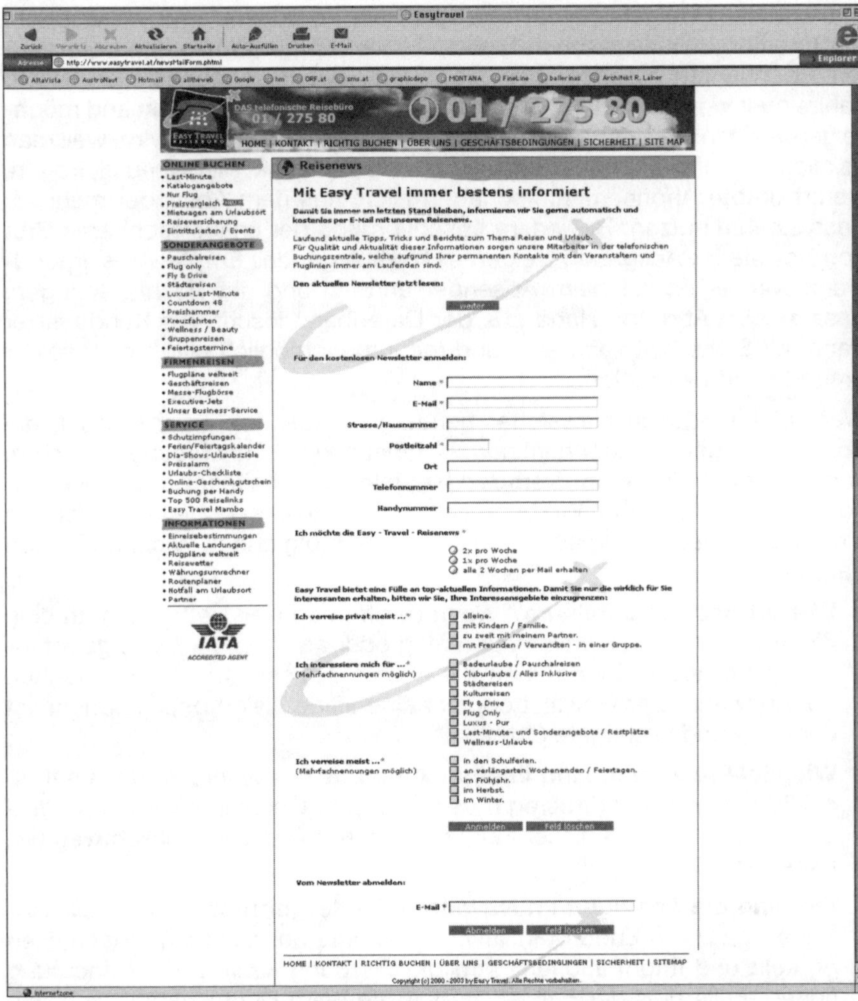

Abbildung 13: Der personalisierte E-Mail-Newsletter von Easytravel: hohe Relevanz der Informationen, da der Kunde selbst die Inhalte festlegt

Nachlass auf ihren nächsten Online-Einkauf. Prinzipiell ist dies eine gute Idee, solange der Anreiz des Preisnachlasses nicht die Inhalte des Newsletters verdrängt. Ansonsten bleiben diese unbeachtet, und es steigt die Quote derjenigen Abonnenten, die allein aufgrund des Preisnachlasses den Newsletter abonnieren, nicht aber, weil sie sich für das Angebot des Unternehmens interessieren.

Ein weiterer Erfolgsfaktor ist eigentlich ein Paradoxon und widerspricht der Intuition des klassischen Marketers: Je leichter Sie es den potenziellen Abonnenten machen, den Newsletter wieder abzubestellen, desto zahlreicher werden sie ihn abonnieren. Warum ist das so? Niemand möchte gerne einen Newsletter bestellen, den man nie wieder los wird, weil man es nicht schafft, sich aus der verflixten Datenbank wieder auszutragen. Derart untote Abonnements schaden allerdings dem Absender mehr als dass sie ihm nützen: Bei jedem Löschvorgang der unauslöschbaren Brut von Newsletter-Ausgaben steigert sich der Ärger des Empfängers. Irgendwann wird er erbost beim Absender anrufen und mit Recht verlangen, dass er sein Abo von Hand aus der Datenbank löscht. Als Kunde ist er dann mit Sicherheit verloren – und mit ihm womöglich eine Schar seiner Freunde und Bekannten.

Wer keinen eigenen Newsletter herausgibt, aber zusätzliche Leser, die über den eigenen Abonnentenkreis hinausgehen, ansprechen möchte, kann **Anzeigen in einem fremden Newsletter** schalten. Bei der Wahl eines Newsletters für Ihre Werbung sollten Sie immer sehr genau prüfen, ob eine Anzeigenschaltung auch den erhofften Erfolg bringt. Wichtige Fragen dazu sind:

- **Wer ist das Zielpublikum?** Wenn der fremde Newsletter sich an eine Zielgruppe richtet, die sich nur mäßig oder gar nicht für Ihr Angebot interessiert, nützen Ihnen auch die besten Anzeigenkonditionen nichts. Die Auswahl eines Newsletters, der eine affine Zielgruppe anspricht, ist der erste und wichtigste Schritt.
- **Wie viele Anzeigen sind in einer Ausgabe?** Falls Ihre Anzeige mit 20 bis 30 anderen konkurrieren muss, ist sie ihr Geld nicht wert. Ihre Werbung wird innerhalb dieser Flut von anderen Anzeigen schlichtweg untergehen.
- **Wo sind die Anzeigen im Newsletter untergebracht?** Wenn alle Anzeigen ganz am Ende des Newsletters untergebracht sind, nach allen Artikeln und Informationen, wird die Werbung kaum mehr Beachtung finden. Falls dies der Fall ist, fragen Sie beim Herausgeber nach den Gründen für diese Platzierung.
- **Wie gut ist der Newsletter?** Bevor Sie eine Werbung schalten, lassen Sie sich erst mal ein Probeexemplar des Newsletters zukommen oder abonnieren Sie den Newsletter selbst eine Zeit lang. Dies ist Ihre einzige Chance, nachzuprüfen, ob es sich überhaupt lohnt, darin zu werben. Wenn beispielsweise der Inhalt des Newsletters zu langweilig ist, werden die Leser auch Ihre Anzeige – wenn überhaupt – nur überfliegen.
- **Wie viele Abonnenten gibt es?** Wenn der Newsletter beispielsweise nur 400 Abonnenten hat, er aber genau zu Ihrer Zielgruppe passt und

hervorragende Konditionen bietet (z.B. nur eine Anzeige, die gut platziert ist, günstige Preise und guter Inhalt), wird Ihre Anzeige wahrscheinlich mehr Erfolg haben als in einem Newsletter mit 4 000 Abonnenten, der aber über weniger gute Werbekonditionen verfügt (z.B. sechs Anzeigen in jeder Ausgabe, ungünstig platziert) und nur mäßigen, zu allgemeinen Inhalt bietet.

Neben dem Versand eines eigenen E-Mail-Newsletters oder der Platzierung von Anzeigen in fremden Newslettern steht dem Marketer noch ein weiteres wichtiges Instrument des E-Mail-Marketings zur Verfügung: *personalisierte E-Mails,* die Kunden direkt und individuell ansprechen.

Sorgfältig eingesetzte E-Mails enthalten Informationen, die für den Kunden relevant sind. Das lässt sich nur dann realisieren, wenn das Unternehmen Informationen über seine Kunden sammelt und miteinander verknüpft. Womit wir wieder bei den Themen One-to-One-Marketing und CRM wären, siehe Kapitel 9 und 10. Weiß das Unternehmen beispielsweise, welche Produkte der Kunde bereits gekauft hat, welche Varianten er dabei gewählt hat (Mass Customization, siehe Kapitel 11), welche Kanäle er dabei bevorzugt hat (Multi-Channel, siehe Kapitel 14), welche Themen ihn grundsätzlich interessieren, dann fällt es leicht, ein ganz persönliches Angebot zu formulieren. Hier wird auch deutlich, dass sich das Medium E-Mail in idealer Weise eignet, die vielen neuen Marketing-Trends, die wir in diesem Buch für Sie anreißen, miteinander zu verknüpfen.

Und beachten Sie bitte: Vorausgesetzt, Ihre technische Infrastruktur (oder Ihr Dienstleister) ist dazu in der Lage, dann ist die Grenze zwischen dem Newsletter und der personalisierten E-Mail fließend. Auch bei personalisierten E-Mails gilt weiter die wesentliche Voraussetzung, dass die persönlich zugeschnittene Kommunikation vom Empfänger ausdrücklich gewünscht und für ihn relevant sein muss. Wenn der Benutzer keinen Sinn in der Information sieht, die er erhält, ist sie zwar „personalisiert", aber sie verfehlt trotzdem ihr Ziel.

Kraft Foods bietet in den USA einen E-Mail-Dienst, der ein echter Problemlöser ist, denn er hilft, die ewige Frage „Was kochen wir heute?" zu beantworten: Die interaktive Küche bietet den Dienst „Recipes by Email". Dieser Dienst sendet Rezepte frei Haus per E-Mail zu. Und das beste ist, dass diese Rezepte auf die individuellen Geschmackspräferenzen des Abonnenten zugeschnitten sind. Der Abonnent kann zudem in einem elektronischen Kochbuch blättern, die besten Rezepte in seiner persönlichen Rezeptebox ablegen oder die Rezeptideen an Freunde per E-Mail weiterleiten. Die benötigten Zutaten für das ausgewählte Rezept kann er automatisch auf den Einkaufszettel übertragen lassen, so dass keine Zutat fehlt, wenn der Hobbykoch am Herd steht. Es ist natürlich kein Zufall, dass einige der Zutaten, die in den Rezepten vorgeschlagen werden, auch Produkte der Firma Kraft sind.

Es gibt noch eine weitere Variante des E-Mail-Marketings: Der *Autoresponder* liefert automatische Antworten auf eingehende E-Mails. Ein Autoresponder reagiert auf eine eingehende E-Mail, indem er an den Absender der E-Mail einen definierten Text oder ein Dokument zurücksendet. Im Prinzip funktioniert das wie ein Anrufbeantworter oder wie ein Faxabruf. Dieser Service bietet dem Kunden die Möglichkeit, zusätzliche Informationen über ein Produkt einzuholen und damit seinen Entscheidungsprozess zu erleichtern.

Die Einsatzmöglichkeiten eines Autoresponders sind sehr vielfältig und nur durch Ihre Fantasie und Kreativität beschränkt. Anwendungsbeispiele sind etwa:

- allgemeine einführende Infos zu Ihrem Produktangebot,
- Abwesenheitsnachrichten (Urlaub, Krankheit),
- Versendung einer Preisliste oder Ihrer AGB,
- Serviceinformationen, Support oder FAQ- Texte versenden,
- Bestellformular (der Empfänger kann es bequem ausdrucken),
- der Anfahrtsweg zu Ihnen,
- Bestätigung einer Bestellung oder Ausfüllens eines Formulars.

Wichtige Rahmenbedingungen für den Erfolg von E-Mail-Marketing

Nicht nur Sie senden Mails an Ihre Kunden. Auch Ihre Kunden senden Mails an Sie. Und dann heißt es: Tempo! Da es sich um ein sehr schnelles Medium handelt, wird von den Kunden eine rasche und persönliche Antwort erwartet. Eine Antwort innerhalb von 24 Stunden sollte daher Ihr Ziel sein. Dies erfordert eine entsprechende Organisation: Wo laufen Antworten und Rückfragen auf? Sind die Antwortzeiten angemessen? Gibt es ein Kunden-Center, in dem die verschiedenen Kundenreaktionen bearbeitet werden? Sind Technik, Personal und Prozesse dem E-Mail-Aufkommen gewachsen? Ist ein einheitlicher Informationsfluss gewährleistet, damit sichergestellt ist, dass per E-Mail die gleichen Produktdaten und Preise kommuniziert werden wie im Call Center oder im stationären Vertrieb?

Diese Fragestellungen können für ein Unternehmen im Zweifelsfall bedeuten, dass interne Prozesse neu überdacht und gegebenenfalls geändert werden müssen. Dazu gehört auch eine integrierte Marketing- und Vertriebsdatenhaltung über alle Kommunikationskanäle hinweg, sowie ein einheitliches Kundenkontaktmanagement, damit Ihr Call Center die gleiche Auskunft gibt wie der Vertriebsmitarbeiter oder der Newsletter.

Außerdem gibt es wichtige rechtliche Aspekte im Bereich der Adressen-Auswahl, die zu beachten sind. Das Unternehmen kann problemlos auf bereits vorhandene Adressen zurückgreifen, für deren Benutzung die Kunden oder Interessenten ihre Einwilligung gegeben haben. Es gibt aber auch die Möglichkeit, E-Mail-Adressen zu kaufen oder zu mieten – wie im Direktmarketing üblich. In England beispielsweise können Adressen von Anbietern wie OK.mailpartners.com „gemietet“ werden.

Doch Vorsicht: Auf keinen Fall sollte man auf diese Weise eine breite Ernte von Adressen betreiben, denn völlig wahlloser Versand von Werbung bringt nichts weiter als einen schlechten Ruf und den Zorn der Spamming-Opfer. Und wissen Sie, wie die sich wehren? Sie werden auf eine „schwarze Liste“ der Spamming-Übeltäter gesetzt (ja, die gibt es wirklich: Mail Abuse Prevention System – Realtime Blackhole List, kurz MAPS RBL). Das könnte Sie noch kalt lassen, würde nicht die Software sendmail, über die der weltweite E-Mail-Verkehr läuft, regelmäßig und automatisch diese schwarze Liste sichten und Ihre Mails künftig einfach abblocken. Aus ist es mit dem Spamming, so einfach geht das. Und noch ein wichtiger Punkt zum Thema Spamming: Immer mehr Staats- und Bundesgesetze sehen bestimmte Spamming-Praktiken als illegal an. Das betrifft Sie persönlich, denn bei bestimmten Arten von Spamming können Sie zivilrechtlich zur Verantwortung gezogen werden.

Aber wir wollen das Thema Spamming nicht überstrapazieren, denn wir gehen einfach davon aus, dass Sie, wenn Sie dieses Buch bis hierher mit Interesse gelesen haben, immun sind gegen diese Versuchung. Wer kundenorientiert denkt, kommt nicht auf solche Ideen. Mehr Informationen zu diesem Thema finden Sie beispielsweise unter www.junkbusters.com. Junkbusters vermittelt Informationen über Gesetzgebung im Bereich der Postwurfsendungen und über Schritte, die jeder Internetnutzer selbst unternehmen kann, um unerwünschte E-Mails zu reduzieren.

Jedes Unternehmen sollte also sicherstellen, dass kein Kunde mit unangeforderten Mails belästigt wird. Doch wie lässt sich das realisieren? Am sichersten mit der *Opt-in-Methode.* Dabei muss der Kunde eine Checkbox anklicken, um zu signalisieren, dass er E-Mails oder andere Kommunikation von einem Unternehmen erhalten will. Nicht zu empfehlen ist die *Opt-out-Methode,* bei der der Kunde die Checkbox anklicken muss, um dadurch die voreingestellte Zustimmung aufzuheben. Diese Methode ist deshalb ungünstig, weil sie auf der Hoffnung beruht, dass der Kunde die Checkbox übersieht, besonders wenn sie nicht gut sichtbar am unteren

Rand der Seite platziert ist. Dies kann erheblich dazu beitragen, den Kunden zu verärgern und möglicherweise ganz zu verlieren.

Aber es gibt noch eine Steigerung: Bei der *Double-Opt-in-Methode,* die auch als Confirmed Opt-in bezeichnet wird, gibt der künftige Abonnent per Klick seine Zustimmung wie bei der Opt-in-Methode. Dann erhält er eine E-Mail an die von ihm angegebene Adresse, auf die er aktiv antworten muss. Erst dann wird sein Abonnement freigeschaltet. Damit wird sichergestellt, dass der Kunde das Abo wirklich will und dass er auch derjenige ist, der er vorgibt zu sein. Ihre Datenbank wird mit dieser Methode von allererster Güte sein, und Sie können das Risiko unbeabsichtigten Spammings gegen Null senken.

In sieben Schritten zur erfolgreichen E-Mail-Marketing-Kampagne

In E-Mail-Marketing-Kampagnen können verschiedene E-Mail-Marketinginstrumente wie Autoresponder, Newsletter und Anzeigen in fremden Newslettern zum Einsatz kommen. Wichtig ist, dass die einzelnen Instrumente gut ineinander greifen. Die Kampagne lässt sich in folgenden Schritten aufbauen:

- Angestrebte Ziele definieren
- Zielgruppe(n) bestimmen
- Werbemittel auswählen: Info-Mailing, Textanzeigen, Newsletter, Autoresponder usw.
- Kommunikationsfrequenz und Dauer der Kampagne festlegen
- Inhalte festlegen: Will man umfangreiche Informationen anbieten, sollte man eine Landing Page gestalten, deren Link in der E-Mail enthalten ist. Das hat den Vorteil, dass die E-Mail selbst nicht mit Informationen überfrachtet werden muss. Wenn der Empfänger der E-Mail auf den Link klickt, kann er weitere Informationen auf der Landing Page lesen.
- Technischen Test durchführen: Funktioniert alles reibungslos? Test der Zielgruppen bzw. Adressen (Stichproben), Test der Medien, Formulierungen, Landing Pages etc.
- Ergebnisse auswerten: Interessant sind Auswertungen über die Quote der unzustellbaren Mails, die Menge und Verteilung der Link-Klicks, die Anzahl und der Umsatz der Bestellungen sowie sonstige Rückmeldungen. Die dadurch gewonnenen Erkenntnisse müssen in die nächste Kampagne einfließen, um deren Wirkung weiter zu verbessern, die Rücklaufquoten stetig zu erhöhen und dadurch auf Dauer eine Steigerung des Umsatzes zu erreichen.

Fallstudie: eBay

eBay ist der größte Marktplatz im Internet für den Verkauf von Gütern und Dienstleistungen durch Privatpersonen und Unternehmen. Der Online-Marktplatz ist in 31 internationalen Märkten auf vier Kontinenten präsent; in Deutschland ist eBay Marktführer. Was 1995 als digitaler Flohmarkt begann, ist heute ein Massenmarkt: Fast 16 Millionen Menschen und damit jeder zweite vernetzte Deutsche klicken Monat für Monat die deutsche Website an. Nur die Amerikaner sind noch eBay-begeisterter als die Deutschen.

Wer Computer und Internet hat, entdeckt früher oder später eBay. Die meisten sind auf der Suche nach einem Schnäppchen – eine neue Barbie-Puppe für nur 10 Euro oder kaum benutztes Camping-Geschirr zum Schleuderpreis? In einer Zeit, in der Geiz geil ist, liegt eBay voll im Trend.

eBay ist ein „Internet-only"-Unternehmen und somit gezwungen, sein Marketing, die Kommunikation mit den Kunden und die Dienstleistungen fast komplett über das Internet abzuwickeln – hauptsächlich via E-Mail. Werbung, Kommunikation und Service bedienen sich hierbei allerdings unterschiedlicher Formen.

Aufgabe des Kundendiensts ist es, Probleme und Fragen der Kunden zu lösen bzw. zu beantworten. Bei oft auftretenden und schnell zu lösenden Fragen wird der Kunde über ein Kundenserviceformular an die entsprechenden Erklärungsseiten geleitet. Kann das Problem dadurch nicht gelöst werden, so kann er sich direkt per E-Mail an eBay-Mitarbeiter wenden, die die Fragen in kurzer Zeit beantworten.

Ein weiterer wichtiger Bestandteil der E-Mail-Kommunikation mit Kunden sind Newsletter. Diese werden sowohl für Käufer als auch für Verkäufer angeboten. Jeweils monatlich wird ein allgemeiner Newsletter an alle Kunden verschickt, dessen Hauptziel es ist, Event-Auktionen, spezielle Auktionen, Tools und einzelne Kategorien zu bewerben. So bewirbt eBay beispielsweise einmal im Quartal einen „free listing day", einen Tag an dem Verkäufer ihre Waren kommissionsfrei einstellen dürfen. Gewinnspiele und Auktionen zu besonderen Anlässen finden sich ebenso in diesem Newsletter wieder.

Wichtig ist, dass für den allgemeinen Newsletter Themen gefunden werden, die die meisten Kunden interessieren. eBay versucht, saisonale und aktuelle Ereignisse aufzugreifen, um so spezieller auf die Bedürfnisse der Kunden eingehen zu können. So stand beispielsweise ein allgemeiner Newsletter unter dem Thema „Winter". Dabei wurden typische

Winterprodukte wie Skier und Autozubehör für den Winter präsentiert und auch Familienspiele und Bücher, die in dieser Jahreszeit verstärkt nachgefragt werden. Der allgemeine Newsletter geht an alle eBay-Mitglieder, die Abbestellung ist jederzeit auf einfachste Weise möglich. eBay verschickt seine Newsletter sowohl im Text- als auch im HTML-Format. Damit geht man sicher, dass jeder Kunde unabhängig vom benutzten E-Mail-Programm die Mails lesen kann.

Darüber hinaus erstellt eBay auch zielgruppenspezifische Newsletter, wie zum Beispiel für die Gruppe der Verkäufer oder für Kunden, die vorwiegend bestimmte Produktkategorien kaufen. Die Auswahl der Sonderthemen für diese Newsletter erfolgt anhand der Kundenprofile oder anhand der bereits bei eBay getätigten Ein- oder Verkäufe. So wird ein Elektronik-Newsletter vor allem an Kunden geschickt, die schon einmal in diesem Bereich aktiv waren. Zudem bietet sich die Möglichkeit des Cross-Selling: Stellt eBay fest, dass Kunden einer Kategorie ebenfalls verstärkt Produkte einer anderen Kategorie kaufen, so kann dieses Verhalten mittels eines darauf abgestimmten Mailings berücksichtigt werden.

eBay ist sehr bemüht, die Kunden nicht mit Werbung zu überfluten. Die Newsletter sollen für die Mitglieder keine Belästigung, sondern gezielte Information sein. eBay schätzt seine Kunden und möchte seine Beziehung zu Ihnen nicht gefährden. Deshalb versucht eBay, die Frequenz seiner E-Mails an die Bedürfnisse der Kunden anzupassen. Im Durchschnitt erhält niemand mehr als zwei bis drei Newsletter pro Monat von eBay.

Chancen & Risiken

Chancen

- Die Kommunikationskosten sind sehr niedrig. Beim Versand von E-Mails entstehen lediglich die Kosten, die für die Erstellung der Inhalte relevant sind. Die Grenzkosten für die Aussendung einer weiteren E-Mail betragen nur wenige Cent. Bei einer herkömmlichen Direktmarketing-Aktion hingegen fallen bei jeder einzelnen Aussendung gleich hohe Portokosten an. Mit E-Mails lässt sich Marketing kosteneffizient betreiben.
- Das Versenden und das Empfangen von E-Mails sind sowohl für den Empfänger als auch für den Sender schnell und unkompliziert. Marketingmaßnahmen können schneller zum Ziel führen.

- Jede Form der Kampagnenplanung und Realisierung ist sehr schnell und zeitnah durchführbar. Müssen für ein Direkt-Mailing zunächst Flyer oder Kataloge gedruckt werden, können durch das Medium E-Mail verkaufsorientierte Aktionen zeitnah gestaltet werden. Dadurch können beispielsweise Restposten, die auf Lager liegen, schnell an interessierte Käufer weiter vermittelt werden.
- E-Mail-Marketing eröffnet die Chance, mit dem Kunden in einen Dialog einzutreten. Die direkten Interaktionsmöglichkeiten mit dem Kunden bieten zahlreiche Möglichkeiten: von der Erhebung der Kundenwünsche bis hin zum Kundendienst.
- E-Mails können mit geringem Aufwand personalisiert und individualisiert werden, um dem Empfänger einen konkreten Nutzen zu bieten, die Kundenzufriedenheit deutlich anzuheben und die Kosten für die Kundenberatung zu senken.
- Durch geschickte E-Mail-Kampagnen können Kunden zu weiteren Käufen motiviert werden.

Risiken

- Der Grat zwischen effizientem Kundendialog und dem Missbrauch von Kundendaten ist schmal. Die Privatsphäre der Empfänger muss respektiert werden. Durch ungenaue Prozesse passiert es schnell, dass das Unternehmen ungewollt zum Spammer wird. Kundenverluste, Imageschäden oder gar juristische Folgen sind möglich.
- Wird E-Mail-Marketing mit den anderen Marketingmaßnahmen eines Unternehmens nicht sorgfältig abgestimmt, können die Vorteile des Mediums nicht ausgeschöpft werden. E-Mail-Marketing ist immer auch integriertes Marketing.
- Forciert ein Unternehmen die Kommunikation mit seinen Kunden via E-Mail, müssen die Mitarbeiter damit auch umgehen können. Eine Flut von Kunden-Mails kann eine Vertriebsabteilung lahm legen. Auch die Technik muss mitspielen und dem Aufkommen gewachsen sein, insbesondere wenn Mail-Attachments und HTML-Mails das Datenvolumen aufblähen. Apropos Technik: Virenschutz und Datensicherheit sind heiße Themen!

Fazit

E-Mail-Marketing wird zu einem selbstverständlichen Teil des Marketingmixes. Die Evolutionsstufen führen von simplen Text-Mails über personalisierte Mails, in denen der User mit seinem Namen angesprochen wird, bis hin zum One-to-One-Marketing. Beim One-to-One-Marketing per E-Mail wird mit jedem Empfänger ein inhaltlich individualisierter, auf persönliche Interessen zugeschnittener Dialog geführt.

Wesentlich für den Erfolg von E-Mail-Marketing ist, dass keine Mails versendet werden sollten, ohne vorher das Einverständnis des Kunden einzuholen. Auf keinen Fall sollte ein wahlloser Versand von Werbung erfolgen, denn das bringt nichts weiter als einen schlechten Ruf und jede Menge Ärger. Auch E-Mail-Marketing kann nur dann funktionieren, wenn die Bedürfnisse und Interessen des Kunden im Mittelpunkt stehen.

Was die Zukunft des E-Mail-Marketings angeht, sind bei weitem noch nicht alle Potenziale ausgeschöpft. In den kommenden Jahren ist weiterhin mit einem stark zunehmenden Einsatz dieses Instruments zu rechnen.

Quellen

Bücher und Zeitschriften

Aschoff, M: Professionelles Direkt- und Dialogmarketing per E-Mail. Wien 2002

Centaur Publishing Ltd.: „Only some 1 Million Internet names are available in UK for rent or e-mail campaigns; views difference between e-mail and regular mail“, in *Precision Marketing,* November 2001,

Förster, Anja; Kreuz, Peter: Offensives Marketing im E-Business. Heidelberg 2002

Fuchs, Gerd: „Werbung via E-Mail: Ein zweischneidiges Schwert“, in *Absatzwirtschaft*, August 2004, S. 84–87

Kruse, Jan Peter: E-Mail-Management. Professionelle Kundenkommunikation in Unternehmen und Service-Centern. Wiesbaden 2000

Logan, Janet: „Dialog marketing elevates e-mail effectiveness“, in *Customer Interaction Solutions,* November 2001, Volume 20, Issue 5, S. 34–36

Matejcek, Karina: Newsletter und Mailinglisten-Marketing per E-Mail. Wien 2000

Matejcek, Karina; Summer, Jörg; Coric, Robert: „Von Maus zu Maus“, in: *Trend*: Januar 2002, S. 152–156

Matejcek, Karina: Professionelle Newsletter PR und Marketing per E-Mail, Wien 2005

Ploss, Dirk: E-Mail-Marketing. Bonn 2002

Pollert, Achim H.: Marketing im Internet. Mehr Gewinn und Erfolg für kleine und mittlere Unternehmen. Kilchberg 2000

Schwarz, Torsten: Leitfaden eMail Marketing und Newsletter-Gestaltung, Waghäusel 2004

Ted, Kemp: „E-Mail Marketing Companies“, in *Internetweek*, September 2001, Issue 877, S. 14

Internet

Berkovitz David, „eMarketer 2001“, [WWW Dokument], URL: http://www.emarketer.com/analysis/marketing/cs_easymail.html

eBay: Homepage: [WWW Dokument], URL: http://www.ebay.de/

Jackie Gallogly; Lynne Rolls: „Top 10 Fears of E-Mail Marketer“, [WWW Dokument], URL: http://www.clickz.com/em_mkt/em_mkt/article.php/958371

MSBK Proximity: „Smart Cont@ct – Ein Leitfaden für erfolgreiches E-Mail-Marketing“, [WWW Dokument], URL: http://www.msbk-proximity.de/general/data/pdf/study_smartcontact.pdf

o.V.: „E-Mail marketing on the rise“, Survey & Research, URL: [WWW Dokument], http://www.channelseven.com/adinsight/surveys_research/1998features/email_marketing19981222.shtml

o.V.: „12 Tipps für das E-Mail Marketing“, [WWW Dokument], URL: http://www.impulse.de/aca/ma/124651.html#top

o.V.: „Verflixt, die Post ist da“, [WWW Dokument], URL: http://focus.de/F/2002/26/Internet/spam/spam.htm

Peppers & Rogers Inside Report: „E-Mail Marketing: Reaching Customers and Driving ROI“, [WWW Dokument], URL: http://www.1to1.com/downloads/en/Email2001.pdf

Press Release: „Inboxinteractive launches Opt-E“, [WWW Dokument], URL: http://www.inboxinteractive.com/whatsnew/proptime.htm

Teil 5: Unternehmen, die mehr als nur Gewinne maximieren

Nach mehr als zehn Jahren *Downsizing* und *Rightsizing, Business Process Reengineering* und *Konzentration auf das Kerngeschäft,* dem allgegenwärtigen Mantra des *Shareholder Value* und Massenentlassungen auf breiter Flur schmückt nun ein neuer Begriff die Geschäftsberichte der multinationalen Unternehmen: Corporate Citizenship.

Von der *Corporate Social Responsibility* ist jetzt die Rede, der Verantwortung der Konzerne für das Gemeinwesen und von der *Triple Bottom Line.* Der letztgenannte Begriff suggeriert, dass da „unter dem Strich" (für die Shareholder und das Management) nicht nur finanzielle Kennziffern zählen sollen, sondern auch „ökologische" und „soziale" Indikatoren. Alles nur hohle Worte, Marketinggedöns und schöne Fassade für die schnöde Gewinnmaximierung?

Unternehmen haben ihr Gewissen und ihre gesellschaftlichen Verantwortung nicht aus heiterem Himmel entdeckt. Oft stellen Konsumenten unbequeme Fragen: Ist der Gewinn die einzige Kenngröße, zu der sich ein Unternehmen bedingungslos bekennt? Ist es gleichgültig, wie, mit welchen Methoden und unter welchen Bedingungen die Herstellungsprozesse laufen? Bleiben solche Fragen ohne schlüssige Antwort, können negative Schlagzeilen in den Medien, Demonstrationen oder gar Käuferboykotts die Folge sein. Lautstarke oder handgreifliche Proteste gegen Konzernleitungen, begleitet von Torten- oder Eierwürfen, das Besetzen von Schiffen oder Fabrikarealen durch marktradikale Kräfte und anderes mehr sind uns geläufig. Man denke nur an die wütenden Attacken gegen Shell im Zusammenhang mit der Versenkung der Bohrinsel „Brent Spar", an die Kaufboykotte für Nike-Produkte, als bekannt wurde, dass Textilien in einigen Fabriken in Asien von Kindern hergestellt werden, oder die wütenden Verbraucherproteste gegen den Bananenproduzenten Chiquita, dem vorgeworfen wurde, auf seinen Plantagen durch den übertriebenen Einsatz von Pestiziden den Boden und das Wasser zu verseuchen.

Tatsächlich nutzen Aktivisten die Rufschädigung von Konzernen als Waffe – regelmäßig und nicht nur in Schaukämpfen um Ölplattformen oder Bananenplantagen. Und das bringt nicht nur ein negatives Presseecho, sondern auch sinkende Umsätze und Gewinne. Mitarbeiter und Kunden gehen auf Distanz, Gerichtsprozesse werden angestrengt, und Genehmigungsverfahren dauern plötzlich unendlich lang. Also erscheint es doch allemal klüger, sich von Anfang an als „Good Citizen“ zu präsentieren und alles dafür zu tun, dass der gute Ruf gar nicht erst diskreditiert wird.

Und nicht nur die Aktivisten sorgen für wirtschaftlichen Druck: Nach einer Umfrage von MORI (Market&Opinion Research International) im Auftrag von CSR Europe, einem Wirtschaftsnetzwerk mit Unterstützung der EU, sagten 70 Prozent der europäischen Verbraucher, dass soziales Engagement von Unternehmen für ihre Kaufentscheidung wichtig ist. 44 Prozent geben an, dass sie bereit wären, mehr für sozial und ökologisch verantwortliche Produkte zu bezahlen. Neben dem persönlichen Gewissen der Verantwortlichen gibt es also auch ein finanzielles Argument für die soziale und ökologischen Kriterien des Wirtschaftens. Und das ist gut so.

Daraus ergibt sich eine Chance: So gut wie nie zuvor sind die wirtschaftlichen Bedingungen für eine Business-Strategie, die sich an den Bedürfnissen von Stakeholdern jenseits der Kapitalrendite orientiert. Corporate Citizenship ist in diesem Sinne auch ein Marketing-Trend, denn das Motto lautet: Gutes Tun und darüber reden! Nun liegt es an den Unternehmen, diesen Trend aufzunehmen, zukunftsfähige Strategien zu entwickeln und diese erfolgreich zu vermarkten.

Quellen

Fischermann, Thomas: „Strategische Nächstenliebe“, in: Die Zeit, 23/2001, [WWW Dokument], URL: http://www.zeit.de/2001/23/Wirtschaft/print_200123_ethik.neu_neu.html

Dietrich Englert: „Corporate Citizenship – New Economy und nachhaltiges Wirtschaften in einer globalisierten Welt“, in: Absatzwirtschaft online, eingestellt am 11. April 2001, [WWW Dokument], URL: http://www.absatzwirtschaft.de/aswwwwshow/fn/asw/sfn/buildpage/cn/cc_mastrat_wissen_mehr/id/19656/aktelem/Page_1003205/strucid/DOCUMENT_1003300/page1/PAGE_1002979/page2/PAGE_1003000/index.html

Hönig, Wolf: „Sind Gesinnung und Moral käuflich?“, in: Quick Times, [WWW Dokument], URL: http://www.quicktimes.ch/04_kom/04.1_untko/x_beitr_untko/hoenig_gesinnung.html

16. Corporate Citizenship

Gutes tun und darüber reden

Wir tragen gesellschaftliche Verantwortung. Corporate Citizenship is our global commitment.
(Heinrich von Pierer, Vorsitzender des Aufsichtsrats von Siemens)

Anliegen der Gesellschaft sind auch Anliegen des Geschäfts. Das auf dieser Idee basierende Managementkonzept Corporate Citizenship stammt, wie so viele andere moderne Managementkonzepte auch, aus den USA. Dort hat der Dienst an der Gemeinschaft eine starke Tradition. So wie ehrenamtliche Tätigkeiten für Privatpersonen in den USA eine Selbstverständlichkeit sind, suchen Unternehmen Möglichkeiten, das Gemeinwohl mit den unternehmerischen Zielen zu verbinden. Klingt das merkwürdig für Sie? Haben Sie ein anderes Bild von Amerika? Wir bleiben dabei! Diese Wurzeln sind stark in den USA. Es gibt sie selbstverständlich auch in Europa, aber vielleicht ist es ganz typisch, dass es nicht die Europäer waren, die auf die Idee kamen, den Gemeinsinn als Managementkonzept zu formulieren und auch Teil des Marketings werden zu lassen: Eben nicht nur Gutes tun, sondern auch darüber reden!

Ein einfaches Beispiel: Wer mit dem Auto in den Vereinigten Staaten unterwegs ist, dem werden ab und zu merkwürdige Schilder auffallen, die dem europäischen Auge nicht vertraut sind: „Dieser Straßenabschnitt wurde von der Firma XYZ gespendet" oder „Dieser Straßenabschnitt wird von der Firma ABC sauber und instand gehalten" ist sinngemäß darauf zu lesen. Es wäre ein Leichtes zu argumentieren, dass es im wohl organisierten Mitteleuropa die Aufgabe des Staates (oder der Länder oder der Gemeinden) ist, solche Aufgaben zu erledigen. Aber Vorsicht: Auch bei uns ist die öffentliche Hand durch die desolate Kassenlage gezwungen, sich aus immer mehr Bereichen zurückzuziehen. In immer mehr Städten in Deutschland können Parkanlagen kaum mehr gepflegt werden, öffentliche Gebäude zeigen dringenden Renovierungsbedarf … und das in einem der reichsten Länder der Welt. Vermutlich würde die europäische Variante des oben genannten Schilder-Beispiels lauten: „Diese Anlage kann aus Kostengründen nicht mehr bepflanzt und gemäht werden. Wir bitten um Ihr Verständnis. Ihre Stadtverwaltung." Oder: „Diese Holzbrücke kann aus Kostengründen nicht saniert werden. Die Benutzung ist verboten. Eltern haften für ihre Kinder. Die Gemeinde." Warum finden wir noch relativ selten Schilder, auf denen steht: „Diese Holzbrücke wurde gestiftet von der Firma XYZ"?

Je mehr sich der Staat zurücknimmt, desto mehr müssen die Firmen einspringen, und das ist das, was Ford auch machen möchte.
(Norbert Krüger, Ford)

Es ist eine Frage der Haltung. Aber es ist auch eine Frage des Nutzens. Eine Corporate-Citizenship-Strategie versucht, die Beziehungen zwischen gesellschaftlichen Themen, Konsumenteneinstellungen, Unternehmens-, Marken- und Produktimages zu verstehen und zu managen. Dem liegt die Erkenntnis zugrunde, dass die glaubhafte Verbindung von Anliegen, Haltung und Image Differenzierungsgewinne erzeugen kann. Die Reputation kann gesteigert und die Beziehungen zu Konsumenten und Stakeholdern können gefestigt werden. Wer in Zukunft erfolgreich wirtschaften will, muss nicht nur glaubhafte Produkt- und Markenimages entwickeln, Konsumenteneinstellungen und Präferenzen kennen, sondern auch gesellschaftliche Themen verstehen und bearbeiten.

Auch im deutschsprachigen Wirtschaftsraum gewinnt Corporate Citizenship immer stärkere Bedeutung. Einige Beispiele von vielen: Die Beratungsfirma McKinsey und der Autokonzern DaimlerChrysler unterstützen mit Geldspenden die Tafel-Bewegung, die überschüssige Lebensmittel einsammelt und an Bedürftige verteilt. Doch nicht nur große Konzerne, auch immer mehr kleinere Betriebe unterstützen mit ihrem Know-how, ihrer Arbeitskraft und Geld- und Sachspenden soziale Projekte oder Umweltschutzprogramme. Bäcker verteilen Brot an Bedürftige, kleine Betriebe bauen Vereinshäuser für Fußballmannschaften, organisieren Hausaufgabenhilfe für ausländische Jugendliche oder reparieren Spielzeug in Kindergärten.

Konzept

Gesellschaftliche Verantwortung kann auf unterschiedliche Weise in das Unternehmenskonzept einfließen. Ziel ist es jedoch immer, mithilfe von Corporate Citizenship Beziehungsstrukturen zu allen relevanten Bezugsgruppen zu schaffen: zu Kunden, Lieferanten, Investoren, Partnern oder auch zur breiten, interessierten Öffentlichkeit. Den Nutzen klar vor Augen, engagieren sich Unternehmen deshalb oftmals in Bereichen, die für diese Bezugsgruppen von Bedeutung sind und mit denen diese Gruppen positive Assoziationen verbinden. Wesentliches Element von Corporate Citizenship ist die bewusste und gezielte Kommunikation der gesellschaftlichen Engagements gegenüber möglichst vielen relevanten Bezugsgruppen.

> *Wir glauben, dass das Engagement unseren Markennamen stärkt und zu unserem guten Ruf beiträgt.* (Martin Mosley, Barclay Bank)

Was also kann das Unternehmen tun, um der Allgemeinheit Gutes zu tun und zugleich Werbung in eigener Sache zu betreiben? Einige Beispiele:

- **Förderung sozialer Anliegen durch Geld- oder Sachspenden:** Anerkannte gemeinnützige Einrichtungen, beispielsweise für Kinder und Jugendliche, für bedürftige, behinderte oder kranke Menschen können gezielt unterstützt werden. Je nachdem, welche Bezugsgruppen das Unternehmen hat, ist es empfehlenswert, auf bestimmte Bereiche besonderes Augenmerk zu legen. Diese könnten beispielsweise Toleranz und interkulturelle Verständigung oder der Kampf gegen Gewaltbereitschaft und Drogenmissbrauch sein.
- **Förderung sozialer Anliegen durch Mitarbeiter:** In vielen Unternehmen engagieren sich Mitarbeiter im Namen der Firma oder die Unternehmer selbst und üben ehrenamtliche Tätigkeiten aus. So engagieren sich Mitarbeiter des Düsseldorfer Chemiekonzerns Henkel seit Jahren in Vereinen, Initiativen und Selbsthilfegruppen. Die Mitarbeiter arbeiten für diese Gruppen ehrenamtlich in ihrer Freizeit oder werden von der Arbeit bei Henkel bezahlt freigestellt oder aber sind Mitglieder in Expertenräten. Über zweihundert Projekte unterschiedlichster Art wurden inzwischen von dem Unternehmen gefördert: vom therapeutischen Reiten für Schwerstbehinderte über die Mitarbeit in Suchthilfegruppen bis zur Sterbebegleitung AIDS-kranker Kinder. Je engagierter die Mitarbeiter, desto größer die Unterstützung durch den Konzern, denn auch das Unternehmen profitiert von dem Konzept, und durch die Bindung der Mittel an den Einsatz der Mitarbeiter kann Henkel steuern, wohin das Geld fließt.
- **Umweltschutz:** Die Einführung von Umweltstandards ist für die meisten Unternehmen heutzutage eine Voraussetzung und eine gesetzliche Verpflichtung. Empfehlenswerte Schritte, die über die gesetzlichen Mindestanforderungen hinausgehen, können beispielsweise die Anwendung von umweltfreundlichen Produktionsmethoden, die Verwendung von wieder verwertbaren Materialien, die Reduzierung von Verpackungsmaterial oder die Reduktion des Energieverbrauchs sein. So verfolgt beispielsweise DaimlerChrysler eine breite Palette an Maßnahmen zum Umweltschutz: Ein gelungenes Beispiel für eine kluge Kommunikation der Maßnahmen im Bereich Umweltschutz ist im Werk Rastatt anzutreffen: Dort gibt es einen Umweltinfopfad. Mitarbeiter und Besucher des Werks erfahren dort, welche Umweltauswirkungen mit der Herstellung der Mercedes-Benz A-Klasse verbunden sind und was DaimlerChrysler für den Umweltschutz in Rastatt tut. Lebendig gestaltete Schautafeln führen Wissensdurstige in 17 Stationen durch das gesamte Werk. Was Texte und Grafiken theoretisch vermitteln, kann man sich dabei gleich direkt in der Praxis anschauen. Von A wie Abwasser bis R wie Recycling wird so der gesamte Themenkatalog des Umweltschutzes anschaulich kommuniziert. Auch Informationen über Umwelt-

ziele und das Umwelt-Managementsystem fehlen nicht. Beim Thema Öko-Fahrtraining schließlich erfährt der interessierte Besucher, wie er selbst zu einem umweltverträglicheren Verkehr beitragen kann.

- **Dialog:** Die Auseinandersetzung mit gesellschaftspolitischen Themen verlangt nach ständiger Kommunikation mit der interessierten Öffentlichkeit, dem politischen Umfeld, Verbänden und Nichtregierungsorganisationen. Es ist wichtig, sich mit deren Ideen und Meinungen auseinander zu setzen und deren Impulse aufzunehmen. Diesen Dialog kann man beispielsweise in Foren, Tagungen oder Diskussionsrunden pflegen. Siemens ist ein Beispiel eines Unternehmens, das nicht nur aktiv das Gespräch mit dem politischen Umfeld und Verbänden, sondern auch mit der Öffentlichkeit sucht. An den verschiedenen Siemens-Standorten gibt es Tage der offenen Tür, zu denen Mitarbeiter, deren Familien und Nachbarn eingeladen sind. Meinungsbildner aus der Öffentlichkeit sind in Werken und Zweigniederlassungen Gäste bei Vorträgen, in denen über aktuelle Fragen mit den Referenten diskutiert wird.
- **Partnerschaft mit Non-Profit-Organisationen (NPOs):** Durch Partnerschaften mit Non-Profit-Organisationen können sich Firmen in Gesundheitsprogrammen, Bildungsinitiativen oder Umweltprogrammen engagieren. Es bieten sich die Finanzierung, die Mithilfe bei der Forschung oder das Bereitstellen von Produkten und Dienstleistungen an. So engagierten sich Berater der Unternehmensberatung Boston Consulting Group in einem Projekt namens „business@school“; in dem Projekt geht es darum, mit Schülern und Lehrern an Gymnasien wirtschaftliche Fallstudien zu besprechen, um so den Schülern das Thema Wirtschaft näher zu bringen.
- **Engagement für Kunst und Kultur:** Die Förderung von Kunst und Kultur geht oftmals mit der Gründung von Stiftungen Hand in Hand. Deren Förderungsschwerpunkt kann entweder bei Natur-, Geistes- oder Sozialwissenschaften liegen oder interdisziplinär sein. Einen regen Gedankenaustausch zwischen Wissenschaft und Gesellschaft streben Symposien und Vortragsreihen an. Ansporn für Künstler, Institutionen und Wissenschaftler ist aber auch die Verleihung von Preisen und Stipendien. So präsentiert sich beispielsweise die Sparkassen-Finanzgruppe nach eigener Einschätzung als der größte Förderer von Kunst und Kultur in Deutschland. Im Jahr 2001 wurden dafür rund 87 Millionen Euro ausgegeben, immerhin rund ein Sechstel der gesamten nicht-staatlichen Kulturförderung. Mit diesen Geldern werden Museen, Galerien und Ausstellungen unterstützt und Stipendien oder Auftragsarbeiten an Künstler vergeben.

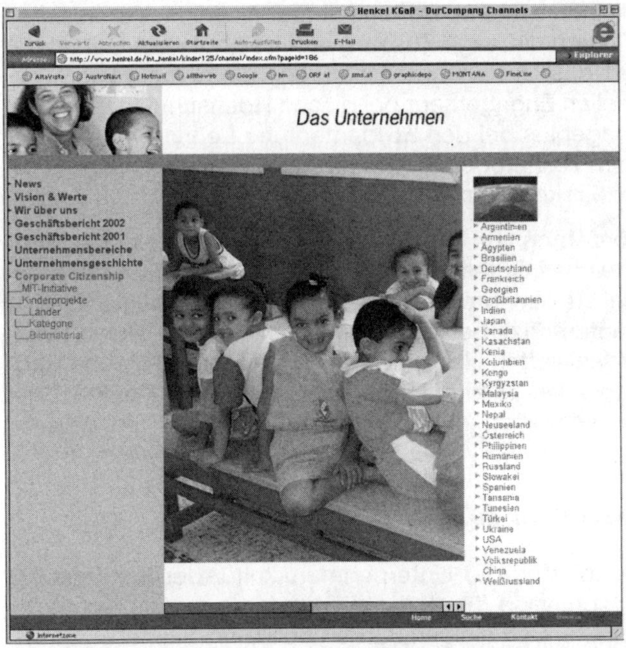

Abbildung 14: Gelebte Corporate Citizenship bei Henkel: Der Konzern fördert Kinderprojekte in aller Welt.

- **Bildung und Wissenschaft:** Die Brücke zwischen Theorie und Praxis lässt sich am einfachsten bauen, indem man mit Schulen, Universitäten und anderen Einrichtungen für Bildung und Wissenschaft zusammenarbeitet. Lehrer und Wissenschaftler erhalten so den notwendigen Praxisbezug. Es bleibt genug Raum, um Ideen auszutauschen, wodurch das gegenseitige Verständnis wächst. Durch diese Maßnahme machen sich Unternehmen schon in Bildungsstätten einen Namen und haben es in der Folge leichter, Führungskräfte zu rekrutieren. Das Engagement vieler Unternehmen im Bereich Forschung und Lehre ist oftmals mit sehr hohem finanziellen Aufwand verbunden. Stellvertretend für viele andere Unternehmen, die sich an Hochschulen engagieren, sei die Deutsche Telekom AG genannt. Das Unternehmen finanziert an der Universität Leipzig einen Stiftungslehrstuhl für „angewandte Telematik". Für die Dauer von zunächst fünf Jahren werden der Universität Leipzig jährlich 300 000 Euro für Personalausgaben im Rahmen dieser Professur zur Verfügung gestellt. Gleichzeitig wurde die Erstausstattung des Lehrstuhls in Form einer Spende ermöglicht. Das Unternehmen unterstützt ebenfalls den Heinrich-Hertz-Stiftungslehrstuhl „Kommunikationssensorik" in Bonn und einen weiteren Stiftungslehrstuhl an der Technischen Universität Berlin. Durch die enge Zusammenarbeit auf dem Gebiet der Forschung profitiert das Unternehmen natürlich auch von seinem beträchtlichen finanziellen Engagement bei diesen Hochschulen – ganz zu schweigen vom Imageplus bei den Studenten und Lehrkräften und der Möglichkeit, aus den Reihen der Studenten gute Nachwuchskräfte für das Unternehmen zu rekrutieren.

- **Sport:** Auch die Förderung von Breiten- und Vereinssport ist eine Möglichkeit, der Allgemeinheit Gutes zu tun und dies auch an die Öffentlichkeit zu tragen. Die zu den größten deutschen Hotelketten zählende Ramada-Gruppe unterstützt beispielsweise aktiv die im Bund Deutscher Radfahrer organisierten Hobby-Biker. So werden zahlreiche Radtourenfahrten für die Zweiradfans angeboten – Start und Zielpunkt der Veranstaltungen sind natürlich immer Ramada-Hotels.

Fallstudie: Siemens AG

Corporate Citizenship ist in der Unternehmenskultur der Siemens AG verankert. Es gibt Richtlinien für ethische Standards, an die sich jeder Mitarbeiter halten sollte. Seit einigen Jahren publiziert Siemens jährlich einen Corporate-Citizenship-Bericht und einen Umweltbericht. Diese Berichte fassen das weltweite soziale und umweltpolitische Engagement des Konzerns zusammen. Über folgende Bereiche wird berichtet: Zukunftsfähigkeit, Ausbildung, Vielfalt, Gleichberechtigung, Mitarbeiterorientierung, Dialog mit der Öffentlichkeit, Politische Gruppen, Non-Profit- und ähnliche Organisationen, Forschung und Bildung, Wohlfahrt, Kunst und Kultur.

Siemens ist eines der Unternehmen, die im Dow Jones Sustainability Group Index für ihr weltweites Engagement auftauchen. Die nationalen Initiativen werden von lokalen Geschäftsstellen organisiert und sind auf die jeweiligen Ländermärkte abgestimmt.

Siemens führt zur Umsetzung der Corporate-Citizenship-Strategie laufend Projekte durch. Einige der letzten Zeit: „Jugend und Wissen", „Computer helfen heilen und leben" und der Aufbau eines Kinderdorfs durch Siemens-Mitarbeiter in Tschechien.

Den Umweltschutz unterstützt Siemens durch die Suche nach neuen Energielösungen, durch die Entwicklung neuer Technologien, um ein weltweites Wasserangebot zu sichern, durch umweltfreundliche Produktentwicklung und durch die weltweite Verbreitung neuen Wissens in diesen Feldern.

Siemens widmet sich dem Dialog mit politischen Partnern, um seine unternehmerischen Positionen darzustellen. So diskutierten bei der Tagung „Corporate Citizenship: Gesellschaftliches Engagement – Unternehmerischer Nutzen“ im SiemensForum in München Vertreter aus Politik, Wirtschaft und Gesellschaft über die Verantwortung von Unternehmen für das Gemeinwesen. Derartige Gespräche gibt es auch bei den parlamentarischen Abenden, die mit allen deutschen Parteien durchgeführt werden. Dabei behandeln die Teilnehmer unternehmensrelevante und wirtschaftspolitische Themen.

Im Arbeitskreis „Politik – Kirche – Wirtschaft“ treffen sich Entscheidungsträger. Siemens leistet dort fachliche Beiträge. Die Mitglieder tauschen sich über langfristige gesellschaftliche Aufgaben aus und unterstützen sich gegenseitig. Aktuelle Themen sind zum Beispiel das Konzept der Bürgergesellschaft und die Balance von Beruf und Familie.

Siemens befürwortet es, wenn die Mitarbeiter sich an der Gestaltung des politischen Lebens beteiligen, indem sie politische Mandate übernehmen oder sich für ehrenamtliche Aufgaben zur Verfügung stellen. Seit 1975 gilt eine verbindliche Regelung, die die Vereinbarkeit von Beruf und Mandat erleichtert. Dazu gehört unter anderem die Möglichkeit der bezahlten Freistellung. In Deutschland zählt Siemens derzeit rund 540 Mandatsträger. Die Mandatsträger-Richtlinie wird in der Öffentlichkeit als vorbildlich bewertet und gilt auch in anderen europäischen Ländern.

Der Siemens-Konzern engagiert sich in einigen Netzwerken, Verbänden und Organisationen, um einen Beitrag für die Entwicklung von Wirtschaft, Gesellschaft und Umwelt zu leisten. So ist Siemens Gründungsmitglied des „econsense-Forum für Nachhaltige Entwicklung“, in dem sich deutsche Unternehmen zusammengefunden haben.

Dem World Economic Forum hat sich Siemens als strategischer Partner verpflichtet. Experten und Führungskräfte beteiligen sich an verschiedenen Tagungen und sind in Arbeitsgruppen aktiv. So leistet Siemens zum Beispiel einen Beitrag in der „Global Digital Divide Initiative“ und hat hierfür interne Partner gewonnen. Ziel der Initiative ist es, die Internetnutzung weltweit zu verbessern.

Aufgrund der Mitarbeit in mehreren Wirtschaftsverbänden diskutiert Siemens verschiedene Sachfragen auch mit Non-Profit-Organisationen. Siemens engagiert sich unter anderem bei Transparency International, einer weltweit tätigen Nichtregierungsorganisation auf dem Gebiet der Korruptionsbekämpfung. Ein weiteres Dialogbeispiel ist die Zusammenarbeit mit dem Deutschen Netzwerk Wirtschaftsethik.

Die Motivation hinter all diesen Aktivitäten transportiert das Leitbild von Siemens. Darin heißt es:

> *Unsere Ideen, Technologien und unser Handeln dienen den Menschen, der Gesellschaft und der Umwelt. Integrität bestimmt den Umgang mit unseren Mitarbeitern, Geschäftspartnern und Aktionären. Die Mitarbeiterinnen und Mitarbeiter sind die Quelle unseres Erfolgs. Wir arbeiten in einem weltweiten Netzwerk des Wissens und des Lernens zusammen. Unsere Unternehmenskultur ist geprägt von der Vielfalt der Menschen und Kulturen, von offenem Dialog, gegenseitigem Respekt, klaren Zielen und entschlossener Führung.*

Chancen & Risiken

Chancen

- Die von Unternehmen (mit)getragenen wohltätigen Aktivitäten sind eine Investition in das gesellschaftliche Umfeld. Das trägt wiederum dazu bei, das Ansehen eines Unternehmens in der Öffentlichkeit zu steigern. Es liegt im langfristigen Interesse des Unternehmens, sich als Organisation mit Sinn für die Belange der Gemeinschaft zu profilieren.
- Eine Corporate-Citizenship-Strategie trägt dazu bei, sich nach innen und außen als attraktiver Arbeitgeber zu präsentieren und auf diesem Wege die Personalrekrutierungschancen zu erhöhen. Mitarbeiter können an das Unternehmen gebunden werden.
- Die soziale Kompetenz der Mitarbeiter wird gestärkt. Wenn Manager von Siemens in sozialen Einrichtungen mit Drogenabhängigen, Obdachlosen, Behinderten oder psychisch Kranken zusammenarbeiten oder Mitarbeiter des Arzneimittelherstellers Betapharm schwerstkranke Kinder und chronisch Kranke betreuen, entwickeln und stärken sie wichtige Qualifikationen: kommunikative Kompetenz, emotionale Intelligenz, Kundenorientierung und das Sich-Einlassen auf Ungewohntes.
- Sozial und ökologisch verantwortungsbewusste Firmen verändern die Gesellschaft, helfen gesellschaftliche Probleme zu lösen und dienen als ausgezeichnete Beispiele für andere Institutionen.

Risiken

- Für Unternehmen ist es ziemlich schwer, sich einer Verantwortung wieder zu entziehen, hat man sich einmal zu ihr bekannt. Deshalb muss zuvor genau überlegt werden, wofür man sich engagieren will.

- Phasen des wirtschaftlichen Abschwungs oder finanzielle Rückschläge sind keine Entschuldigung für einen verminderten oder gänzlich eingestellten Einsatz. In solchen Phasen beweist sich, wie ernst es dem Unternehmen mit seinen Beteuerungen ist.
- Hinter dem Engagement müssen echte Überzeugungen stehen. Können gemeinnützige Aktivitäten nicht glaubwürdig vermittelt werden, ist der Schaden für das Image unter Umständen größer als der Nutzen.
- Auch Unternehmen, die einen ethischen Codex und Corporate-Citizenship-Richtlinien ausgearbietet haben, sind nicht vor Skandalen sicher. Ein Unternehmen, das sich öffentlich für den Umweltschutz stark macht, wird von einem Umweltskandal besonders schwer in Mitleidenschaft gezogen. Ein Unternehmen, das sein soziales Engagement laut verkündet, wird sich schwer tun mit Massenentlassungen. Und ein Unternehmen, das Transparency International öffentlich unterstützt, wird einen Skandal um Börsen-Insiderwissen oder Bilanzfälschungen nur schwer verdauen.

Fazit

Die Gesellschaft erwartet nicht nur von der Politik, sondern auch von den Unternehmen, dass sie Verantwortung übernehmen. Könnten wir einen Blick in die nahe Zukunft werfen, würden wir sehr wahrscheinlich sehen, dass staatliche Leistungen für soziale Belange immer weiter eingeschränkt werden und dass die Unternehmen einspringen.

Und noch eine Entwicklung zeichnet sich immer deutlicher ab: Kunden beziehen verstärkt Informationen über die Unternehmen in ihre Kaufentscheidung mit ein. Firmen, die sich als schlechte Corporate Citizens entlarven, werden abgestraft, „saubere" Unternehmen werden bevorzugt.

Der Sportartikelhersteller Nike kam in große Schwierigkeiten durch Gerüchte, dass in einigen der Zulieferbetriebe Kinderarbeit an der Tagesordnung sei. Erst nachdem das Unternehmen in der Öffentlichkeit deutlich betont hat, dass Kinderarbeit auch bei den Zulieferbetrieben nicht geduldet wird, konnte echter Schaden für das Unternehmen abgewendet werden. Diese Erfahrung sitzt. Das Unternehmen unternimmt heute viel, um sich als guter Corporate Citizen zu präsentieren: In Berlin stellt das Unternehmen beispielsweise jede Woche 16 seiner Leute für zweieinhalb Stunden ab, um in sozialen Brennpunkten Sport-Veranstaltungen zu betreuen. Auch Nike hat erkannt: Soziales Engagement fördert das Firmenimage – schlechte Publicity kann ihm allerdings genauso schnell wieder Schaden zufügen.

Quellen

Bücher und Zeitschriften

Baumgartner, Michael: Corporate Social responsibility and Corporate Citizenship. Business concepts for the future!? Linz 2000

Behrent, Michael und Wieland, Josef: Corporate Citizenship und strategische Unternehmenskommunikation in der Praxis, Stuttgart 2004

Habisch, André und Schmidpeter, René: Corporate Citizenship, Berlin 2003

Hopkins, Michael: A Planetary Bargain: Corporate Social Responsibility Comes of Age. London 1998

Ramthun, Christian: „Strategische Nächstenliebe", in: *Wirtschaftswoche,* 12.12.2002, S. 91–92

Rosthorn, John: „Business Ethics Auditing – More than a Stakeholder's Toy", in: *Journal of Business Ethics,* 2000: 1–11

Seitz, Bernhard: „A corporate citizen's strategy", in: Corporate citizenship as investing in social capital. Habisch, André et al., Berlin 2001

The Economist: „Curse of the ethical executive", in: *The Economist*: 17 November 2001, p. 84

Westebbe, Achin: Corporate citizenship: Unternehmen im gesellschaftlichen Dialog. Wiesbaden 1995

Internet

Abrams, Rhonda: „Doing well by doing good." [WWW Dokument], URL:http://www.inc.com/search/23341-print.html

Business Ethics – Corporate Social Responsibility Report, [WWW Dokument], URL: http://www.business-ethics.com/newpage.htm

Business for Social Responsibility 1: „White paper – Introduction to Corporate Social Responsibility", [WWW Dokument], URL:http://www.bsr.org/bsrresources/whitepaperdetail.cfm?documentID=138

Business for Social Responsibility 2: „White paper – Community Partnerships", [WWW Dokument], URL:http://www.bsr.org/bsrresources/whitepaperdetail.cfm?documentID=447

Center for Corporate Citizenship e.V. Homepage: [WWW Dokument], URL: http://www.corporatecitizen.de/

Consumers international Homepage: [WWW Dokument], URL: http://www.consumersinternational.org/

DaimlerChrysler Umweltbericht 2002, [WWW Dokument], URL: http://www.daimlerchrysler.com/environ/report2002/pdf/Daten-und-Fakten2002.pdf

Deutsche Telekom AG: „Deutsche Telekom unterstützt Stiftungslehrstuhl für angewandte Telematik an der Universität Leipzig“, Pressemitteilung vom 17. Mai 2000, [WWW Dokument], URL: http://www.telekom.de/dtag/presse/artikel/0,1018,x 680,00.html

Englert, Dietrich: „Corporate Citizenship – New Economy und nachhaltiges Wirtschaften in einer globalisierten Welt“, in: Absatzwirtschaft Online, [WWW Dokument], URL: http://www.absatzwirtschaft.de/

Firma Siemens AG Homepage: [WWW Dokument], URL: http://www.siemens.com/index.jsp?sdc_p=l0o1031173umcdnsfp&sdc_sid=31091314976&

Lueg, Andrea: „Gute Taten als Gewinn – Unternehmen fördern das Ehrenamt“, Deutschland Radio 2002, Manuskript vom 21.1.2001, [WWW Dokument], URL: http://www.dradio.de/cgi-bin/es/neu-hintergrundw/100. html

Liebl Franz: „Moral als Markt“, [WWW Dokument], URL: http://www.brandeins.de/magazin/archiv/2000/ausgabe_05/was_unternehmen_nuetzt/artikel2_1.html

Ramada-Treff Hotels: Presseinfo 2002, [WWW Dokument], URL: http://www.inexcom.de/presseinfos/ramada_presseinfo.html

Sparkassen-Finanzgruppe Deutschland: [WWW Dokument], URL: http://www.sparkasse.de/artikel/0,4705,16942,00.html

The Corporate Citizenship Company, [WWW Dokument], URL: http://www.corporate-citizenship.co.uk/

The Global Compact Homepage: [WWW Dokument], URL: http//www.unglobalcompact.org/

Epilog

In den vergangenen Jahren hatten wir Gelegenheit, viele unterschiedliche Unternehmen in verschiedenen Branchen von innen kennen zu lernen. Durch unsere Beratungsarbeit saßen wir in unzähligen Konferenzräumen, Besprechungszimmern und Büros und haben dort mit den Verantwortlichen diskutiert. Zwar hatten alle verschiedene Ausgangspositionen, dennoch aber das gleiche Ziel: eine möglichst schnelle und einfache Antwort auf die Frage zu finden, wie man profitable Kunden ausfindig machen, zielgerichtet und effizient ansprechen und langfristig an das eigene Unternehmen binden kann.

Eine der Beobachtungen, die wir in diesen Gesprächen immer wieder machen konnten, war, dass man in einigen Unternehmen besonders hartnäckig nach dem „Wunderwerkzeug" suchte, das ohne jegliche Anstrengung seitens des Managements alle anstehende Probleme lösen würde. Uns wurde in diesen Fällen vom Management die unbescheidene Rolle des Zauberers zugewiesen, der plötzlich in ihre Manege tritt, ein bisschen mit seinem Stab herumwirbelt und dann – ganz wie im Märchen – mit einem Puff alle Probleme löst. Ganz ohne Aufwand und natürlich sofort und ohne Honorar!

Nun ja, gäbe es dieses Wunderding, das die geforderten Eigenschaften des magischen Zauberstabs besitzt, dann wäre das Leben in der Tat um einiges einfacher. Aber leider ist das nicht der Fall: Es gibt nicht *die eine Superlösung, den einen Schlüssel zum Erfolg.* Es gibt noch nicht einmal eine goldene Regel, die Sie nur befolgen müssen, um alles zum Guten zu wenden.

Soll das etwa bedeuten, dass Sie sich nun beruhigt zurücklehnen, die Arme hinter dem Kopf verschränken und zum Business-as-usual zurückkehren sollten? *Nein,* so war das nicht gemeint! Wir hoffen sehr, dass Sie sich von dem ein oder anderen der hier vorgestellten Konzepte etwas abschauen können, das Sie gleich morgen in Ihrem Unternehmen umsetzen wollen. Wir sind zutiefst davon überzeugt – denn sonst hätten wir dieses Buch nicht geschrieben – dass es eine ganze Reihe von Dingen gibt, die man von den Marketing-Trends lernen kann.

Obwohl die vorgestellten Konzepte sehr unterschiedlich sind, tauchen gewisse Erfolgskriterien immer wieder auf. Vielleicht ist dies ein gemeinsames Set von Prinzipien, das ein „modernes Marketing" charakterisieren kann: glaubwürdig, langfristig, integriert, schnell, individuell, vom Kunden her gedacht.

Glaubwürdig muss Marketing sein, weil die Kunden sich heute nicht mehr „die Story vom Pferd“ erzählen lassen, wie es womöglich einige Ihrer potenziellen Kunden ausdrücken würden. Wer nicht selbst lebt, was er in der Werbung vorgibt, wer Marketing nur als verkaufsfördernde Fassade verwendet, könnte heute oder spätestens morgen ein dickes Problem mit seinen selbstbewussten Kunden bekommen.

Langfristig muss das Marketing sein, weil nicht derjenige die Nase im Wettbewerb auf Dauer vorn haben wird, der sich von einer Kurzfristaktion zur nächsten hangelt. Marketing, das kurzfristige Erfolge auf Kosten der langfristigen Erfolge realisiert, Hektik mit Dynamik verwechselt und mit Aktionitis fehlende Ideen kompensiert, ist Energievergeudung im großen Stil. Nur derjenige wird gewinnen, dem es gelingt, neue profitable Segmente und Märkte zu erschließen sowie bestehende interessante Segmente langfristig an sich zu binden.

Die Umgebung, in der Unternehmen heute agieren, ist komplex. Manager müssen deshalb in Systemen denken, statt in linearen Kausalketten. Um eine abgedroschene Phrase zu bemühen (um sie anschließend aber gleich in der Mottenkiste zu verstauen): „Ganzheitlich“ denken und handeln, bitteschön, müssen wir künftig. Und was dann? Sobald sich der Überblick einstellt, wie Maßnahmen sich auswirken und wie sie auf das Unternehmen rückwirken können, beginnt der Manager damit, Verbindungen herzustellen, *bevor* er handelt. Er *integriert* klassische Marketingmaßnahmen untereinander und kombiniert sie mit neuen Marketingtools. Plakatwerbung, TV-Spots und Anzeigen werden mit E-Mail-Marketing, Permission Marketing oder One-to-One-Marketing gemixt, geschüttelt und gerührt. Er setzt Internet, Datenbanken und CRM-Tools gezielt in Bewegung, um das komplette Marketing in sich zu verbinden. Er tut das Eine, ohne das Andere zu lassen, verwendet sowohl Dieses als auch Jenes, schwört nicht auf Patentrezepte, sondern differenziert. Dieses Buch zeigt unter anderem, wie eng die Konzepte, Tools und Methoden miteinander verwoben sind – und wo die Berührungspunkte liegen.

Integration ist eine Reaktion auf die Anforderungen des komplexen Marktes – auch die Forderung, *schnell* zu sein, ist eine Reaktion auf den Markt, der sich permanent verändert und verwandelt. Das Buch zeigt, dass Marketing heute auch eine Frage der Taktfrequenz ist, mit der das Marketing eines Unternehmens tickt. Dabei gilt es jedoch, den schon angesprochenen langfristigen Horizont nicht aus den Augen zu verlieren.

Die Kunden *individuell* ansprechen, das Gespräch mit dem Einzelnen suchen, ist die nächste Forderung, die hier an vielen Stellen zwischen den

Zeilen steht. Die Technik macht es möglich, aber das ist nicht das Entscheidende. Zuvor muss im Kopf die Perspektive wechseln: Weg von der Zielgruppe und dem Marktsegment, hin zum Individuum und seinen Wünschen und Bedürfnissen, weg vom Bearbeiten der Märkte, hin zum Dialog unter Menschen.

Und schließlich möchten wir Sie empfänglich dafür machen, dass Kundenorientierung nicht bedeutet, dass man das Marketing auf den Kunden ausrichtet wie den Gewehrlauf auf den Hasen. Ein modernes Verständnis von Kundenorientierung zeigt sich vielmehr darin, dass das Unternehmen fähig ist, in die Haut des Kunden zu schlüpfen und *vom Kunden her zu denken.* Wenn die Kunden nämlich als ein Teil des Unternehmens wahrgenommen werden, dann wird über kurz oder lang das Unternehmen auch ein Teil des Lebens der Kunden werden.

Also: Nun ist es an der Zeit, dass Sie sich zurücklehnen, die Arme hinter dem Kopf verschränken … und ausgiebig darüber nachdenken, ob Ihr Marketing glaubwürdig, langfristig, integriert, schnell, individuell und vom Kunden her gedacht ist. Wenn Sie alle diese Fragen mit einem klaren *Ja* beantworten können, möchten wir Ihnen ganz herzlich gratulieren! Dann ist dieses Buch eine schöne Bestätigung für Sie, dass Sie absolut auf dem richtigen Weg sind. Falls dieses Votum aus Ihrer Sicht nicht so positiv ausfällt, gibt es dennoch keinen Grund, den Kopf hängen zu lassen. Vielmehr sollten Sie die Ärmel hochkrempeln und mit der Arbeit beginnen! Wenn Ihnen beim Lesen die eine oder andere Idee in den Sinn gekommen ist, wo der Weg künftig entlangführen könnte, dann war das Buch aus unserer Sicht ein voller Erfolg.

Dieses Buch ist ein Ergebnis von Teamarbeit. An dieser Stelle möchten wir uns sehr herzlich bei unserem Agenten und Lektor Oliver Gorus bedanken, der uns während der gesamten Entstehung des Buchs mit Rat und Tat zur Seite stand. Unser Dank geht auch an unsere Lektorin Manuela Eckstein vom Gabler Verlag, die uns stets mit ihren Kenntnissen, Informationen und praktischen Ratschlägen zur Seite stand.

Anja Förster und Dr. Peter Kreuz

Abbildungsverzeichnis

Abb. 1: Quelle: www.ibm.com

Abb. 2: Quelle: www.moorhuhn.de

Abb. 3: Mit freundlicher Genehmigung der Z New Media Solutions GmbH, www.z-newmedia.de

Abb. 4: Mit freundlicher Genehmigung der Dr. Ing. h.c. F. Porsche AG

Abb. 5: Mit freundlicher Genehmigung der Volkswagen AG Deutschland, www.glaesernemanufaktur.de

Abb. 6: Quelle: www.harley-davidson.com

Abb. 7: Quelle: Mit freundlicher Genehmigung von D. Swarovski & Co.

Abb. 8: Quelle: Deloitte Consulting (Hrsg.): Wie Sie den CRM-Dschungel lichten, 2001

Abb. 9: Quelle: www.amazon.de

Abb. 10: Quelle : www.selve.net

Abb. 11: Mit freundlicher Genehmigung der RED BULL GmbH, www.redbull.at

Abb. 12: Quelle : www.tchibo.de

Abb. 13: Quelle : www.easytravel.at

Abb. 14: Quelle : www.henkel.de

Die Autoren

Anja Förster und **Dr. Peter Kreuz** sind Managementberater, Bestseller-Autoren und gefragte Wirtschaftsreferenten. Sie inspirieren Menschen zum Querdenken und zum Blick über den sprichwörtlichen Tellerrrand. Und zwar mit tatsächlichem Handeln und nicht nur mit Absichtserklärungen.

Ihr „Labor für Business Querdenken" ist die weltweit einzige Organisation, die auf allen fünf Kontinenten nach unkonventionellen und erfolgreichen Marketing- und Geschäftskonzepten forscht.

Förster und Kreuz regen durch unkonventionelle Ansätze zur persönlichen und unternehmerischen Veränderung an. Zu ihren Kunden zählen innovative Mittelständler und Unternehmen wie BMW, Deutsche Bank, Gore, IBM, Schwarzkopf, Siemens, Swisscom Mobile, ThyssenKrupp und Xerox.

Kontakt:

www.business-querdenken.com